特高压换流站设备安装及验收

典型案例分析

国家电网有限公司直流技术中心　组编

中国电力出版社
CHINA ELECTRIC POWER PRESS

内 容 提 要

为进一步总结特高压直流输电工程设备制造、安装经验，加强设备质量风险预控，本书梳理总结了近年来各项特高压换流站设备制造、现场安装、验收等环节发生的典型案例。共包括 8 章内容，分别为换流变压器及套管、换流阀及阀冷设备、开关（GIS）类设备、直流控制保护及测量设备、消防设施及土建、常规一次设备、常规二次设备和辅助设备。

本书可供从事特高压直流输电工程的运维检修人员、相关设备生产厂家及科研院所人员阅读参考。

图书在版编目（CIP）数据

特高压换流站设备安装及验收典型案例分析 / 国家电网有限公司直流技术中心组编. —北京：中国电力出版社，2024.6
　ISBN 978-7-5198-8089-7

　Ⅰ.①特…　Ⅱ.①国…　Ⅲ.①特高压输电–换流站–设备安装②特高压输电–换流站–工程验收
Ⅳ.①TM63

中国国家版本馆 CIP 数据核字（2023）第 160446 号

出版发行：中国电力出版社
地　　　址：北京市东城区北京站西街 19 号（邮政编码 100005）
网　　　址：http://www.cepp.sgcc.com.cn
责任编辑：罗　艳　邓慧都
责任校对：黄　蓓　朱丽芳
装帧设计：张俊霞
责任印制：石　雷

印　　　刷：三河市万龙印装有限公司
版　　　次：2024 年 6 月第一版
印　　　次：2024 年 6 月北京第一次印刷
开　　　本：787 毫米×1092 毫米　16 开本
印　　　张：13.25
字　　　数：287 千字
定　　　价：98.00 元

编 委 会

前　言

　　直流输电工程作为大规模、远距离输送清洁能源的重要载体，在适应我国能源资源与负荷中心逆向分布、服务"双碳"目标、构建新型电力系统中发挥着重要作用。"十四五"期间，我国直流输电将迎来跨越式发展新阶段，金上—湖北、陇东—山东、宁夏—湖南、哈密—重庆、甘肃—浙江、陕西—河南、陕北—安徽等特高压直流输电工程将集中开工，规模空前、前所未有。高质量、标准化开展特高压换流站设备安装、验收，把好特高压换流站建设质量关，为特高压直流输电工程长期安全稳定运行提供坚实保障是各项新建直流工程的重中之重。

　　近年来，青南—豫南、雅砻江—鄱阳湖、陕北—武汉、建昌—姑苏、金沙江—钱塘江等多项特高压直流输电工程建成投运，为进一步总结工程设备制造、安装经验，加强设备质量风险预控，减少"常见病、顽固病、多发病"的发生，本书梳理总结了近年来各项新建特高压换流站设备制造、现场安装、验收等环节发生的共计 389 项典型案例，并对后续工程提出质量管控重点和风险预防措施建议奠定基础，固化典型经验，为后续各项特高压换流站新建工程设备安装、验收提供指导，推进新建直流工程建设质量提升。

　　本书编写过程中，得到了国网山东、安徽、湖北、湖南、河南、四川、重庆、陕西、甘肃、宁夏、新疆等电力公司的鼎力支持，本书即将出版之际，谨对参与和支持本书编辑出版的领导、专家和同行们致以深切的感谢和崇高的敬意。本书中的相关案例在执行中有待进一步检验，如有疏漏恳请读者批评指正，如有不妥请向本书编写组反馈。

编者

2024 年 5 月

目 录

1 换流变压器及套管

1.1 产品设计问题

1.1.1 换流变压器阀侧引线绝缘剐蹭破损

问题描述：某换流站极Ⅱ低 Y/Y-A 相换流变压器总烃、乙炔含量超标，拆卸检查阀侧引线，发现柱 1（靠近阀侧线圈上部出头位置）压接管位置绝缘剐蹭破损，如图 1-1 所示。

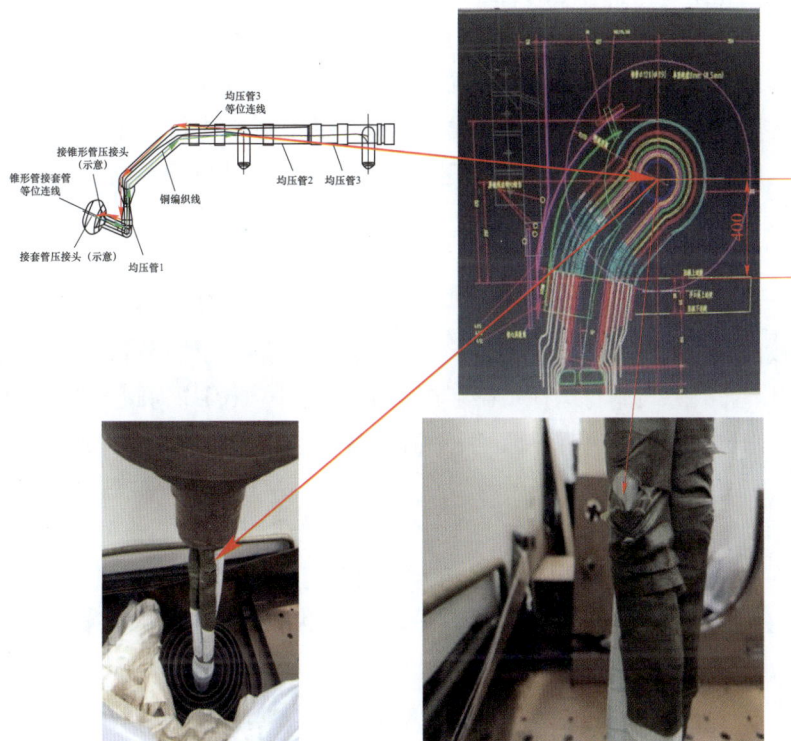

图 1-1 柱 1 压接管位置绝缘剐蹭破损

柱 1 工作线压接管位置绝缘包扎存在薄弱环节，且最终位置在均压管拐角位置，装配阀侧引线 a 过程中阀侧引线均压管内壁与压接管接触摩擦，导致引线压接管绝缘破损。

柱 1 工作线内部连接压接管位置绝缘破损，与均压管 2 导通，通过均压管 1 等电位线连接处形成较大环流，导致均压管 1 等电位线有异常循环电流通过，绝缘有烧糊痕迹，电流路径如图 1−2 所示，红色箭头为均压管电流路径，绿色箭头为工作线电流路径。

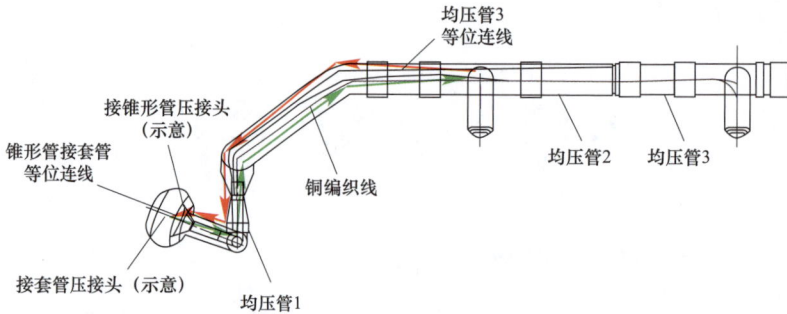

图 1−2　绝缘破损后电流路径

解决措施：将阀侧引线 a 中工作线数量由 6 根 280mm²（由 8 根 35mm² 铜编织线组成）更改为 6 根 245mm²（由 7 根 35mm² 铜编织线组成），电流密度由 2.6A/mm² 变成 3.0A/mm²，按照图纸要求包扎绝缘，合理控制铜编织线长度，将压接管位置最终保留在阀侧引线均压管竖直部分内，装配过程中随时测量工作线与均压管导通情况。

后续工程提升建议：在设计阶段应对多根并联引线的线径、间距、包扎厚度等进行校核，确保电流密度在设计范围内，且引线外包绝缘纸不会被过度挤压变形。在生产制造阶段，绝缘包扎时应避免出现薄弱环节，避免出现绝缘纸长期摩擦破损现象。

1.1.2　换流变压器阀侧绕组"手拉手"区域异常产气

问题描述：近年来，换流变压器已先后发生 6 起因阀侧绕组并联引线（"手拉手"位置）过热导致的异常产气故障（见图 1−3）。异常产气现象均为甲烷、乙烯、乙烷、乙炔含量明显上升，且故障气体与运行负荷存在正相关。故障原因均为阀侧绕组并联引线与屏蔽铝管等电位线固定螺栓搭接形成闭合回路，交变磁场在闭合回路产生的环流导致异常产气。

解决措施：① 在上、下屏蔽铝管的全部等电位线固定点加装槽型垫块，并靠等电位线线鼻压接固定，垫块固定等电位线线鼻为横向布置。② 将并联引线与上、下屏蔽铝管等电位线固定点处各增加两层绝缘垫块，垫块用 PVA 胶黏在包扎的皱纹纸上，避免并联引线与等电位线固定螺栓发生磨损及绝缘垫块发生移位。③ 检查等电位线与屏蔽铝管之间、并联引线与等电位线之间的空隙，使并联引线中心处于屏蔽铝管中心位置，以缩小上下摆动裕度，确保无误后将屏蔽铝管合盖。用收紧器对上、下屏蔽铝盖进行收紧，并用纸板检查对接缝隙，确保上、下半屏蔽铝管之间间隙小于 2mm。

图1-3 阀侧绕组"手拉手"区域过热痕迹

后续工程提升建议：在设计阶段，可对阀侧"手拉手"结构设计进行检查，防止出现因环流引起异常产气。可采取的措施包括将外屏蔽铝管直径适量增大；使用瓦楞纸板固定并联引线在中心位置；在等电位线固定点加装槽型垫块，并将固定点调整为最低点和最高点。

1.1.3 换流变压器网侧套管存在接线端子脱落的风险

问题描述：某换流站高、低端换流变压器网侧高压套管（GOE2550）、中性点套管（GOE250）底部接线端子与导流环之间为拉杆连接方式，2018年4月7日、6月2日，某换流站因拉杆底座存在设计缺陷，在拉杆螺纹外径偏小、底座紫铜螺纹多次拆装及温度、振动等不利因素共同影响下，突发拉杆与底部紫铜座脱离，电气连接失效，引发故障。拉杆系统整体采用钢—铜螺纹连接，存在连接薄弱点，套管底部紫铜座—下部螺栓—衬套设计为可拆卸，存在松动风险。网侧套管底座如图1-4所示。

解决措施：高端换流变压器网侧高压套管已采用新结构底座，但未安装限位块和绝缘护套；低端换流变压器网侧高压套管以及高、低端换流变压器中性点套管均未整改。整改措施包括：将原有铜—钢螺纹连接改为钢—钢螺纹连接（带定位销），紫铜座采用贯穿的螺纹孔，并在顶部和拉杆下部连接件部位增加限位块和绝缘护套防止偏心。

后续工程提升建议：新工程GOE、GOP型套管拉杆均采用贯穿式螺纹孔，并在顶部和拉杆下部连接件部位增加限位块和绝缘护套防止偏心。

图 1-4　网侧套管底座

1.1.4　换流变压器网侧套管将军帽发热

问题描述: 2014 年 8 月 9 日,某换流站双极低端满负荷试验期间,红外测温发现极Ⅰ低 Y/Y-B 换流变压器网侧套管将军帽处比相邻两相高出 20℃左右,将军帽内部与导体存在约 $5cm^2$ 大小烧熔现象。分析原因为将军帽内螺纹接触异常发热导致将军帽内导体烧熔(见图1-5)。

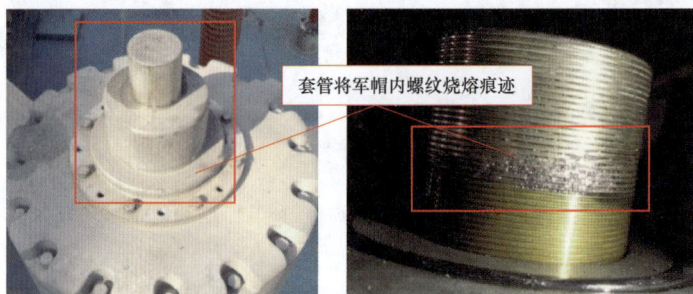

图 1-5　套管将军帽内螺纹烧熔痕迹

原因分析: 套管将军帽首道密封为珠形氟胶密封垫压紧结构,套管导电杆在运行过程中受架空线拉力及风力等外力作用下导致珠形氟胶圈受力不均,造成密封性能下降,最终在辅助密封处形成了受潮通道(见图1-6)。

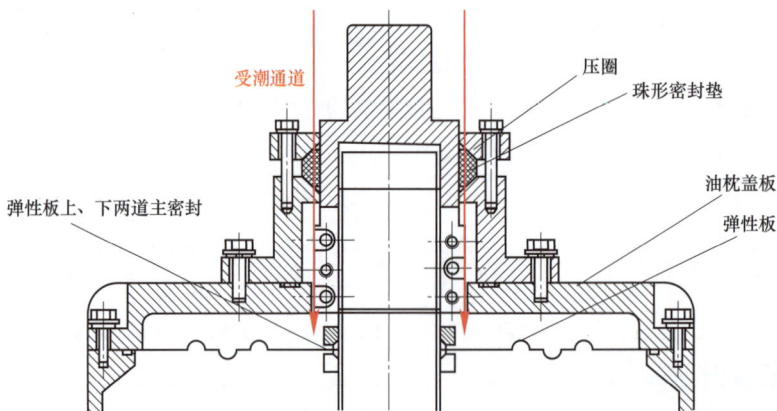

图 1-6　密封受潮通道

解决措施： 采用双螺母、双密封圈固定金属弹性板结构将军帽，该结构可与导电杆同步伸缩，抵消温度变化影响。改进后的套管端部结构设计如图 1-7 所示。

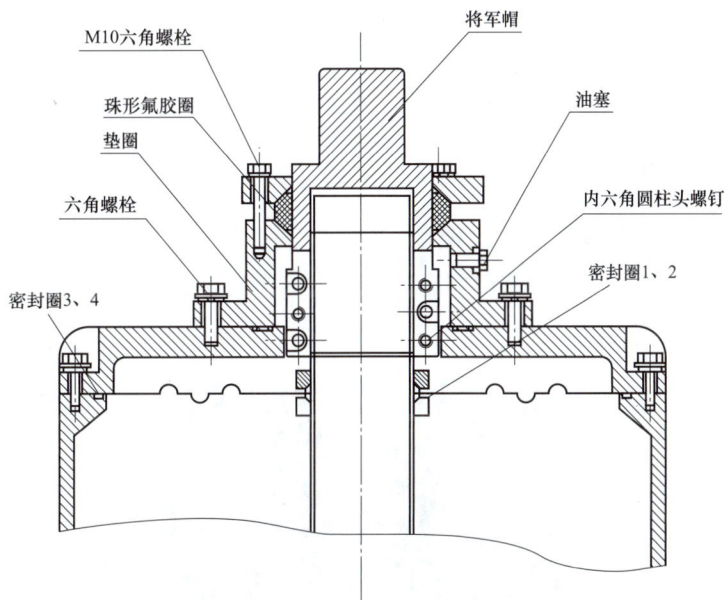

图 1-7 改进后的套管端部结构设计

后续工程提升建议： 在设计阶段，审核套管将军帽处的设计，不宜采用螺纹结构，需要保证结构密封性。

1.1.5 换流变压器 Box-in 内部降噪板净空距离过低

问题描述： 某换流站经过核查高、低端换流变压器 Box-in 设计图纸（见图 1-8），发现高端换流变压器 Box-in 净空高度为 1.1～1.3m，换流变压器安装完毕后不便于在顶部开展检修维护工作。

图 1-8 换流变压器 Box-in 设计图纸

解决措施：现场组织相关单位就该换流站换流变压器 Box-in 设计图纸进行协调，确定高端换流变压器内部降噪板到换流变压器顶板的净空距离从 1.3m 增加到 1.7m。净空距离增加后仍低于换流变压器高压网侧套管升高座，距离升高座顶端最小距离约为 10cm，符合安全距离要求。

后续工程提升建议：后续工程在设计阶段应注意提前审核 Box-in 设计图纸，净空距离应便于人员在换流变压器顶部开展试验、检修及维护工作。

1.1.6　换流变压器分接开关壁挂控制箱与本体未加装减震垫

问题描述：某换流站现场排查发现，换流变压器分接开关壁挂控制箱与本体未加装减震垫（见图 1-9）。不满足《国家电网有限公司直流换流站验收管理规定》中"分接开关验收机构箱壁挂控制箱或端子箱与本体应加装减震垫"的要求。

图 1-9　分接开关控制箱未加装减震垫

解决措施：在固定螺丝处增加减震垫。

后续工程提升建议：在设计阶段应要求换流变压器厂家对分接开关控制箱固定螺丝处配置减震垫。

1.1.7　换流变压器顶盖与油箱接缝处螺孔发热

问题描述：2014 年 1 月 7 日，某换流站现场红外测温发现极 Ⅱ 高端 Y/Y-B 相换流变压器顶盖与油箱接缝处螺孔存在过热现象，温度达到 168℃。

解决措施：经现场检查，某厂家生产的换流变压器油箱与顶盖间未设置等电位连接片，厂家对在运换流变压器的油箱与顶盖间增设等电位连接片后现场测温无异常。换流变压器红外图谱如图 1-10 所示。

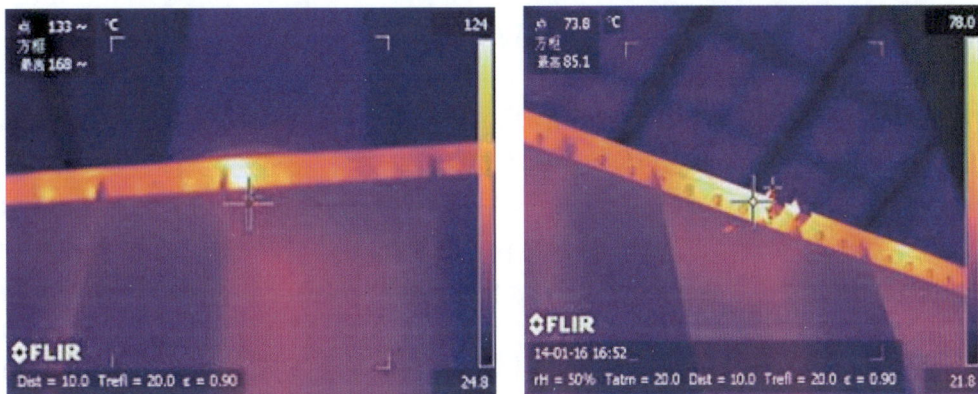

| 处理前红外图谱 | 处理后红外图谱 |

图 1-10 换流变压器红外图谱

后续工程提升建议：设计阶段，应保证换流变压器顶盖和油箱之间存在等电位连接；出厂试验阶段，可通过温升试验时的红外检测结果进行核验。

1.1.8 换流变压器储油柜位置设计偏低

问题描述：某换流站低端换流变压器储油柜最低点经测算低于冷却器最高点 128～136mm，低油位报警液位经厂家测算距离储油柜最低点 80mm。储油柜原设计方案如图 1-11 所示。在低温低油位工况下，可能造成储油柜中油位已低于冷却器最高点且无低油位报警发出，冷却器上部承受负压，进入空气后可能导致油色谱数据异常，严重时可能造成轻瓦斯跳闸。

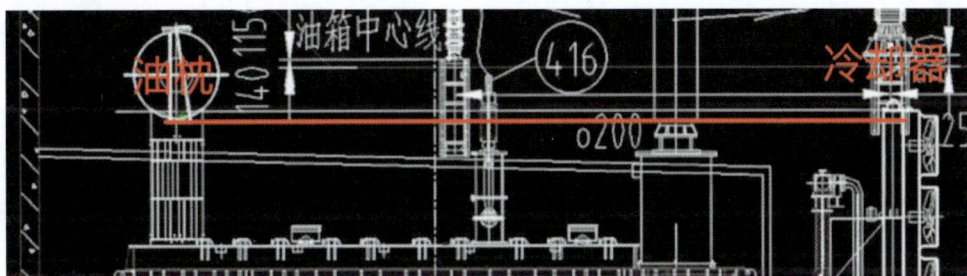

图 1-11 储油柜原设计方案

解决措施：经厂家详细核算测量后，修改低油位报警值，提醒运检人员油枕油位低于冷却器最高点，及时进行处理，确保储油柜内部实际油位绝对高于冷却器最高点。

后续工程提升建议：设计阶段应审核图纸，要求换流变压器厂家设计的储油柜最低液面高于冷却器及网侧升高座，避免冷却器及升高座出现负压。

1.1.9 换流变压器分接开关无同步回路监视功能

问题描述：某换流站未配置完整的换流变压器开关挡位越限告警功能，若换流变压器分接开关挡位变送器故障，导致上送的分接开关挡位较大，不能及时报出告警并保持原挡位，存在电压应力保护误动的风险。

某换流站分接开关控制回路中挡位同步回路未配置同步指示灯且无报警回路上送至OWS，运行期间若发生分接头挡位不一致不能及时发现。

解决措施：增加同步回路故障报警监视节点并送至OWS后台，增加越限时挡位锁存功能，便于运维人员及时发现问题并开展消缺，避免进一步发展为分接开关不同步故障。

后续工程提升建议：设计阶段提出并确认该功能配置情况。

1.1.10 换流变压器分接开关非电量保护配置不符合《国家电网有限公司防止直流换流站事故措施及释义（修订版）》要求

问题描述：某换流站换流变压器分接开关压力释放阀投跳闸，且低端换流变压器分接开关配置为气体继电器。不满足《国家电网有限公司防止直流换流站事故措施及释义（修订版）》（国家电网设备〔2021〕227号）中第1.1.33条"换流变、油浸式平波电抗器绝缘油灭弧、真空灭弧有载分接开关应选用油流速动继电器、压力释放阀作为标准非电量保护配置，油流速动继电器应投跳闸，压力释放阀投报警"。

解决措施：换流变压器分接开关压力释放阀由跳闸改为报警，低端换流变压器分接开关气体继电器更换为油流继电器。

后续工程提升建议：采购阶段在技术规范书、设计冻结会纪要中明确该要求，确保反措要求执行到位。

1.1.11 换流变压器部分非电量保护未按照"三取二"配置

问题描述：某换流站换流变压器仅轻瓦斯按照"三取二"原则进行配置，其余非电量均按照"二取一"进行配置。不满足《国家电网有限公司关于进一步加强特高压全过程技术监督工作的通知》中"换流变回路电流互感器、电压互感器二次绕组应满足保护冗余配置的要求。换流变压器非电量保护跳闸（包括轻瓦斯跳闸）和报警触点应满足非电量保护三重化配置的要求，按照'三取二'原则出口"及"应加强相应气体继电器、压力释放阀的质量控制，其输出节点应满足'三取二'配置要求。"

解决措施：按照"三取二"原则对换流变压器非电量保护进行配置。

后续工程提升建议：采购阶段在技术规范书中明确《国家电网有限公司关于进一步加强特高压全过程技术监督工作的通知》关于非电量保护的各项要求。

1.1.12 换流变压器本体油温和绕组温度高、本体压力释放阀、分接开关高温等非电量保护投跳闸

问题描述：某换流站验收期间，发现阀组控制（CCP）软件中换流变压器本体油温和绕组温度高、本体压力释放阀、分接开关高温等非电量保护投跳闸，不满足《国家电网有限公司防止直流换流站事故措施及释义（修订版）》第1.1.30条："换流变、油浸式平波电

抗器油温及绕组温度保护、本体速动压力继电器、压力释放阀动作信号、油位越限、冷却器全停信号应投报警，新建工程本体轻瓦斯、重瓦斯保护信号应投跳闸"；第 1.1.33 条："换流变、油浸式平波电抗器绝缘油灭弧、真空灭弧有载分接开关应选用油流速动继电器、压力释放阀作为标准非电量保护配置，油流速动继电器应投跳闸，压力释放阀投报警"的要求。换流变压器原保护配置如图 1－12 所示。

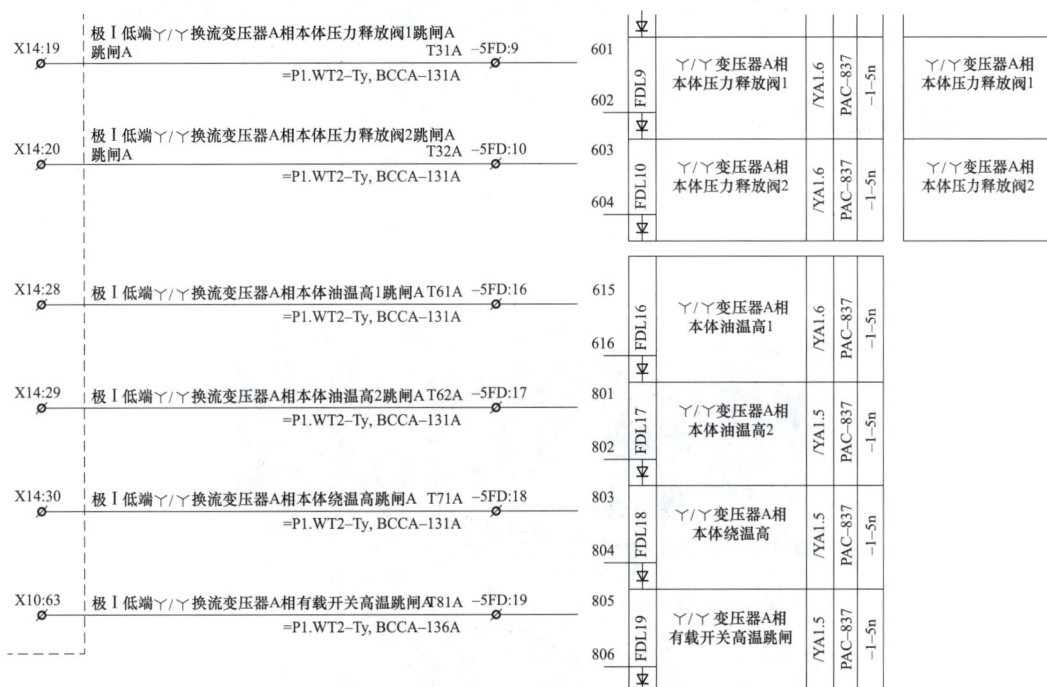

图 1－12　换流变压器原保护配置

解决措施：按照《国家电网有限公司防止直流换流站事故措施及释义（修订版）》要求将相关非电量保护动作后果调整为报警，并确保二次图纸、软件页面、后台事件、实际传动试验结果一致。

后续工程提升建议：加强设计、验收环节管控。设计阶段，组织逐条核实《国家电网有限公司防止直流换流站事故措施及释义（修订版）》落实情况；验收阶段，再次核对《国家电网有限公司防止直流换流站事故措施及释义（修订版）》是否全部落实。

1.1.13　换流变压器分接开关旁气体继电器存在悬梁臂结构

问题描述：某换流站高端换流变压器分接开关旁气体继电器通过 DN25 管道及阀门与本体连接，管道及阀门长度超出 EMB 气体继电器说明书规定的气体继电器与固定点位置不应超过 0.5m 的要求，存在悬梁臂结构（见图 1－13），不满足《国家电网有限公司防止直流换流站事故措施及释义（修订版）》第 1.2.5 条规定："换流变、油浸式平波电抗器瓦斯继电器应增设支撑结构，防止因运行振动导致瓦斯继电器误动。"

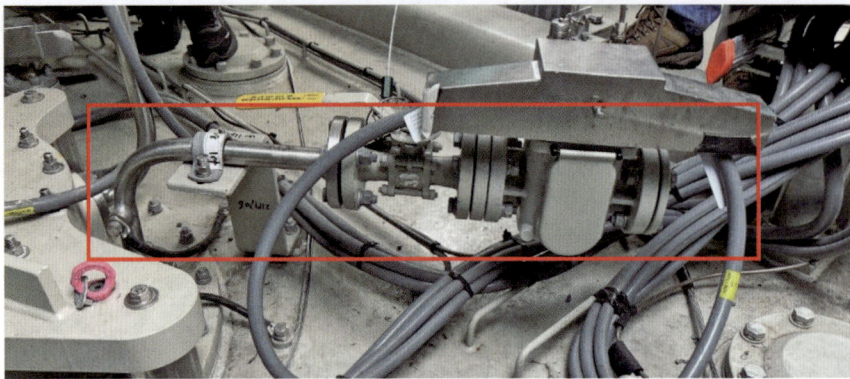

图 1-13　气体继电器未增设支撑结构

解决措施：按照要求对气体继电器加装支撑件（见图 1-14），防止因运行振动导致气体继电器误动。

图 1-14　气体继电器加装支撑件

后续工程提升建议：设计冻结阶段，要求换流变压器厂家按照要求，对存在悬梁臂结构的气体继电器加装支撑件。

1.1.14　换流变压器阀侧套管 SF$_6$ 密度继电器表计安装位置不合理

问题描述：某换流站换流变压器阀侧套管 SF$_6$ 密度继电器表计安装在换流变压器本体上，存在振动导致压力表机芯磨损失效或误动的隐患。

解决措施：现场设置独立支架，将表计安装在支架上。

后续工程提升建议：在设计阶段及现场安装阶段，应为 SF$_6$ 密度继电器表设计并配置独立支架，防止表记频繁振动，造成隐患。

1.1.15　换流变压器阀侧套管 SF$_6$ 密度继电器表计配置不合理

问题描述：某换流站低端换流变压器的阀侧套管均采用威卡 SF$_6$ 气体表计，其中某厂家 SF$_6$ 压力额定值、报警值、闭锁值为 0.28、0.23、0.21MPa，某厂家 SF$_6$ 压力额定值、报警值、闭锁值为 0.32、0.26、0.24MPa，告警值和跳闸值仅相差 0.02MPa；且表计带有温度补偿功能，存在隐患。

告警值与跳闸值间距过短，套管一旦出现轻微漏气，压力低告警出现至跳闸间隔时间较短，不利于通过补气避免不必要的设备跳闸。

温度补偿功能导致套管压力值波动较大，套管充气部分位于阀厅内、表计位于阀厅外，表计温度与套管实际温度不符，经核实某换流站阀侧套管（表计带温度补偿功能）在极端温度区间内压力波动在 0.03MPa 左右，金华和绍兴两换流站阀侧套管（表计不带温度补偿功能）在极端温度区间内压力波动在 0.01MPa 左右，建议取消温度补偿。

解决措施：提高报警值，将报警值和跳闸值间距调整至 0.04MPa，便于运检人员及时发现处理压力低异常。

后续工程提升建议：设计阶段明确报警值和跳闸值间距不小于 0.03MPa，并根据场站环境，提前考虑表计温度补偿问题，合理选择。

1.1.16　低温环境下换流变压器实际油温无法准确监视

问题描述：某换流站换流变压器器身共有 4 块机械油温表并具备远传功能，分别测量底部油温、顶部油温（网侧）、顶部油温（阀侧）、绕组温度；又配有 PT100 铂电阻（不具备就地显示功能），分别为底部油温、顶部油温（网侧）、顶部油温（阀侧）、绕组温度。这两种监测油温技术手段都不具备监测零度以下油温功能。

换流变压器本体配备两种不同原理的温度监测装置，一种为基于温包毛细管的机械表，另一种为 PT100 铂电阻。机械表按照图纸设计，表盘指针仅为 0～160℃，PT100 铂电阻按照图纸设计，与其配合的输出模块单元为 0～150℃对应 4～20mA，每一个铂电阻分别输出两路电流型号，通过变送器模块输出到后台，由于变送器模块的量程按照设计为 0～150℃对应 4～20mA，造成冬季低负荷运行或者检修状态下，无法监测油温。

解决措施：对全站 PT100 铂电阻变送器模块进行换型，将铂电阻更换为 −40～150℃变送器模块。

后续工程提升建议：此案例的现象在直流工程中均存在，极寒地区变压器设计阶段应重点对温度监测模块选型进行核查，选择满足现场运维需求的产品。

1.1.17　换流变压器强油循环散热器主油管管路未标注油流方向

问题描述：某换流站现场验收期间，排查发现主油管管路未标注油流方向标识（见图 1−15）。不满足《国家电网有限公司直流换流站验收管理规定》中"强油循环散热器主油管管路标注油流方向"的要求。

图 1−15　主油管管路未标注油流方向

解决措施：对换流变压器冷却器主油管管路增加耐高温的油流方向标识，满足验收管理规定要求。

后续工程提升建议：在设计阶段，应对冷却器主油管配置油流方向标识，换流站现场应对标识逐个开展验收。

1.1.18 换流变压器网侧升高座气体继电器集气管并接入本体总集气管，易造成瓦斯误动

问题描述：某换流站高端换流变压器网侧升高座气体继电器联管，由早期广泛采用的盲端带封板设计改为增加带倾斜角度的集气联管并接入本体总集气管的设计，如图1-16所示。

增设升高座气体继电器可快速反应升高座范围内故障，采用集气联管并联至主集气管可能导致：① 部分气体随变压器油流至本体瓦斯，反应速度降低；② 主瓦斯动作后不便于判断故障位置，但增设集气联管可促进升高座内变压器油循环，改善局部死油工况。

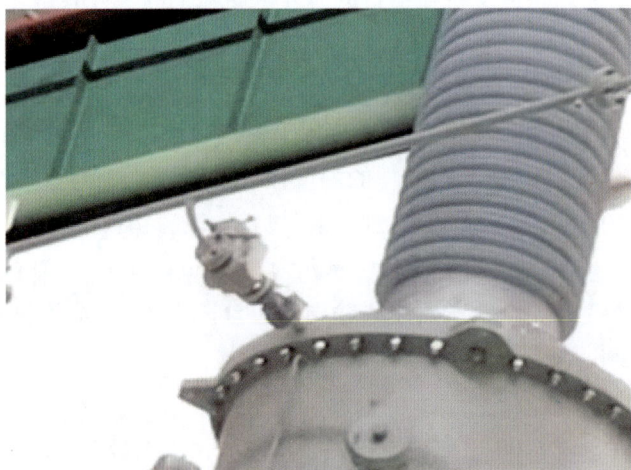

图1-16 换流变压器网侧套管继电器集气联管

解决措施：为了保证本体气体继电器的反应速度，瓦斯故障后方便判断故障位置，某换流站取消网侧升高座气体继电器与本体主管道的联管，更改为盲端加封板设计。

后续工程提升建议：套管升高座气体继电器采用联管的方式并联到主集气管的设计有利有弊，宜根据实际情况和需求在设计阶段明确设计方式。

1.1.19 套管末屏接线盒被阀厅封堵及抗爆门遮挡

问题描述：某换流站换流变压器阀侧套管末屏分压器接线盒被阀厅封堵及抗爆门遮挡（见图1-17）。某换流站现场验收期间，发现低端400kV换流变压器阀侧套管末屏及试验抽头被抗爆门遮挡，不便于后期检修试验消缺工作开展。

图 1-17　换流变压器阀侧套管末屏分压器接线盒被遮挡

某换流站 800kV 直流穿墙套管末屏接线盒与阀厅封堵位置互相阻碍，封堵有轻微变形，末屏接线盒开关不便（见图 1-18）。

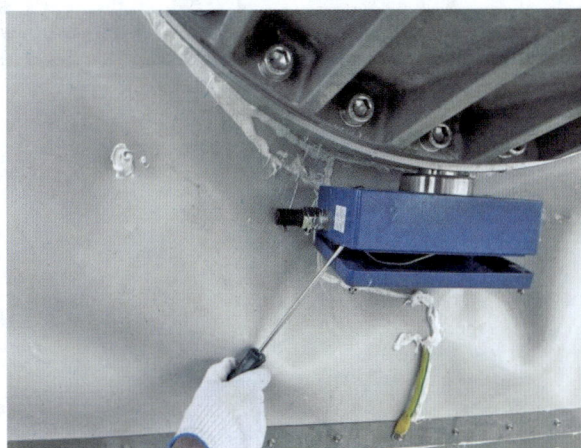

图 1-18　末屏分压器接线盒被遮挡

解决措施：在封堵上进行开口，满足末屏分压器接线盒布置需求，同时满足试验时需要打开接线盒盖子的需求。

后续工程提升建议：设计阶段应考虑末屏分压器和套管封堵配合，应满足运行及检修试验工作的需求。

1.1.20　换流变压器升高座 TA 接线盒电缆孔向上布置

问题描述：某换流站换流变压器网侧套管升高座 TA 接线盒接入 3 根电缆，其中有 1 根电缆的进孔斜向上布置（见图 1-19），中性点套管 TA 存在类似问题；某换流站低端换流变阀侧套管升高座 TA 接线盒设计不合理，引出线穿孔朝向上方，且接线盒盖板未加装密封垫（见图 1-20），防雨罩无法有效防雨防潮。不满足《国家电网有限公司防止直流换流站事故措施及释义（修订版）》第 1.3.10 条："换流变、油浸式平波电抗器户外布置时，瓦斯继电器、油流速动继电器、压力释放阀等非电量保护装置应加装防雨罩并采取措施防止带电运行过程中防雨罩损伤电缆；非电量保护装置接线盒的引出电缆应以垂直 U 型方式接入继电器接线盒，避免高挂低用；电缆护套应具有防进水、防积水保护措施，防止雨水顺电缆倒灌"要求。

图 1-19　TA 接线盒电缆孔斜向上

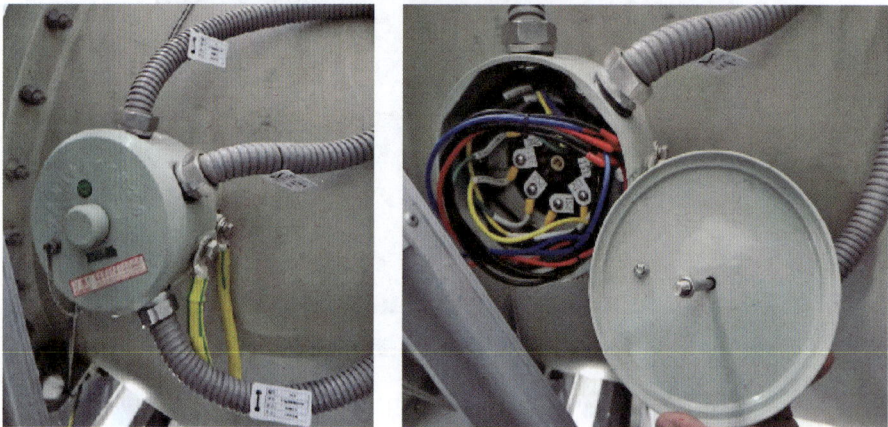

图 1-20　TA 接线盒未加装密封垫

解决措施： ① 接线盒内、外部增加防火泥、防水密封胶等防雨防潮措施；② 接线盒应加装密封垫确保密封可靠；③ 接线盒加装防雨罩，防雨罩应能防止上方和侧面的喷水且便于拆装，防雨罩边缘需加装防护措施并采用非金属扎带固定良好；④ 接线盒引出线应防止波纹管破损，引出电缆采用 U 型方式接入，并在波纹管最底部打滴水孔；⑤ 后续择机调整 TA 接线盒二次电缆进线方向，避免引出线高挂低用。

后续工程提升建议： 设计阶段提前审查各类接线盒电缆孔布置，安装阶段重点检查。

1.1.21　换流变压器电缆保护套破损、电缆槽盒未设排水孔

问题描述： 某换流站现场排查发现，本体油枕油位到控制柜的电缆槽盒底部未设置排水孔，存在高挂低用现象、二次电缆进水可能性。现场部分二次电缆保护套破损，存在积水情况，导致二次回路绝缘降低，设备运行不可靠。

《国家电网有限公司直流换流站验收管理规定》要求："验收中压力继电器电缆管内应防止积水的措施，电缆穿管不应有积水弯和高挂低用现象，无法避免时应设滴水弯并在易积水的低处设有 $\Phi6\sim8$ 排水孔，并保持畅通（全密封系统除外）；呼吸孔、排水孔畅通。"《国家电网有限公司防止直流换流站事故措施及释义（修订版）》第 1.3.10 条规定："换流变、油浸式平波电抗器户外布置时，瓦斯继电器、油流速动继电器、压力释放阀等非电量保护装置应加装防雨罩并采取措施防止带电运行过程中防雨罩损伤电缆；非电量保护装置接线盒的引出电缆应以垂直 U 型方式接入继电器接线盒，避免高挂低用；电缆护套应具有防进水、防积水保护措施，防止雨水顺电缆倒灌。"

解决措施：排查现场所有换流变压器二次电缆槽盒排水孔设置情况及二次电缆保护套破损情况，保证电缆护套具有防进水、防积水保护措施，防止雨水顺电缆倒灌。

后续工程提升建议：在设计及安装阶段，应优化二次电缆槽盒设计，按照反措要求保证电缆护套具有防进水、防积水保护措施。

1.1.22　换流变压器电缆不锈钢槽盒边缘未设计橡胶垫保护

问题描述：某换流站现场验收期间，发现换流变压器电缆不锈钢槽盒切口部分未设计防止电缆被切割的措施（见图 1-21）。

图 1-21　不锈钢槽盒切口部分未设计加装橡胶垫

解决措施：对换流变压器所有电缆槽盒排查，不锈钢槽盒切口加装橡胶垫。

后续工程提升建议：在设计阶段，要求换流变压器厂家对电缆不锈钢槽盒切口设计橡胶垫，保护电缆。

1.1.23　直流穿墙套管 SF_6 信号线端子箱密封不严易进水

问题描述：某换流站阀厅至直流场穿墙套管采用 SF_6 套管，套管上配置 SF_6 密度继电器，通过就地端子箱将跳闸、报警信号送至控制系统。该端子箱安装在户外，电缆从顶部进入端子箱，容易导致端子箱进水，如果水沿着电缆流到端子排上，可能导致跳闸接点短路，保护误出口。

解决措施：① 平移端子排，尽量避免水滴到端子排上；② 两条接线之间错开一个端子排，避免意外短路；③ 在端子箱顶部加装防雨罩。

后续工程提升建议：在设计阶段，应尽量避免设计户外转接端子箱；户外端子箱进出电缆尽量从端子箱底部进出，并做好密封防雨措施。

1.1.24　换流变压器冷却器无强投功能

问题描述：某换流站低端换流变压器冷却器控制电源设置总开关 F12，同时控制 4 组冷却器，若控制回路中出现绝缘故障或者元件故障，F12 断开后将迫使 4 组冷却器全部停运，影响换流变压器正常运行。

解决措施：经过与换流变压器厂家设计人员商讨，确定为每组冷却器分别增加一个手动强制投入开关，当控制回路总开关 F12 断开时，将该组冷却器强制投入。该强投开关电源侧跨过 F12，正常运行时处于分位。当总控制开关 F12 断开时，冷却器自动、手动控制方式均失效，第一组冷却器控制总接触器 K61 复归，第一组风机控制总接触器 K73 复归，第 1～4 只风机控制接触器 K66～K69 复归，此时，手动将第一组冷却器强投开关 F121 合上，第一组冷却器将全部工作。

后续工程提升建议：换流变压器等重要设备的辅助系统应充分分析单一元件故障导致设备停运的隐患，冷却器应设置强投回路。

1.1.25　换流变压器重要负荷空气开关无跳闸报警信号

问题描述：某换流站共有换流变压器 28 台，2019 年 9 月 26 日正式投运。2018 年 9 月，在进行低端换流变压器验收期间现场发现，双极高、低端换流变压器汇控柜与 TEC 柜、智能组件柜内所有空气开关均未设计报警信号，不利于设备监视与故障判断。

解决措施：提出缺陷，要求设计与厂家共同整改，对换流变压器冷却器控制柜内重要空气开关增加报警节点，目前已增加。

后续工程提升建议：在基建阶段、验收阶段发现的问题要及时在设计联络会、冻结会上提出现场实际运维需求，提早发现问题，提前采取解决方案，从源头上消除隐患，避免设备在运行阶段发生故障现象。

1.1.26　换流变压器冷却器汇控柜双电源切换未设置延时

问题描述：某换流站验收期间，发现换流变压器冷却器交流电源分别取自不同 400V 母线，通过电源监视继电器实现双路电源自动切换，但切换未设置延时，未与 400V 备自投延时配合，存在主用 400V 失电后频繁切换的情况，且电机是感性负载，短时失电后立即启动存在较大的冲击，建议修改回路，增加大于 400V 备自投的切换延时。

解决措施：设计院修改设计，通过电源监视继电器触点扩展延时中间继电器，延时定值应大于 400V 备自投延时，进而达到延时切换目的。

后续工程提升建议：图纸设计阶段，应核查换流变压器冷却器控制柜双电源切换是否具备延时切换功能，避免出现频繁切电的隐患。

1.1.27　换流变压器网侧中性线入地方式不满足十八项电网重大反事故措施要求

问题描述： 某换流站换流变压器网侧中性线入地铜排只有一根（见图 1-22），不满足《国家电网有限公司关于印发十八项电网重大反事故措施（修订版）的通知》（国家电网设备〔2018〕979 号）第 14.1.1.4 条 "变压器中性点应有两根与地网主网格的不同边连接的接地引下线，并且每根接地引下线均应符合热稳定校核" 的要求。

图 1-22　换流变压器中性点地排

解决措施： 增加一根引下铜排，经校核满足热稳定要求。

后续工程提升建议： 在设计阶段，网侧中性点应按照《国家电网有限公司关于印发十八项电网重大反事故措施（修订版）的通知》要求采用两根铜排接入地网，每根接地引下线均应符合热稳定校核。

1.1.28　换流变压器中性线避雷器底座通过构架接地

问题描述： 某换流站现场验收期间，发现换流变压器中性线避雷器底座接地排通过构架接地（见图 1-23）。

解决措施： 对换流变压器区域避雷器增加

图 1-23　避雷器底座接地排通过构架接地

避雷器底座与构架之间的接地排。

后续工程提升建议：在设计阶段，对施工图纸审核时，要求避雷器底座设计独立接地铜排。符合《国家电网有限公司防止直流换流站事故措施及释义（修订版）》第 16.1.2 条"变压器中性点、直流分压器、避雷器等设备的接地端子应直接与主接地网相连，避免通过设备支架接地"的要求。

1.2 原材料及组部件问题

1.2.1 换流变压器绝缘材料检测项目不全

问题描述：某换流站换流变压器绝缘材料未开展体积电阻率、介电常数、金属颗粒物、聚合度 4 项抽检项目。某换流站低端换流变压器内部撑条只开展 X 光检测，未开展其余抽检项目。某换流站换流变压器未开展绝缘成型件和螺杆螺母 X 光入厂检查。不满足《特高压换流变关键点技术监督实施细则》中"加强对绝缘材料的外观检查和性能检测，对同批次的纸板、撑条、垫块进行厚度、密度、抗拉强度、伸长率、收缩率、水抽提液 pH 值、水抽提液电导率、电气强度等项目进行抽检，严格要求绝缘材料制造单位除按 IEC 规定的检测项目外增加绝缘材料体积电阻率、介电常数及金属颗粒物、聚合度的检测项目"的要求。不满足《特高压换流变关键点技术监督实施细则》中"绝缘成型件进厂时逐个进行 X 光检测，螺杆螺母进厂时按照 10%进行 X 光检测，提前发现绝缘材料的质量缺陷"的要求。

解决措施：补充同批次换流变压器绝缘材料体积电阻率、介电常数及金属颗粒物、聚合度的检测报告，提供同批次绝缘成型件和螺杆螺母的 X 光检测报告。

后续工程提升建议：设计冻结前，依据《特高压换流变关键点技术监督实施细则》中"绝缘成型件进厂时逐个进行 X 光检测，螺杆螺母进厂时按照 10%进行 X 光检测，提前发现绝缘材料的质量缺陷"提出检测报告要求，并在厂内加强技术监督。

1.2.2 换流变压器阀侧套管漏气

问题描述：2014 年 5 月 28 日，某换流站极 I 高端换流变压器验收过程中，发现极 I 高端 Y/D－C 相换流变压器阀侧 a 套管 SF_6 压力呈现缓慢下降的趋势（见图 1－24）。对漏气套管进行更换并返厂检查分析，同时对站内双极高端换流变压器阀侧套管包扎检漏，发现 16 支套管存在漏气问题。套管结构如图 1－25 所示。套管漏气部位集中在中部变径处，推测该处在出厂高压试验期间，套管内部放电造成玻璃钢筒破损（见图 1－26）。

解决措施：厂家对漏气套管进行逐支更换，后续出厂试验中将改进试验工艺。

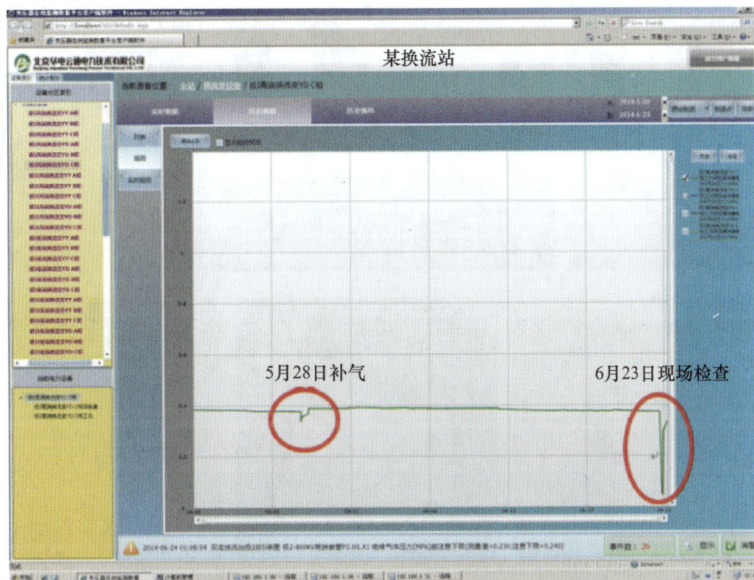

图 1-24 SF$_6$压力随时间变化趋势

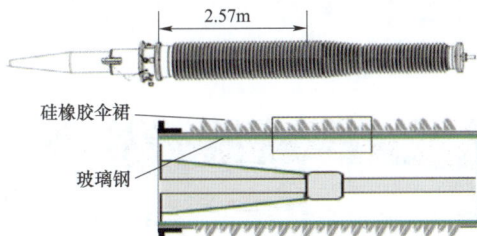

图 1-25 套管结构

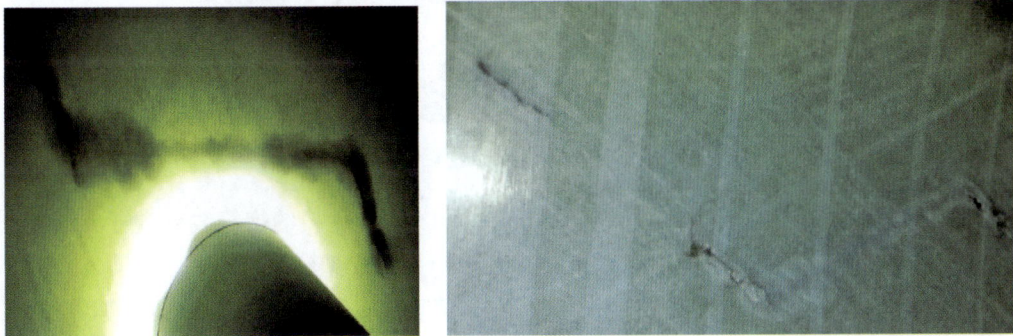

图 1-26 玻璃钢筒破损情况

1.2.3 低端换流变压器中性点套管抱箍线夹发现裂纹

问题描述：对±800kV 某换流站 14 台低端换流变压器中性点套管抱箍线夹的渗透检测中发现 14 个抱箍线夹均存在表面裂纹（见图 1-27），不满足 GB/T 2314—2008《电力金具通用技术条件》第 3.7.1 条"铸件表面应光洁、平整，不允许有裂纹等缺陷"的要求。

图 1-27　中性点抱箍线夹裂纹情况

对 4-B 号抱箍解剖后发现裂纹深度已超过抱箍厚度的一半，如图 1-28 所示。

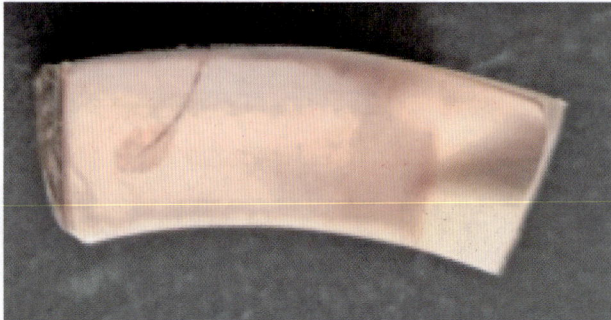

图 1-28　4-B 号抱箍解剖后裂纹图

解决措施：更换该批次的 14 个抱箍线夹。对 14 个新更换的抱箍线夹进行渗透检测、光谱分析和镀层测厚。14 个抱箍线夹的渗透检测均未发现裂纹，合格。

后续工程提升建议：在厂内制造及现场安装、验收阶段，加强对抱箍线夹等各类金属金具的检查，应满足"表面应光洁、平整，不允许有裂纹等缺陷"的要求。

1.2.4　换流变压器阀侧套管根部法兰盘加强筋有裂纹

问题描述：2020 年 5 月 30 日上午，某换流站验收时发现极Ⅱ低端角接 A 相阀侧套管下部有油迹，安装人员对阀侧套管根部放气塞等部位进行检查，检查过程中发现阀侧尾端套管根部法兰盘加强筋上有裂纹（见图 1-29），加强筋钢铸件厚约 20mm，开裂口宽度 0.6~0.8mm，裂缝向内延伸约 40mm。

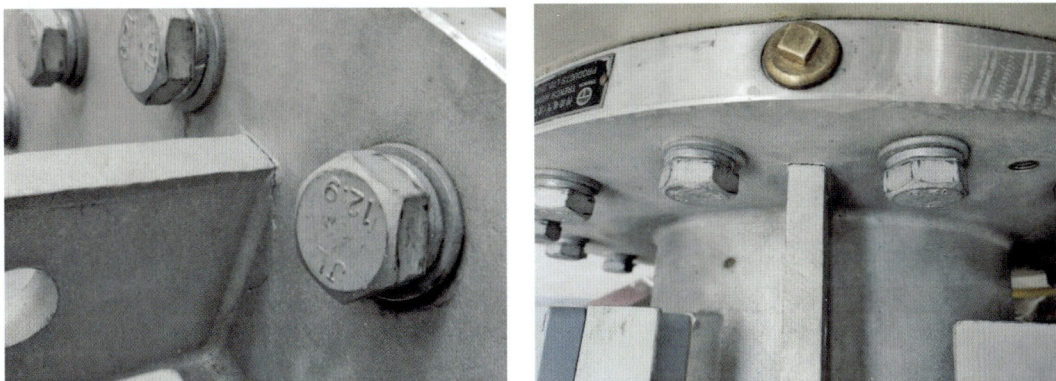

图 1-29 套管根部法兰盘加强筋裂纹

解决措施：组织召开专题会议，设备厂家出具了多种处理方案，经讨论确定对问题套管进行更换，运维人员全程跟踪见证新套管更换过程，新套管更换至今运行工况良好。

后续工程提升建议：在厂内制造及现场安装、验收阶段，加强对法兰盘等金属部件的检查，避免出现存在裂纹或破损等缺陷的金具。

1.2.5 换流变压器中性点套管接线板凹陷

问题描述：某换流站极Ⅰ高端 Y/Y-B 相换流变压器中性点套管接线板出现明显凹陷情况（见图 1-30）。违反《国家电网有限公司直流换流站验收管理规定》中"套管引线及线夹、抱夹应无裂纹。"的要求。

解决措施：更换故障套管接线板。

后续工程提升建议：到货验收及安装阶段加强套管外观检查，满足《国家电网有限公司直流换流站验收管理规定》中"套管引线及线夹、抱夹应无裂纹。"的要求。

1.2.6 分接开关存在单元件故障引起直流闭锁

问题描述：某换流站低端换流变压器分接开关油温高于 135℃时，存在单元件故障导致

图 1-30 换流变压器中性点套管接线板凹陷

直流闭锁隐患，低端换流变压器分接开关型号为 VUCLRE 1050/2X1000/F，投运日期为 2019 年 9 月 26 日。分接开关油温高时，驱动 1 个中间继电器 K503，由 K503 所带的三副节点开入至阀组非电量接口柜 CNEP，直接启动跳闸，存在单元件故障导致直流闭锁的可能。

解决措施：

（1）修改软件，使分接开关油温高时不跳闸，只报油温高事件。

（2）修改软件，取消低端分接开关油温高发出跳闸指令，只发告警事件。

后续工程提升建议：关注新建工程与以往工程中设计不同的部分，明确差异化的原因

及是否符合规程规定、反事故措施的要求，对不符合的要求的设计，提前联系设计进行更改，确保后续验收、调试的顺利进行。

1.2.7 换流变压器分接开关内部故障

问题描述：2019 年 1 月 7 日，某换流站按第三阶段系统调试方案进行极 I 双阀组带线路自动 OLT 试验，投入开路试验后，极 I 高低端换流变压器分接头开始上调，调挡过程中，0 时 28 分 39 秒 838 毫秒，极 I 高端 Y/D－C 相换流变压器突发故障，换流变压器 Y/D－C 相角接小差工频变化量差动、角接小差比例差动、大差比例差动、大差工频变化量差动保护动作，跳开交流进线断路器。故障时极 I 高低端换流变压器处于充电状态，换流器未解锁，未损失功率。该台换流变压器型号为 ZZDFPZ－607500/750－825；分接开关为 VUCLRE 380/2×1000/F，于 2018 年 10 月生产、2019 年 9 月 26 日投运。分接开关主驱动轴在正常调挡过程中断裂，导致分接选择器触头拉弧、调压引线对地短路。

解决措施：

（1）开展故障换流变压器解体检查，并在现场安装新的换流变压器。

（2）对换流变压器分接开关压力释放阀、压力和油流继电器进行优化配置。

后续工程提升建议：

（1）新技术、新设备投入运行或使用前，应制订完善的人身防护措施；

（2）新设备调试期间，人员应在设备状态到位、稳定运行一段时间后方可就近检查设备状况；

（3）加快推进变压器自动巡检项目实施，采用替代方式进行巡检。

1.2.8 换流变压器油枕断流模块电动阀拒动异常

问题描述：某换流站验收期间，发现换流变压器排油系统电动阀具有"手动""电动"两种模式，且"电动"模式优先，正常情况下，当把手切换至"手动"位置，后台下发排油信号时，把手将自动切换至"电动"模式。换流变压器排油系统验收过程中发现极 II 高端 Y/Y－C 相、Y/D－A 相油枕断流模块电动阀拒动，当阀门状态打至"手动"状态时，阀门收到"电动"操作指令，2 台异常阀门未自动切换至"电动"模式，存在拒动风险。

解决措施：检查并更换断流模块，并重新进行操作验证。

后续工程提升建议：设计冻结阶段，要求换流变压器厂家采用成熟、可靠的电动阀及执行机构，现场安装、验收期间，逐台开展远程手动排油试验，确保电动阀正确动作、现场及后台信号相对应。

1.2.9 换流变压器网侧套管乙炔含量超标

问题描述：某换流站双极低端系统调试后发现极 II 低端 Y/D－C 相换流变压器网侧套管乙炔含量高达 4μL/L，严重超出 0.1μL/L 的（DL/T 722—2014）要求，另有 11 支换流变压器套管存在微量乙炔（小于 0.1μL/L）。将乙炔超标套管返厂解体，发现下瓷套内侧有明显放电痕迹（见图1-31）。

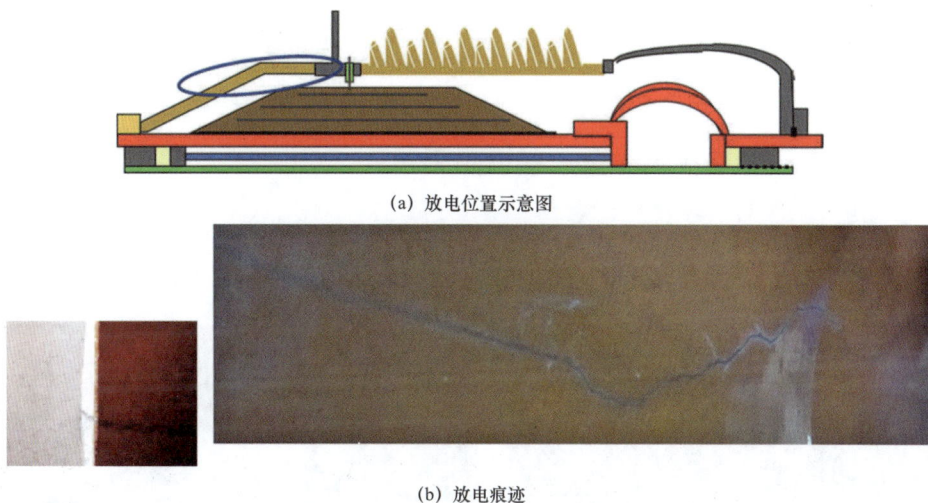

(a) 放电位置示意图

(b) 放电痕迹

图1-31　套管下瓷套的放电痕迹

解决措施：对乙炔含量超标的套管进行更换，于高端系统调试结束后再次更换1根乙炔含量出现增长的套管。套管更换后及时对换流变压器连同套管开展局部放电检测，试验均合格。

后续工程提升建议：现场安装、验收期间，严格按照要求对换流变压器套管取油检测。

1.3　制造及安装工艺问题

1.3.1　换流变压器阀侧套管末屏分压器引出线金属护套与升高座螺栓接触存在过热隐患

问题描述：某换流站高端换流变压器阀侧套管末屏分压器引出线金属护套与升高螺栓、套管屏蔽筒接触（见图1-32），换流变压器运行期间漏磁产生涡流，接触点存在过热隐患。

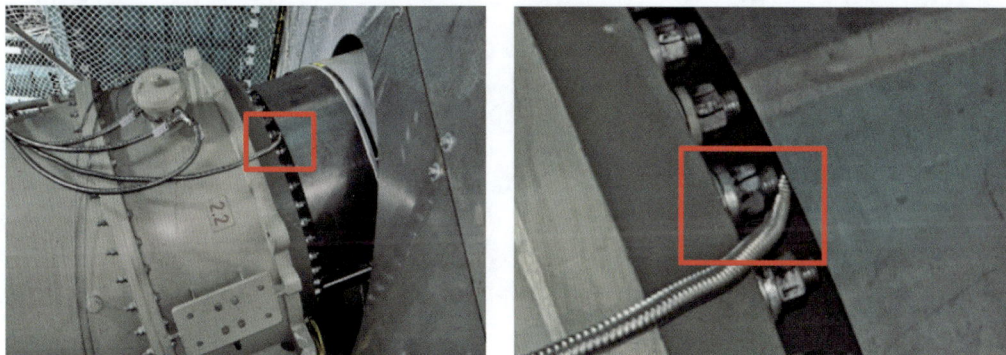

图1-32　阀侧套管末屏分压器引出线金属护套与升高座螺栓接触

解决措施：对高端换流变压器同位置排查，对该处不锈钢护套增加绝缘热缩套，避免出现过热问题。

后续工程提升建议：加强换流变压器安装过程工艺技术监督，阀侧封堵、抗爆门处金属管搭接处绝缘处理。

1.3.2　换流变压器二次接线盒未装设防雨罩

问题描述：某换流站高端换流变压器套管升高座 TA 接线盒、末屏分压器等二次接线盒未装设防雨罩，存在进水隐患。升高座 TA 接线盒如图 1－33 所示。

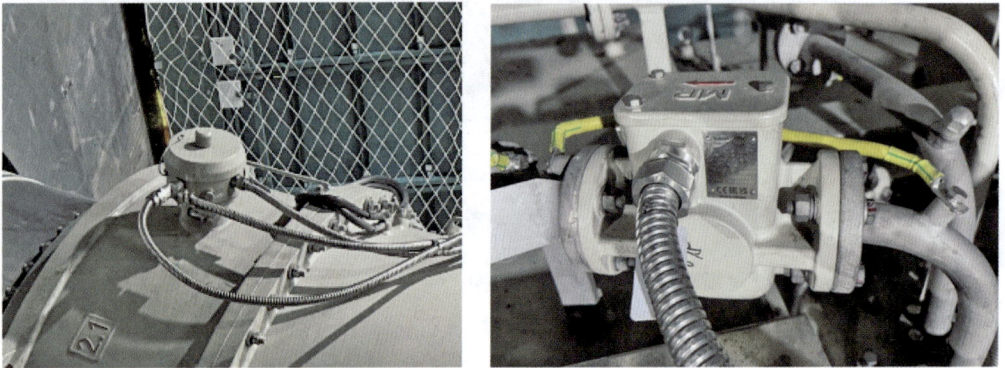

图 1－33　升高座 TA 接线盒

解决措施：换流变压器所有二次接线盒装设防雨罩。

后续工程提升建议：换流变压器设计冻结阶段，应明确防雨罩提供方，并在换流变压器带电前完成安装。

1.3.3　换流变压器 Box－in 与网侧升高座紧贴，存在发热隐患

问题描述：某换流站高端换流变压器网侧高压套管升高座、网侧中性点套管升高座与 Box－in 紧贴（2～5mm），并涂抹密封胶，换流变压器带电后升高座振动可能导致其与 Box－in 碰触，其他站曾多次出现接触点涡流发热问题。换流变压器网侧升高座如图 1－34 所示。

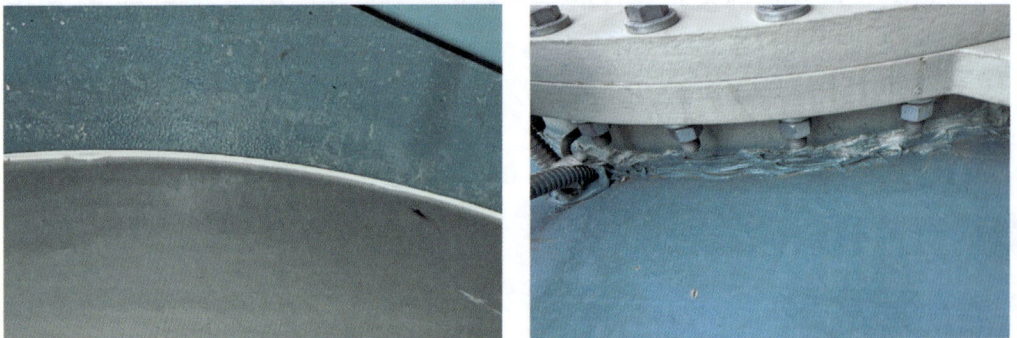

图 1－34　换流变压器网侧升高座

解决措施： 对高端换流变压器网侧升高座周围 Box-in 金属板整改，其与升高座间保持足够间隙（不小于 5cm）。

后续工程提升建议： 换流变压器 Box-in 安装前，明确升高座区域金属板安装要求，间隙处可采用非导磁的环氧板封堵（见图 1-35）。

图 1-35　升高座环氧板封堵

1.3.4　换流变压器本体顶部铁芯夹件盒存在进水隐患

问题描述： 某换流站高端换流变压器本体顶部设计有铁芯夹件盒（见图 1-36），运

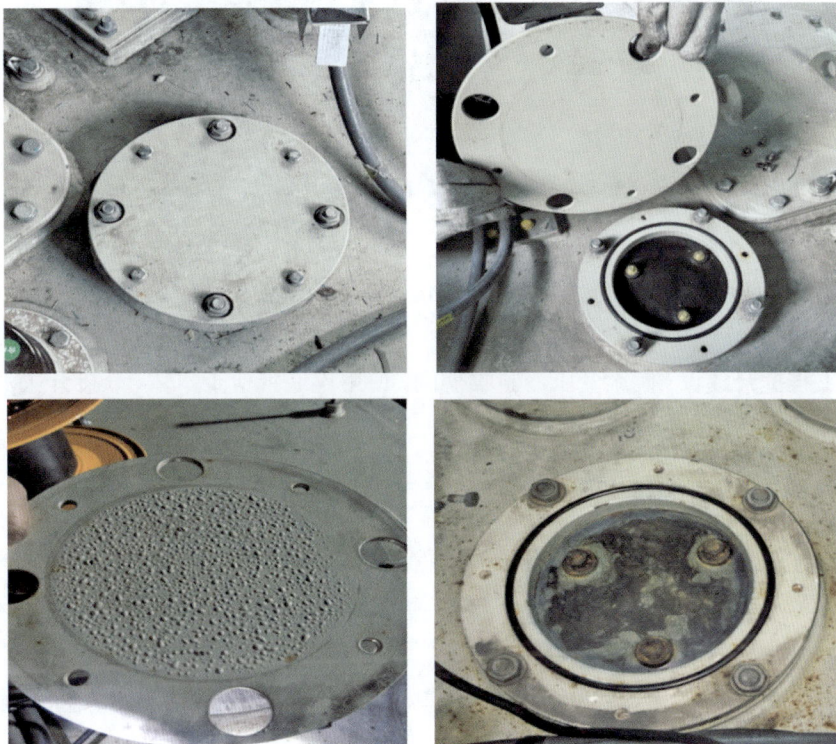

图 1-36　铁芯夹件盒

输阶段用于铁芯与夹件短接接地，现场安装阶段拆除短接片。铁芯夹件盒采用四颗螺栓固定盖板，某换流站曾出现盖板密封圈失效，铁芯夹件盒进水后导致铁芯与夹件多点接地，局部过热造成换流变压器本体异常产乙烯问题。

解决措施：对紧固螺栓及法兰面密封处涂抹密封胶，防止进水导致局部过热。

后续工程提升建议：对该类结构铁芯夹件盒盖板进行密封处理。

1.3.5　换流变压器油枕油位表指示偏高

问题描述：某换流站高端换流变压器本体油位表指示约为 57%，油温为 25℃，按照油温油位曲线该温度下油位应为 45%左右，本体油位表指示偏高。换流变压器油位表计如图 1-37 所示。

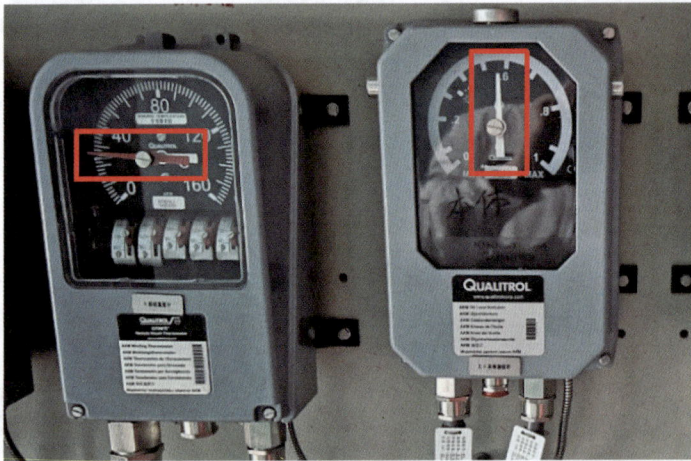

图 1-37　换流变压器油位表计

解决措施：使用连通管测量本体油枕油位，按照油温油位曲线将油位表指示与真实油位调整一致。

后续工程提升建议：换流变压器验收期间，使用连通管检查本体、分接开关油枕油位，开展现场油位与后台油位值横向、纵向对比。

1.3.6　换流变压器油枕断流模块旁通管连接部位渗油

问题描述：某换流站高端换流变压器油枕断流模块旁通管根部渗油，多次紧固后仍渗油。旁通管位于断流柜内部（见图 1-38），存在运行过程中渗漏油无法监视的风险。

解决措施：更换渗油的断流模块旁通管连接卡扣。

后续工程提升建议：换流变压器安装、验收期间，重点对插接式接头渗漏油情况检查，存在渗漏油问题时，检查内部卡箍是否放置到位。

图 1-38 断流模块旁通管

1.3.7 换流变压器管道波纹管安装偏差大

问题描述： 某换流站换流变压器本体与就地排油柜间排油管道波纹管受力严重变形，其中极 Ⅱ 低端星接 B 相换流变压器水平方向变形 12mm、极 Ⅰ 低端角接 C 相换流变压器垂直方向变形 15mm，后期运行存在波纹管渗漏油等风险。

某换流站换流变压器冷却器与本体连接处波纹管两端连接法兰垂直方向最大出现 28mm 偏差，双极高端共有 7 处波纹管安装超过 10mm。波纹管变形情况如图 1-39 所示。

上述情况不满足《国家电网有限公司防止直流换流站事故措施及释义（修订版）》中第 1.3.2 条"油流回路联管法兰连接部位（含波纹管）在水平、垂直方向不应出现超过 10mm 的偏差，防止运行过程中法兰受应力作用出现松脱或开裂；法兰密封圈应安装到位，防止因安装工艺不良引发渗漏油"的要求。

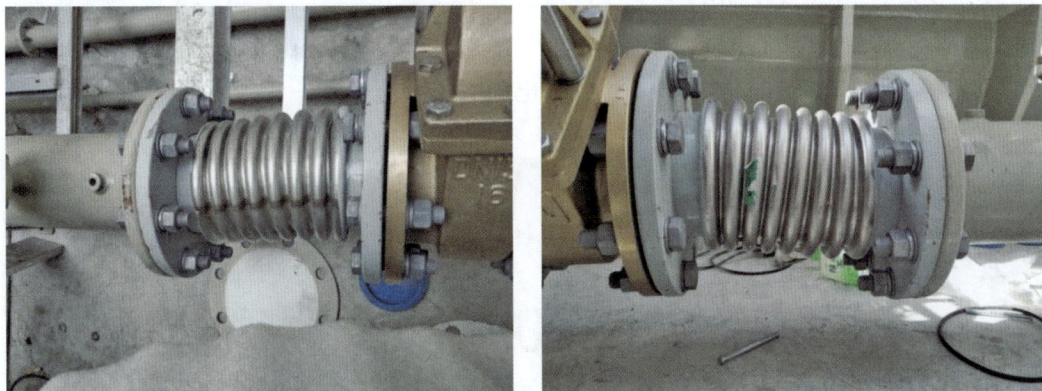

图 1-39 波纹管变形情况

解决措施： 调节法兰螺栓，控制对接偏差；对无法调节到位的，关闭邻近阀门、管道排油、拆除联管并重新安装。

后续工程提升建议： 加强换流变压器安装过程工艺技术监督，按照《国家电网有限公司防止直流换流站事故措施及释义（修订版）》要求执行，换流变压器注油前完成排查与整改。

1.3.8 换流变压器油回路阀门未设置阀门闭锁装置

问题描述： 某换流站验收期间，发现换流变压器油回路阀门未设置阀门闭锁装置（见图1-40），可能导致阀门发生位移，油路不畅。不满足《国家电网有限公司防止直流换流站事故措施及释义（修订版）》第1.3.4条"所有油回路阀门均应装设位置指示装置或阀门方向指示标志以及阀门闭锁装置，防止人为误动或阀门在运行中受振动发生状态改变"的要求，运行过程中可能导致阀门发生位移，影响流量流速，严重时会造成直流系统停运。

图1-40 换流变压器油回路阀门未设置阀门闭锁装置

解决措施： 在安装阶段未严格落实《国家电网有限公司防止直流换流站事故措施及释义（修订版）》相应条例，未加装阀门闭锁装置。某换流站运维人员联系厂家，对未设置闭锁装置的阀门增设金属绑扎带，目前已具备闭锁功能。

后续工程提升建议： 在安装及验收阶段加强技术监督工作，加强对阀门是否配置闭锁装置以及位置指示装置或阀门方向指示标志的检查。

1.3.9 换流变压器冷却器潜油泵反转导致油温升高

问题描述： 某换流站通过后台监视系统发现极Ⅰ高端Y/D-B相换流变压器油面温度、绕组温度较A、C相高10℃左右，在线监测后台极Ⅰ高端Y/D-B相换流变压器油面温度、绕组温度确有上升趋势（见图1-41）。红外测温潜油泵位置较正常相高12℃左右。检查发现极Ⅰ高Y/D-B的4号潜油泵本体电源相序接反。

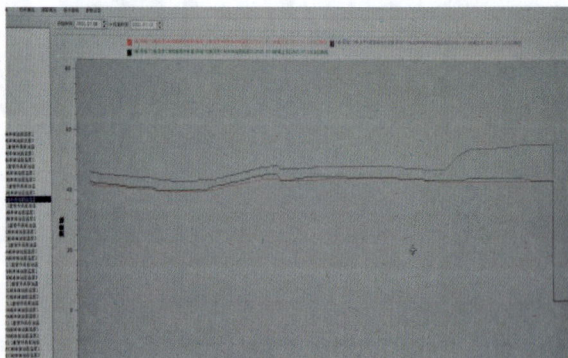

图1-41 换流变压器油面温度、绕组温度检查结果

解决措施： 停运故障冷却器，断开潜油泵电源并整改接线。

后续工程提升建议：加强换流变压器在出厂制造及安装过程的技术监督，潜油泵的接线相序应正确，避免出现油流反向的情况，保证冷却器正常运行。

1.3.10 换流变压器气体继电器、升高座分支管道角度不满足要求

问题描述：某换流站部分换流变压器本体气体继电器至储油柜连接管道向下倾斜，呈负角度。连接管倾斜度测量如图 1-42 所示。2 台换流变压器中性点套管升高座至集气总联管角度分别为 0°、-1.8°，不满足《国家电网有限公司直流换流站验收管理规定》中"储油柜安装和验收：气体继电器后至储油柜连接管向上倾斜 1.5% 以上"的要求。

图 1-42　连接管倾斜度测量

解决措施：调节法兰螺栓，控制对接偏差；对无法调节到位的，关闭邻近阀门、管道排油、拆除联管并重新安装。

后续工程提升建议：制造厂加强厂内安装对接检查，确保尺寸、角度满足要求后发运；安装阶段在充油前进行一次角度检查。处理时禁止使用千斤顶抬升管道等方式。

1.3.11 换流变压器套管升高座气体压力为零

问题描述：到货验收发现某厂家换流变压器阀侧套管升高座内部充气压力为零。返厂检查升高座密封面，发现手孔处安装法兰槽面上有部分油漆脱落；脱落的油漆粘在密封圈上，导致此处胶圈密封不严，存在轻微渗漏，其余密封面未见明显异常。

解决措施：在厂内打磨该平面，重新涂保护漆，待油漆干燥后，更换密封胶圈并重新密封。

后续工程提升建议：在生产制造阶段，制造厂应加强换流变压器密封件装配的工艺管控，保证密封性。

1.3.12 换流变压器升高座 TA 接线盒进水

问题描述：某换流站安装期间，对部分完工的换流变压器升高座 TA 接线盒保护不完善，存在盒盖未盖严、备用电缆出线孔密封件密封不严的情况，导致多处换流变压器升高

图 1-43　升高座 TA 接线盒

座 TA 接线盒进水（见图 1-43）。不满足《国家电网有限公司防止直流换流站事故措施及释义（修订版）》中"13.3.2 对户外端子箱和接线盒的盖板、密封垫、防火封堵进行检查，防止变形或密封不严进水受潮。"的要求。

解决措施：对进水 TA 接线盒内进行干燥，更换备用电缆出线孔密封件，完成后开展泼水试验，密封情况良好。

后续工程提升建议：安装过程中加强二次接线盒密封检查，加强完成接线部分成品保护。

1.3.13　换流变压器分接开关吊芯检查发现异物

问题描述：某换流站 LY3 低端换流变压器分接开关（备用相）在厂内制造装配过程中，未对现场环境进行严格管控，导致异物（线团）落入（见图 1-44），现场吊芯检查发现。

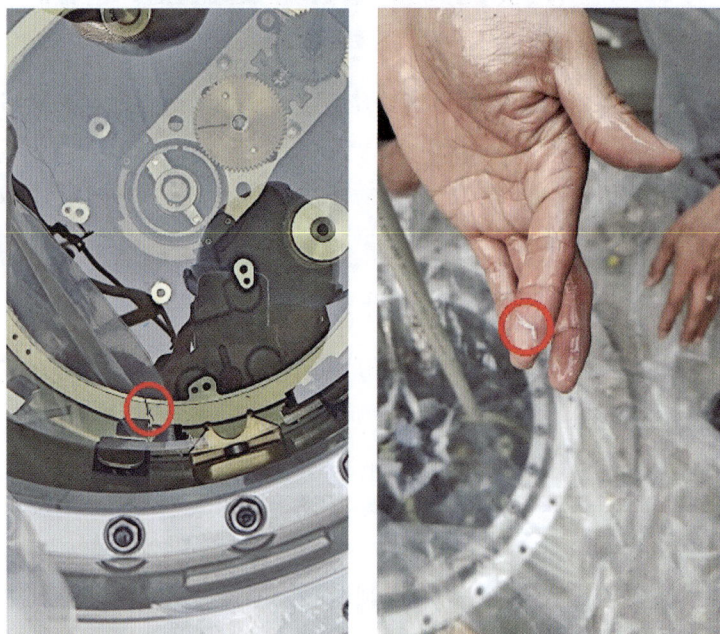

图 1-44　分接开关吊芯检查发现异物

解决措施：检查清理开关及油室，并滤油。

后续工程提升建议：制造厂应加强分接开关装配工艺的管控，防止异物落入。在现场安装验收技术监督工作中加强对分接开关内部清洁的检查。

1.3.14 换流变压器事故排油管道在非真空状态下注油

问题描述：某换流站换流变压器事故排油装置在本体真空注油后到场，安装完成后事故排油装置隔离阀门被误开，导致阀门下部一段管道内的空气直接进入本体储油柜并与油接触，内部绝缘受潮。

解决措施：换流变压器本体及油枕排气、油中微水与含气量测试。

后续工程提升建议：事故排油装置与换流变压器本体同期入厂，一次性完成注油，并完善事故排油阀门标志，加强现场阀门管控。

1.3.15 换流变压器阀侧套管联管与屏蔽筒距离过近

问题描述：某换流站低端换流变压器阀侧套管封堵验收时，发现套管 SF_6 表计与套管本体联管穿过小封堵时与套管屏蔽筒距离过近（见图 1-45），存在短接屏蔽筒，形成回路，导致涡流损耗发热的风险。

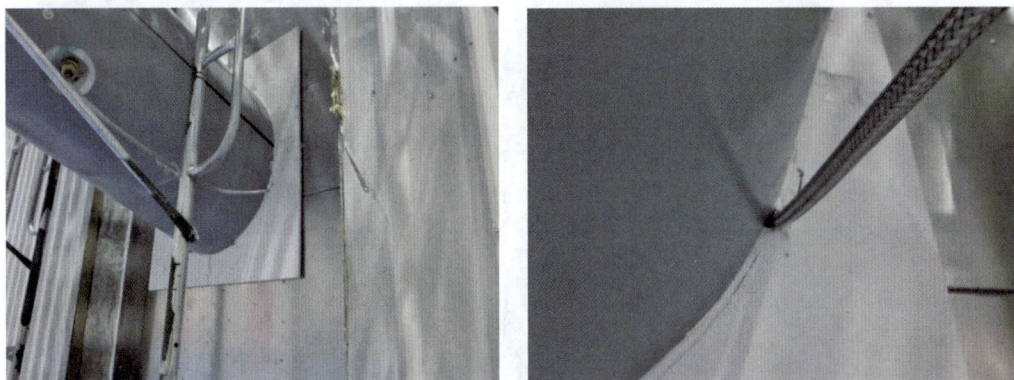

图 1-45 SF_6 表计联管与套管升高座屏蔽筒过近

解决措施：按照《特高压换流站设计升级版专题研究指导意见》中第 4.3.5 条"阀侧套管升高座吊耳与抗爆门等金属材料间隙不应小于 50mm，换流变阀侧套管升高座法兰渗漏油集油管、冷却器油管、瓦斯继电器管路与抗爆门板等金属材料间隙不应小于 50mm"的要求，对间隙进行调整。

后续工程提升建议：在施工及验收阶段依据《特高压换流站设计升级版专题研究指导意见》及技术监督细则加强对阀套管封堵的技术监督工作，重点检查是否存在闭合金属回路，避免出现涡流损耗引起的过热现象。

1.3.16 换流变压器阀侧套管底部表带触指异常

问题描述：某换流站极Ⅰ低 Y/Y-A 相换流变压器安装过程中发现阀侧套管 2.1（型号：GSETF 1430/432-5766）底部触指安装使用的卡槽式结构为紧密配合结构，安装工艺配合裕度小，连接位置表带触指外表面颜色异常，尾部有划伤痕迹，对应的底座也存在划痕和变色的情况，底座与触指之间由于剐蹭摩擦致使触指表带变形，试验过程中有发热现象。表带触指颜色对比图如图 1－46 所示，表带触指的插入底座如图 1－47 所示。

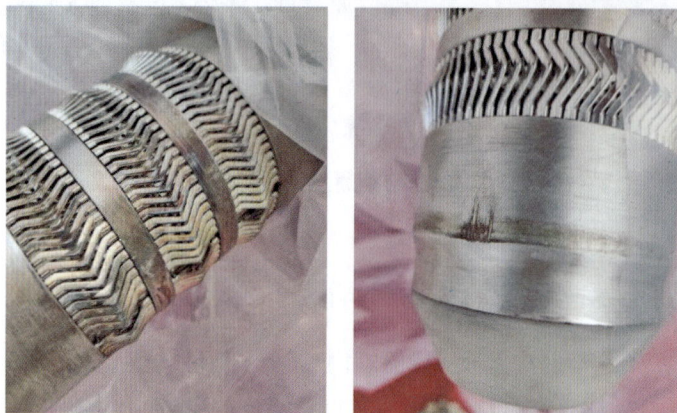

图 1－46　表带触指颜色对比图（左图为异常，右图为正常）

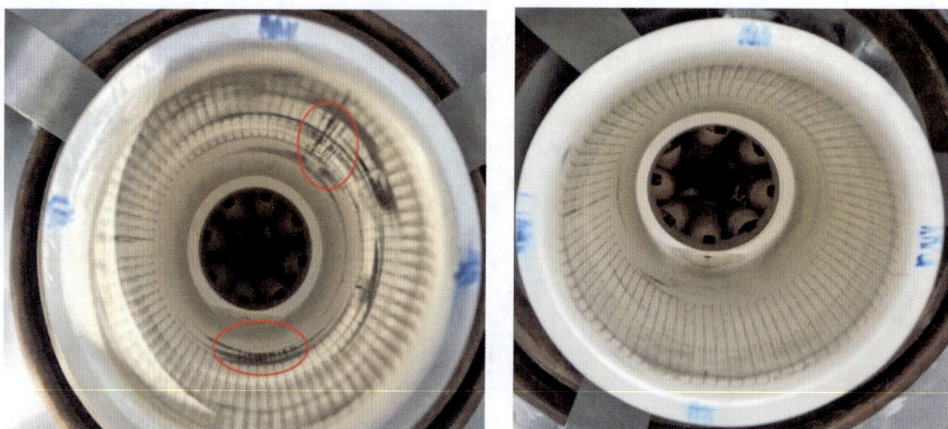

图 1－47　表带触指的插入底座（左图为异常，右图为正常）

解决措施： 对变色触指表带进行更换，对套管划痕位置再次进行打磨。

后续工程提升建议： 在后续工程的安装阶段，加强对表带触指的技术监督工作，重点检查是否存在剐蹭、磨损、变色等现象，保证底座和触指之前的通流性，避免异常过热的现象。

1.3.17　换流变压器本体排油柜电动球阀指针指示不到位

问题描述： 某换流站极Ⅱ低 Y/Y－A 就地排油柜电动球阀现场表盘指针在控制柜显示关闭到位后仍显示有大约 20% 的开度，存在偏差较大、关不严的隐患；其他相也有类似情况，但均在 3% 以下。

解决措施： 打开换流变压器排油柜阀门，对阀门表盘进行校正，并且与后台排油柜核对信号无误。

后续工程提升建议：分系统调试期间，对本体排油柜电动阀现场指针与后台开关指示、阀门表盘开度与阀门实际开度校核。

1.3.18 换流变压器阀侧套管表面起层

问题描述：某换流站 HY2 换流变压器现场安装过程中，发现 HY2 阀侧 2.2 套管尾端表面存在起层现象（见图 1–48），HD2 阀侧 3.1 套管表面有同样现象。

图 1–48 套管表面起层

解决措施：现场开展套管末屏介损和电容量测试，测试结果应满足交接试验规程，换流变压器厂家应将换流变压器的质保期延长至 5 年。

后续工程提升建议：加强套管生产制造工艺管控，避免类似事件发生。

1.3.19 换流变压器阀侧封堵异常发热

问题描述：2019 年 8 月 29 日，某换流站发现极Ⅰ高端 Y/Y–C 相换流变压器 b 套管阀侧小封堵处冒烟，实测 b 套管升高座温度阀厅外侧为 262℃，阀厅内侧为 67℃。

极Ⅰ高端 Y/Y–C 相换流变压器 b 套管阀侧小封堵处存在涡流，由于 Y/Y–C 相换流变压器 b 套管升高座吊耳（材质为钢材）与金属面结构岩棉复合板（表面为非导磁不锈钢）金属部件接触，导致在较大电流和磁场强度下，形成电流导通回路，发生感应电流过热现象，导致封堵内材料过热冒烟，如图 1–49 所示。

解决措施：开展换流变压器阀侧套管封堵检查整改，确保换流变压器阀侧套管升高座吊耳与金属面结构岩棉复合板、抗冲击板等金属封堵材料间隙不小于 5cm，换流变压器阀侧套管升高座其余部分与金属面结构岩棉复合板、抗冲击板等金属封堵材料间隙不小于 3cm。

后续工程提升建议：

（1）设备在施工过程中应充分考虑实际运行环境，对于工作在电磁环境复杂的设备，采用非导磁材料。

（2）针对换流变压器封堵的验收工作应编制详细全面的作业指导书，在施工的各个阶段进行严格把关，做好隐蔽工程验收。

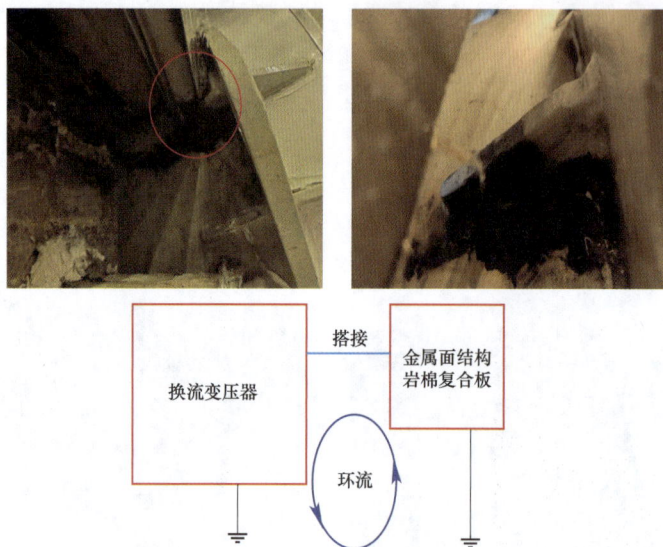

图1-49　套管吊耳加强筋与防火岩棉板金属外壳搭接

1.3.20　换流变压器储油柜胶囊破损

问题描述：某换流站检查换流变压器胶囊密封情况时发现胶囊压力降低较快，无法保持，取出检查发现一处破损点。原因为运行过程中胶囊破损仪浮杆限位挡叉造成胶囊局部损伤或在拆除胶囊破损仪浮杆时将胶囊划伤但未完全破损，胶囊在长期运行呼吸过程中收缩扩张逐渐损坏。

解决措施：更换破损胶囊。

后续工程提升建议：储油柜胶囊现场安装时，对油枕内部进行检查并留存影像资料，全过程跟踪验收。

1.3.21　换流变压器油回路阀门指示与实际位置指示不一致

问题描述：某换流站调试期间，极Ⅰ高端 Y/D－A 相换流变压器本体压力释放报警，本体压力释放阀喷油。检查发现本体主瓦斯储油柜侧阀门手柄安装错误，内部状态和外部指示不一致。

解决措施：调整储油柜侧阀门手柄，与阀芯方向一致。

后续工程提升建议：主要油回路应选用具备至少两种明显指示位置状态的阀门，便于现场判断阀门指示与实际位置是否正确，避免油回路阀门位置不正确导致设备故障。

1.3.22　换流变压器柱间连线（手拉手）屏蔽铝管等位线绝缘破损

问题描述：换流变压器离线油色谱数据显示总烃含量达 238.19μL/L，初步分析内部可能存在过热点。内检分别检查分接开关连接端子、网阀侧出线法兰处屏蔽环等位线、肺叶磁屏蔽等位线、阀侧柱间连线等可能产生过热的位置。最终发现并确认故障部位为上部柱间连线导线处的等位线绝缘表面炭化、屏蔽铝管内表面存在炭黑，如图 1－50 所示。

图 1－50　铝管等位线绝缘破损

解决措施：扒除等位线受损和炭化的绝缘皱纹纸，用面团仔细清理等位线表面及其周围区域的细小杂质和异物，重新包扎等位线绝缘，并用 0.5mm 的纸板加强等位线的绝缘。使用紧缩布带加强两柱连线两端固定垫块和连线中部位置的绑扎固定。对屏蔽铝管表面发黑的痕迹进行打磨清理，重新连接等位线，用万用表进行等位效果检测。包扎柱间连线屏蔽管外部绝缘层，绝缘厚度在设计要求的基础上增加了 10mm。

后续工程提升建议：加强厂内安装的工艺管控，优化绝缘设计，例如增加柱间连接线等薄弱位置的绝缘厚度。

1.3.23　换流变压器气体继电器轻、重瓦斯接线接反

问题描述：某换流站验收期间，核对升高座、本体及分接开关轻/重气体继电器信号，升高座气体继电器跳闸、本体气体继电器跳闸及分接开关气体继电器跳闸都显示为气体继电器跳闸。且升高座、本体及分接开关上传至后台的轻瓦斯和重瓦斯跳闸信号线接反。轻瓦斯、重瓦斯报文及接线如图 1－51 所示。

解决措施：按照图纸重新接线，并对所有气体继电器接线进行校核。

后续工程提升建议：加强施工工艺把控，严格按照图纸施工，验收期间逐个对气体继电器触点与后台信号对应性排查并做好验收记录。

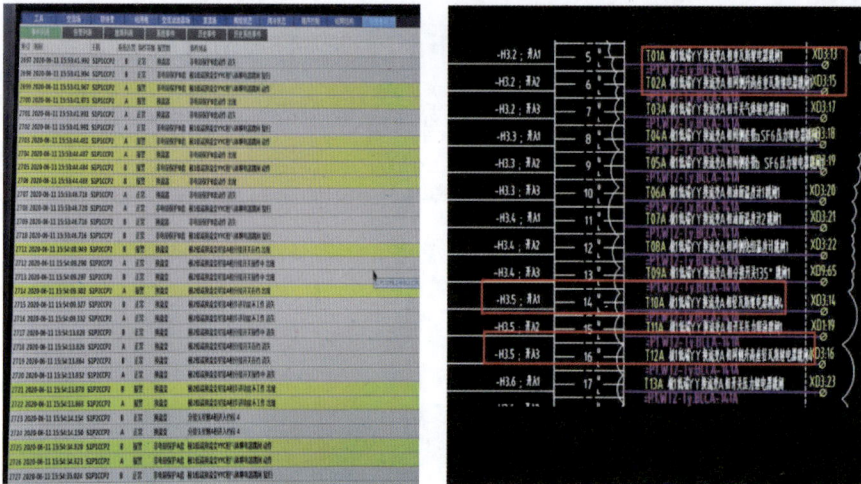

图 1-51　轻瓦斯、重瓦斯跳闸报文及接线

1.3.24　换流变压器升高座电流互感器测量绕组与保护绕组接线相反

问题描述：某换流站验收期间，核对升高座电流互感器接线，发现电流互感器绕组 2S 和 5S 错误，与厂家、设计院提交图纸对比后发现，现场接线错误，2S（测量）和 5S（保护）的线接反。

解决措施：按照图纸重新接线，并对所有电流互感器接线进行校核。

后续工程提升建议：加强施工工艺把控，严格按照图纸施工，验收期间逐个对电流互感器接线排查并做好验收记录，对换流变压器注流，检查电流互感器极性。

1.3.25　换流变压器套管升高座 TA 接线盒内二次回路虚接

问题描述：某换流站验收期间发现极 Ⅱ 低 Y/Y-C 网侧高压套管 TA 二次接线盒内压接铜端子尺寸不匹配，螺丝未拧紧，存在开路风险，如图 1-52 所示。

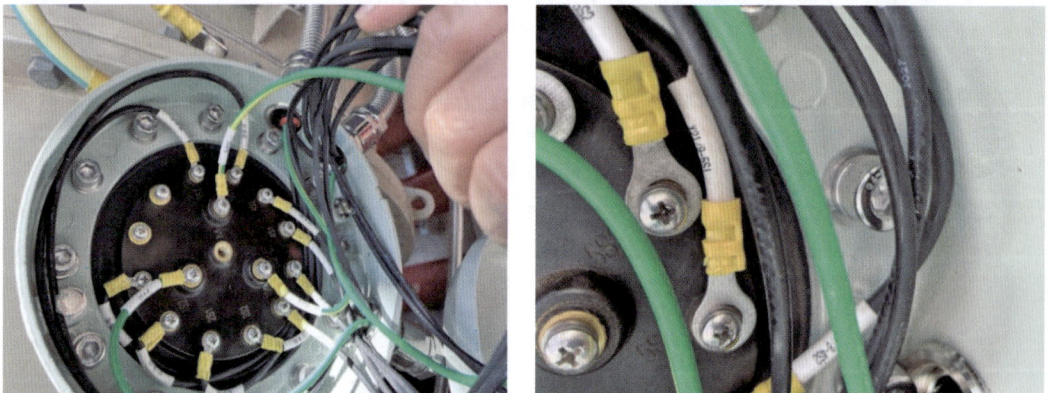

图 1-52　TA 二次接线端子压接

解决措施：检查全部套管 TA 接线盒二次接线情况，更换合适型号接线端子，紧固松动的接线螺丝，防止在运行过程中 TA 二次回路开路。

后续工程提升建议：加强施工工艺把控，将空接线端子短接并接地，逐个检查端子紧固情况。

1.3.26　换流变压器阀侧套管、直流穿墙套管 SF$_6$ 气体管道防护措施不到位

问题描述：某换流站现场排查发现 SF$_6$ 气体管道摆放随意，采用不锈钢扎带进行紧固，捆扎不牢固，部分形成斜切面，气管穿过孔洞没有防止摩擦破损措施，如图 1–53 所示。

不满足《国家电网有限公司防止直流换流站事故措施及释义（修订版）》第 2.3.2 条"换流变阀侧套管、直流穿墙套管 SF$_6$ 密度继电器安装时，应具有防止 SF$_6$ 气体泄漏的安全措施"的要求。

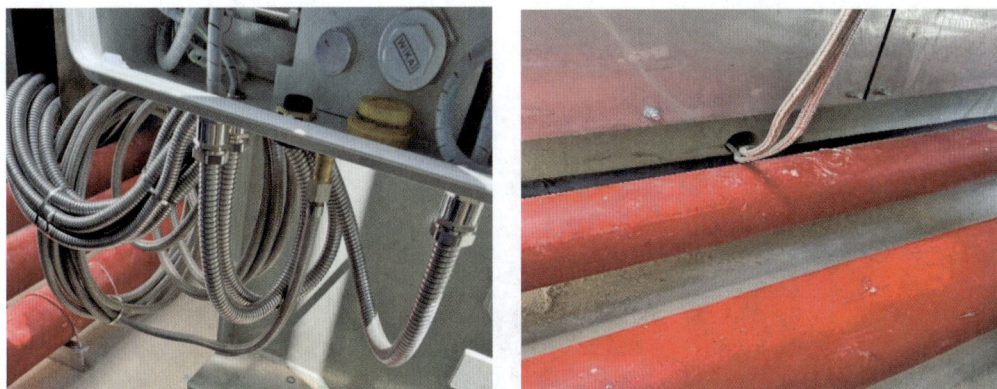

图 1–53　SF$_6$ 气体管道敷设

解决措施：将 SF$_6$ 气体管道布置在线槽内保护或加装 SF$_6$ 气体管道保护套。

后续工程提升建议：加强过程管控，防止设备运行期间振动摩擦或检修消缺期间踩踏砸碰导致 SF$_6$ 气体管道破损漏气。

1.3.27　换流变压器气体继电器引至集气盒铜管存在破损隐患

问题描述：某换流站现场排查发现气体继电器引至集气盒铜管使用不锈钢轧带、绝缘胶带等方式固定在换流变压器本体上，不锈钢扎带与铜管存在斜切面接触，部分直接放置在变压器顶部无固定措施，如图 1–54 所示。

解决措施：使用不锈钢扎带捆绑固定的油管道及易摩擦的油管道加装保护套，绑扎牢固。重新布置油管走向，做好防磨、防砸破损措施。

后续工程提升建议：加强施工工艺把控，油管固定处做好防磨、防砸破损措施。

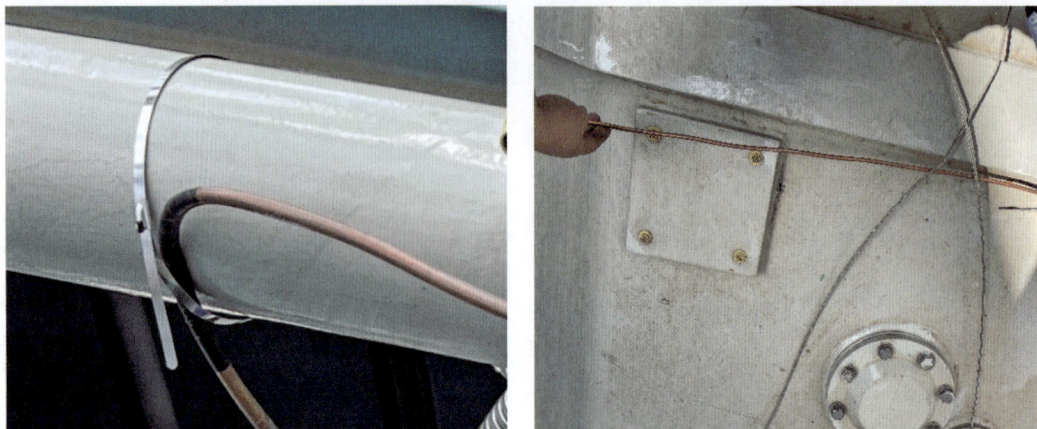

图 1-54　集气盒铜管敷设

1.3.28　换流变压器本体气体继电器两侧法兰紧固螺栓出牙不足

问题描述：某换流站现场排查本体气体继电器两侧法兰紧固螺栓不出牙或出牙达不到 2～3 扣，不满足《国家电网有限公司直流换流站验收管理规定》中"紧固件非沉头螺栓应露出 2～3 扣"的要求。气体继电器两侧法兰紧固螺栓如图 1-55 所示。

图 1-55　气体继电器两侧法兰紧固螺栓

解决措施：更换紧固螺栓，符合非沉头螺栓应露出 2～3 扣要求。

后续工程提升建议：加强施工工艺把控，所有紧固螺栓均应满足露出 2～3 扣要求。

1.3.29　换流变压器温度控制器探头电流补偿回路接线错误

问题描述：某换流站现场功能验收期间，发现极 Ⅱ 低 Y/Y-C 相换流变压器阀侧电流（温度补偿回路）错接到油温控制器探头中，导致油温绕温测量错误，冷却器投切异常。温度控制器探头接线如图 1-56 所示。

解决措施：排查现场所有换流变压器绕温控制器探头和油温控制器探头接线是否正确。

后续工程提升建议：加强施工工艺把控，对照图纸施工，逐个对油温、绕温开展校验及冷却器功能验收。

图 1-56　温度控制器探头接线

1.3.30　换流变压器分接开关油回路不锈钢软管扭曲受力不均

问题描述： 某换流站现场验收期间，发现换流变压器分接开关至滤油机不锈钢编织软管存在扭曲严重、受力不均，可能导致破损喷油，如图 1-57 所示。

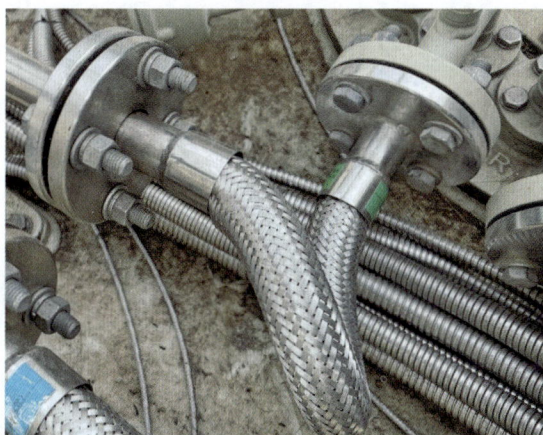

图 1-57　分接开关油回路不锈钢软管

解决措施： 调整安装工艺，保证管道不会受到扭曲力的作用导致破损喷油，影响设备稳定运行。

后续工程提升建议： 加强施工工艺把控，保证管道不会受到扭曲力。

1.3.31　换流变压器分接开关乙炔含量异常

问题描述： 某换流站开展换流变压器分接开关绝缘油试验，发现 4 台乙炔含量增长，分别为极Ⅱ低 Y/D-B 相 14.774μL/L、极Ⅱ低 Y/Y-C 相 3.463μL/L、极Ⅱ低 Y/D-A 相 2.749μL/L、极Ⅰ高 Y/Y-A 相 2.164μL/L，其余试验结果无异常。解体发现过渡电阻到转换开关 MTF 间连接线紧固螺杆存在放电烧蚀情况（见图 1-58）。

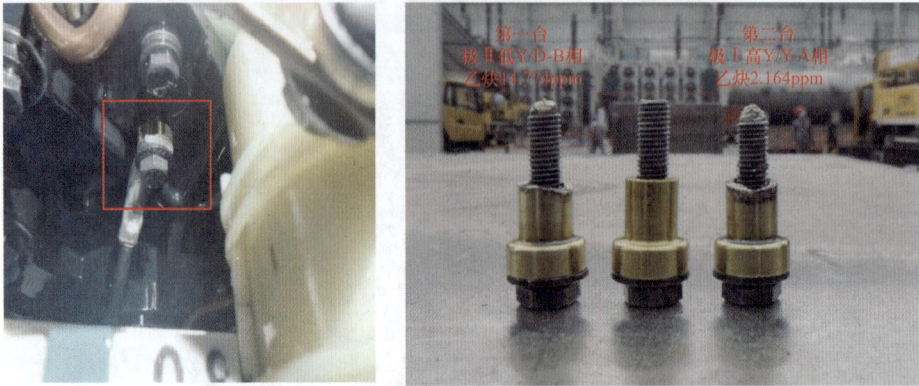

图 1-58 过渡电阻到转换开关 MTF 间连接线紧固螺杆放电痕迹

解决措施：开展吊芯检查，使用备品更换异常分接开关；后续检查清洁异常分接开关芯体，对有放电痕迹的分接开关，更换 MTF－TTF 转换开关部件及连接导线和开关芯体内各类紧固螺栓；持续开展离线油色谱分析比对工作。

后续工程提升建议：新建工程及在运工程分接开关吊芯检查时均重点关注该位置紧固情况，新建投运后一个月开展分接开关离线油色谱分析，关注乙炔含量增长情况。

1.3.32 换流变压器法兰跨接接地缺失

问题描述：某换流站现场验收期间发现，部分换流变压器套管 TA 接线盒外壳等电位线未连接（见图 1-59），网侧高压套管快速反应气体含量检测装置外壳未接地，可能导致无法钳制地电位，接线盒外壳存在放电隐患。

图 1-59 套管 TA 接线盒

解决措施：检查并加装所有换流变区域套管 TA 接线盒、快速反应气体含量检测装置等电位线。

后续工程提升建议：加强施工工艺把控，保证换流变压器所有法兰面均有跨接等电位线。

1.3.33 换流变压器分接开关传动轴抱箍螺栓存在松动

问题描述：某换流站现场验收期间，发现极 I 低 Y/Y - B 相换流变压器分接开关传动轴抱箍 6 个螺栓中有两颗未紧固（垂直齿轮盒左侧），运行期间易造成传动轴脱落，引起分接开关挡位不一致。分接开关传动轴如图 1-60 所示。

图 1-60 分接开关传动轴

解决措施：紧固检查所有换流变压器分接开关传动轴抱箍螺栓。

后续工程提升建议：加强施工工艺把控，逐个检查分接开关传动轴套，检查传动轴抱箍螺栓紧固情况。

1.3.34 换流变压器现场温度与后台显示相差较大

问题描述：某换流站调试期间，发现 12 台换流变压器绕组温度表就地显示温度与后台显示温度普遍相差较大，最大相差达 28℃。检查发现是由于绕组温度计匹配电阻阻值设定不当和在安装或运输过程中振动过大导致。换流变压器绕组温度表如图 1-61 所示。

图 1-61 换流变压器绕组温度表

解决措施：

（1）调节绕组温度计匹配电阻，其中匹配电阻的电阻可调，起分流作用，用以调节流过电阻温度计上的电流，进而调整后台显示温度。根据电科院校准要求，在注入电流为1.5A时，匹配电阻上流过的电流应为0.55A，电阻温度计上流过的电流应为0.95A；现场根据此要求，在就地冷控柜用继保之星模拟TA输入电流1.5A，在电阻温度计回路上串入电流表，通过手动调节匹配电阻的调节旋钮，使电流表示数达到0.95A。

（2）调节绕组温度计指针上的微调旋钮，由于表计在安装之前都是经省电科院检查合格的，可能因为在安装或运输过程中振动过大，造成指针移位，故随后又对温度表上的指针微调旋钮进行了调整，最终使误差在可接受范围内。

后续工程提升建议：

（1）后续工程相关表计安装前必须校验合格。

（2）换流变压器投运前需对相关表计进行注流校验，确保现场值和后台值一致。

1.3.35　换流变压器油管与封堵材料连接处过热

问题描述： 某换流站大负荷试验期间发现，低端换流变压器阀侧套管升高座气体继电器油管与封堵材料连接部位多处存在过热情况，最高温度达到280℃；某换流站大负荷试验时发现极Ⅱ低端Y/D换流变压器B相2.1套管发热，最高达到138℃，经检查发现换流变压器大封堵板贴近穿墙套管外壳，电磁感应引起涡流导致发热（见图1-62）。

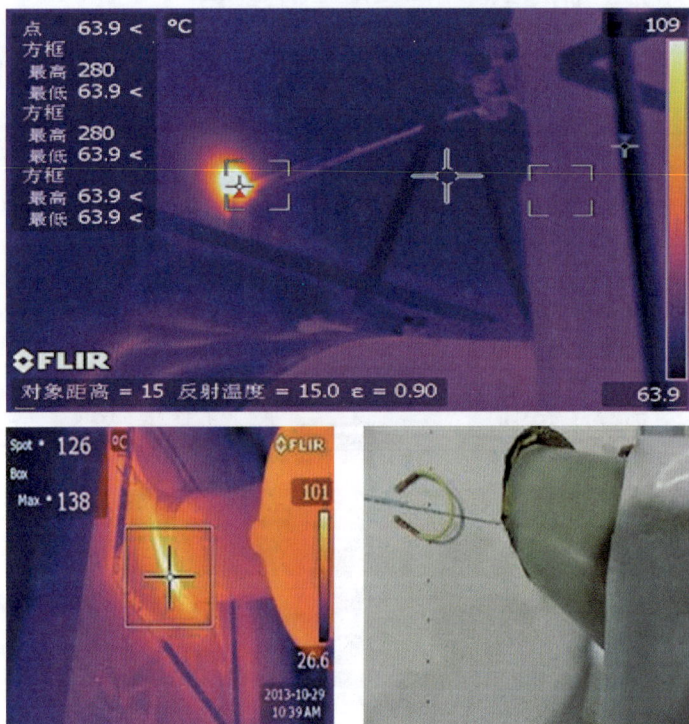

图1-62　封堵及穿墙套管发热图

解决措施：增加油管与封堵材料的距离至 5cm。

后续工程提升建议：现场跟踪过程中应督促施工单位严格按照设计要求施工，加强现场施工工艺管控。

1.3.36 换流变压器主气体继电器接线盒电缆穿管倒灌隐患

问题描述：某换流站设备安装跟踪期间发现，极Ⅰ低端换流变压器气体继电器接线盒电缆穿管的另一端高于气体继电器，存在雨水倒灌的隐患。气体继电器接线盒布置如图 1-63 所示。

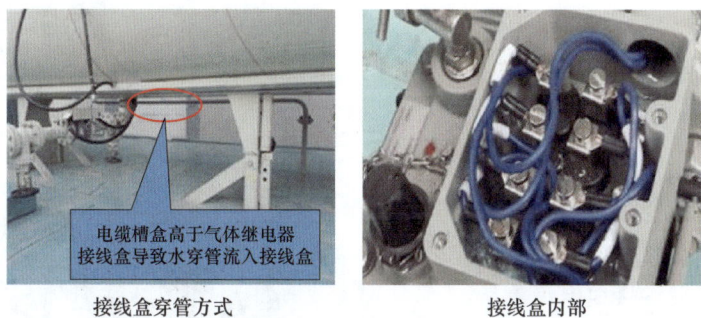

电缆槽盒高于气体继电器
接线盒导致水穿管流入接线盒

接线盒穿管方式　　　　　　　　接线盒内部

图 1-63　气体继电器接线盒布置

解决措施：将气体继电器接线盒连接的穿管连接至槽盒上部，避免槽盒内部积水通过电缆穿管进入气体继电器接线盒。

后续工程提升建议：设计阶段重点检查换流变压器各类接线盒穿管部位设计，避免同类设计。

1.3.37 换流变压器气体继电器取气管、SF₆金属软管固定处存在破损风险

问题描述：某换流站换流变压器气体继电器取气铜管、阀侧套管 SF_6 金属软管、感温电缆均采用钢扎带固定，固定处无缓冲垫防护（见图 1-64），换流变压器运行振动可能造成铜管漏油、SF_6 金属软管漏气、感温电缆故障等问题。

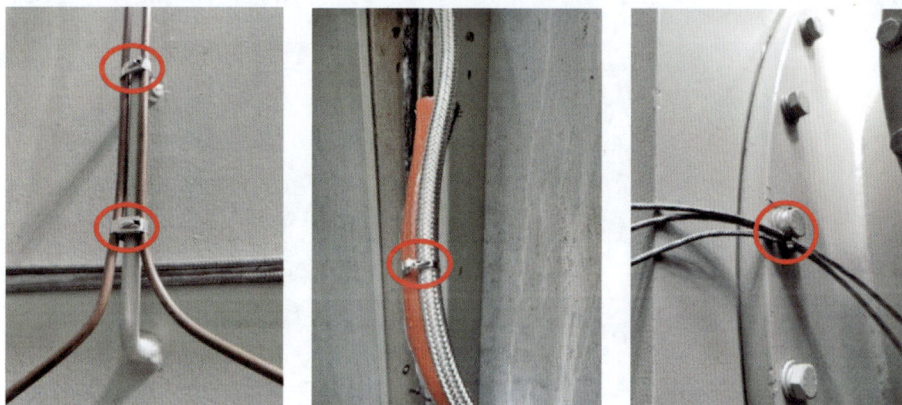

图 1-64　气体继电器取气铜管、阀侧套管 SF_6 金属软管、感温电缆固定处无缓冲垫防护

解决措施：对换流变压器气体继电器取气铜管、阀侧套管 SF_6 金属软管、感温电缆钢扎带固定处增加缓冲垫，防止换流变压器振动导致铜管漏油、SF_6 金属软管漏气、感温电缆故障等。

后续工程提升建议：安装验收阶段，对气体继电器取气铜管、阀侧套管 SF_6 金属软管、感温电缆绑扎处采用缓冲垫防护。

1.3.38　换流变压器感温电缆与铁芯夹件接地排搭接

问题描述：某换流站换流变压器器身感温电缆与接地排搭接（见图 1-65），且搭接位置在在线监测装置上方，接地电流分流可能影响铁芯夹件在线监测数据。

解决措施：在感温电缆与铁芯夹件接地排搭接部位进行绝缘包封，防止感温电缆影响铁芯夹件接地电流测量。

后续工程提升建议：安装验收阶段，对铁芯、夹件接地铜排绝缘护套开展排查，避免铜排直接接触其他金属物。

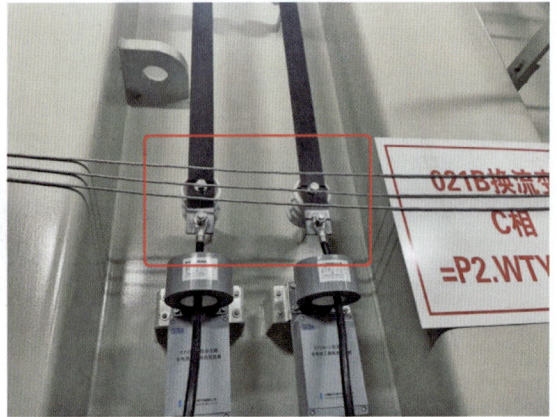

图 1-65　换流变压器感温电缆和铁芯夹件接地排搭接

1.3.39　换流变压器交流电源进线开关发热

问题描述：某换流站在调试期间，极 I 低端换流变压器 Y/D-C 相出现交流电源 1 故障，现场检查进线开关处于跳开位置，开关 B 相进线处有明显发热烧黑的情况（见图 1-66）。现场检查发现 B 相进线处固定螺丝滑丝，接触点变小造成局部发热。

解决措施：更换进线开关接线处的固定螺丝、螺帽，重新制作、紧固电缆接头。

后续工程提升建议：现场验收时应加强二次回路的紧固，尤其是动力电源回路的紧固程度检查。检查完毕后应提前手动启动相关负载进行红外测温检测，确认有无发热现象。

图 1-66　交流电源进线开关

1.3.40　换流变压器油枕内存在金属异物

问题描述：2012 年 5 月 14 日，某换流站极 II 换流变压器区域检查油枕时发现油枕内靠油位浮杆底座处有黑色的小颗粒（见图 1-67）。

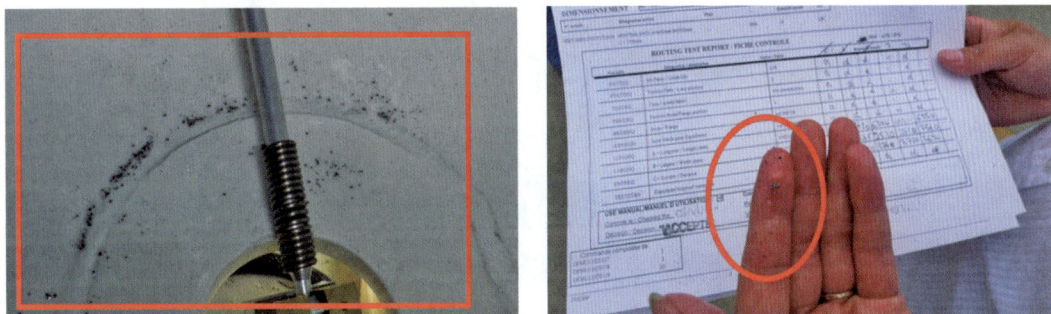

图 1-67　换流变压器油枕内金属异物

解决措施：对某换流站内所有换流变压器进行排查，检查换流变压器油枕及本体油箱内是否同样存在铁砂，并对发现有铁砂的换流变压器油枕及本体进行检查清理，确保处理后的换流变压器不会再有铁砂等金属异物出现。

后续工程提升建议：建议厂家在生产工艺的控制上加强管理，监造人员做好监督，现场安装做好相应的检查。

1.3.41　换流变压器局部放电试验数据超标

问题描述：某换流站极 I 低端 200kV B 相换流变压器进行局部放电试验时，发现其局部放电量严重超标。检查发现换流变压器压力释放阀处密封不良，内部存在大量气体。

解决措施：安装单位严格按照工艺要求对换流变压器重新进行真空注油及热油循环等，重新开展局部放电试验后恢复正常。

后续工程提升建议：换流变压器安装期间，建管单位应加强安装工艺质量监督与管控。

1.3.42　换流变压器存在裸金属悬浮放电

问题描述：某换流站换流变压器带电后，一台换流变压器异常产乙炔，排油内检发现由于紧固螺栓尺寸与图纸要求不符导致装配不到位，阀端出线侧下部夹件侧撑板上屏蔽管接地端有放电烧蚀痕迹（见图 1-68）。

解决措施：通过在屏蔽管接地端增加一个平垫圈，同时紧固力矩由 48N·m 增大至 60N·m，紧固后屏蔽管接地接触电阻为 0。

后续工程提升建议：厂内安装阶段，换流变压器厂家应加强安装工艺质量监督与管控，制定工艺质量表并逐项签字确认。

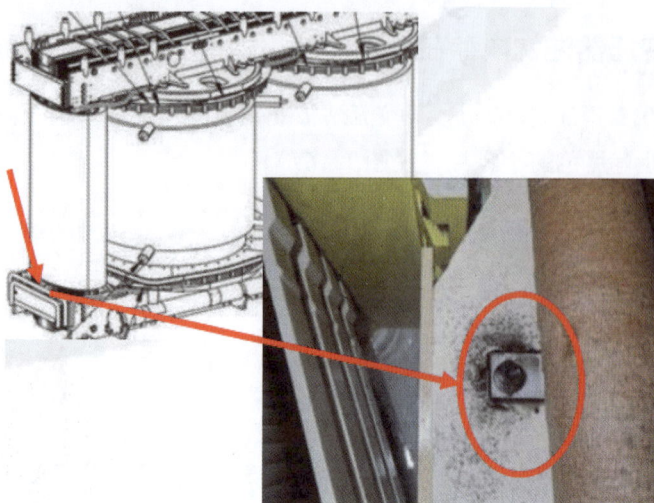

图 1-68　阀出线侧下部夹件侧撑板上屏蔽管接地端放电痕迹

1.3.43　直流穿墙套管内部闪络放电

问题描述：某换流站极Ⅰ低端 400kV 直流穿墙套管现场安装时户外侧部分绝缘子伞裙进入墙体，引起墙体处电场畸变，降低了套管局部绝缘裕度。故障当日环境极端温差，户外绝缘子表面积雪融化在墙体区域形成干湿分区，套管芯子与硅橡胶伞裙之间的 SF_6 气体电场强度异常抬高，根据仿真计算，气体间隙最大电场强度达 13.4kV/mm，超出 12kV/mm 的设计许用电场强度，导致 SF_6 气体及玻璃钢筒持续产生局部放电，绝缘能力逐渐降低，最终导致高压导电管与汇流环之间电容芯体表面闪络放电，故障电流经汇流环流入末屏，从试验抽头处入地。套管现场安装及覆冰情况如图 1-69 所示。

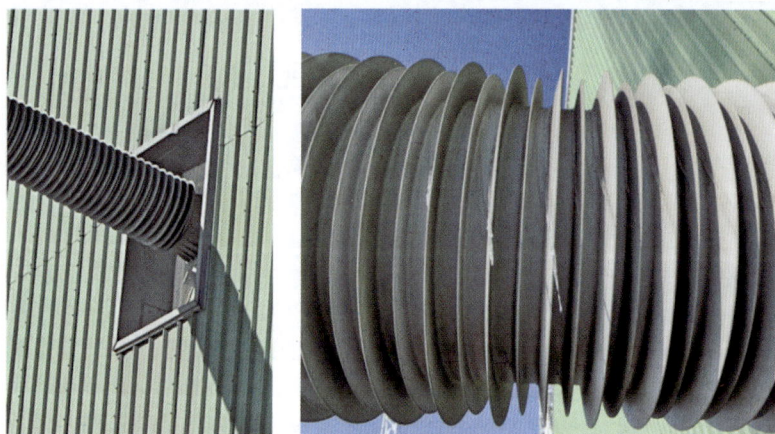

图 1-69　套管现场安装及覆冰情况

解决措施：有相同型号套管的各运维单位组织厂家进行电场强度计算并评估运行风险，对存在风险的结合年度检修进行套管外移工作。

后续工程提升建议：设计阶段规避直流穿墙套管绝缘子伞裙进入墙体的情况，必要时增加套管至墙体间距离。

1.4 其 他 问 题

1.4.1 换流变压器相关检测报告存在缺失

问题描述：某换流站验收期间，发现换流变压器相关检测报告存在缺失，包括：换流变压器法兰对接面密封圈的材料检测报告；按照《国家电网有限公司关于印发十八项电网重大反事故措施（修订版）的通知》第9.1.1条"生产厂家应提供同类产品短路承受能力试验报告或短路承受能力计算报告"要求，需厂家提供抗短路能力报告；第9.1.2条"220kV及以上电压等级的变压器还应取得抗震计算报告"要求，需厂家提供抗震计算报告；第9.2.2.3条"变压器新油应由生产厂家提供新油无腐蚀性硫、结构簇、糠醛及油中颗粒度报告，对500kV及以上电压等级的变压器还应提供T501等检测报告"，需厂家提供相关变压器油检测报告；第9.3.1.4条"气体继电器和压力释放阀在交接和变压器大修时应进行校验"要求，需厂家提供气体继电器、油流继电器、压力继电器、压力释放阀等非电量保护元器件检测报告；第9.5.2条"新安装的220kV及以上电压等级变压器，应核算引流线（含金具）对套管接线柱的作用力，确保不大于套管及接线端子弯曲负荷耐受值"的要求，需设计院提供套管接线柱受力分析报告；第9.5.3条"110（66）kV及以上电压等级变压器套管接线端子（抱箍线夹）应采用T2纯铜材质热挤压成型。禁止采用黄铜材质或铸造成型的抱箍线夹"的要求，需换流变压器厂家提供套管接线端子材质报告。

解决措施：厂家及设计院提供相关报告。

后续工程提升建议：设计冻结会阶段，要求厂家按照《国家电网有限公司关于印发十八项电网重大反事故措施（修订版）的通知》要求在厂内制造阶段完成各项试验报告准备。

1.4.2 换流变压器套管升高座绝缘纸筒及套管存在破损

问题描述：某换流站现场发现低端换流变压器11支套管升高座绝缘纸筒、套管存在不同程度破损，其中工号841阀侧a、b套管升高座内绝缘纸套筒破损、834阀侧a、b套管升高座绝缘套筒内部破损、836阀侧a套管底部铅笔芯绝缘纸破损、836阀侧b套管升高座绝缘纸套筒破损、837阀侧a、b套管升高座绝缘纸套筒破损、838阀侧a套管铜底座有疑似磕碰后补焊痕迹、838阀侧a套管升高座绝缘纸有破损、838阀侧b套管升高座绝缘纸有划痕。

解决措施：修复834、837、838号换流变压器阀侧套管升高座，对841、842、844号换流变压器阀侧套管升高座返厂处理。

后续工程提升建议：在出线装置、套管等组部件的运输阶段，应加强固定措施，避免与支架或包装箱反复摩擦或碰撞，在安装验收阶段应加强技术监督工作，检查出线装置、套管等组部件是否存在破损或磕碰痕迹，检查三维冲击记录仪，设备在运输及就位过程中受到的冲击值，应符合制造厂规定或小于 3g。

1.4.3　换流变压器网侧升高座 TA 引线断裂

问题描述： 某换流站开展极 I 低端 Y/D－C 相换流变压器网侧升高座开箱验收时，TA 交接试验测量无数据，在排除测量仪器问题后，怀疑升高座内部结构存在缺陷，打开升高座后发现 TA 内部引线已经断开。分析原因为 TA 绕组引线运输时无固定措施，在运输过程受振动移动到角形盖板与升高座筒身之间；角形盖板固定的也不牢靠，随着筒身的振动而晃动，对位于角形盖板与筒身之间的引线产生挤压，最终导致 TA 绕组引线断线，如图 1－70 所示。

解决措施： 更换受损的升高座 TA。

后续工程提升建议： 升高座运输加装三维冲撞记录仪。

1.4.4　换流变压器网侧升高座绝缘筒损伤

问题描述： 某换流站低端换流变压器网侧升高座开箱验收和安装过程中，发现底部有绝缘筒构件破损，进一步检查发现其筒身、筒底都存在严重损伤（见图 1－71）。对同批到达的其他两台换流变压器开展同类隐患排查，发现其内部绝缘筒同样受到严重损伤。

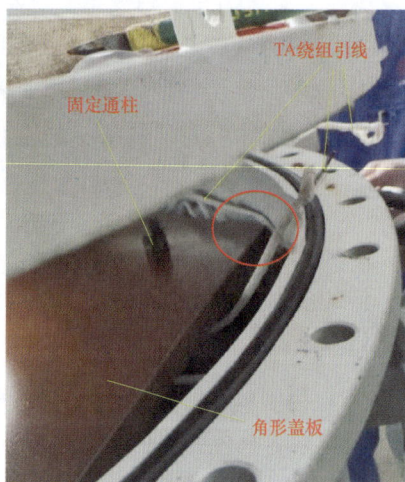

图 1－70　升高座 TA 引线断裂

图 1－71　网侧升高座绝缘筒损伤

某换流站 2 台 500kV 站用变压器现场安装时，发现 3 个升高座存在绝缘支撑件松脱的现象，2 号站用变压器 C 相升高座绝缘支撑件松脱情况较为严重（见图 1－72）。

解决措施：

（1）对运输受损绝缘筒进行更换。

（2）提供绝缘隔板受力分析报告，换流变压器抗震计算报告。

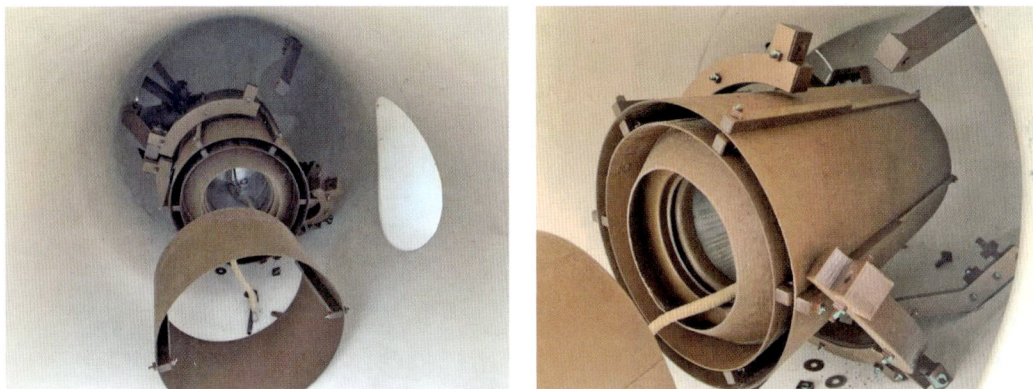

图 1-72　站用变压器 C 相升高座绝缘支撑件存在严重脱落

（3）优化升高座运输措施，在后续升高座运输中杜绝再次出现类似问题。

后续工程提升建议： 加强升高座运输管控，未发运的网侧升高座内部固定螺杆更换成玻璃纤维螺杆（仅运输用，现场安装时更换成其本身的绝缘螺杆），偏远地区由充气运输改为充油运输。

1.4.5　换流变压器网侧升高座本体引出线绝缘纸断折

问题描述： 某换流站极 Ⅱ 低端 Y/Y-B 相换流变压器网侧 1.2 升高座内引出线导线弯曲半径较小，内外侧绝缘纸受力不均匀，导致在运输震动条件下损坏，绝缘纸折断，内部铜导线露出，如图 1-73 所示。

解决措施： 对破损的中性点引线绝缘纸重新包裹处理，确保处理工艺达标，不影响后期设备正常运行。

后续工程提升建议： 加强升高座到货验收及安装跟踪。

1.4.6　换流变压器阀侧升高座绝缘筒端部封边开胶

问题描述： 某换流站开展极 Ⅰ 低端 Y/D-C 相换流变压器阀侧 3.1 升高座安装时发现，绝缘筒端部封边存在开胶现象，开胶边缘内存在胶状颗粒物（见图 1-74）。该换

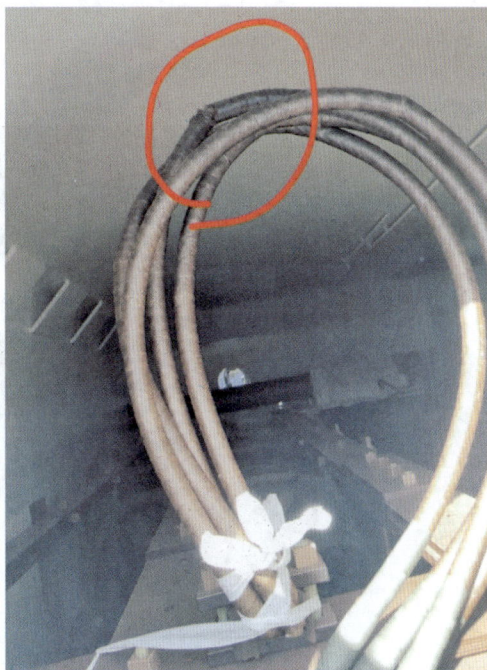

图 1-73　升高座内引出线绝缘纸折断

流变压器绝缘纸筒间隙内的粘胶开裂后形成的固体胶状物附着在缝隙里，无法完全清理干净，分析边缘开胶可能发生在器身干燥阶段，在角环与纸筒的内部有起翘和鼓包，存在空

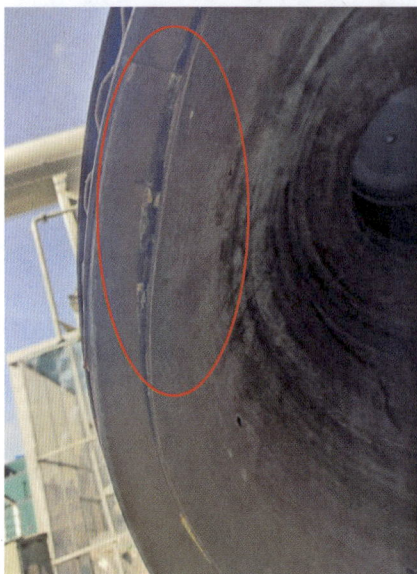

图 1-74 升高座绝缘筒端部封边开胶

腔缺陷，从而导致绝缘耐受强度降低，电场分布不均匀，存在放电的可能性。

解决措施：返厂修复升高座阀侧隔板并开展不对称加压试验。

后续工程提升建议：加强升高座到货验收及安装跟踪。

1.4.7 换流变压器网侧套管均压管等电位线绝缘纸破损

问题描述：某换流站极Ⅱ低端 Y/Y-B 相换流变压器网侧套管均压管等电位线安装弯折角度太大，长度裕度不足，导致受运输震动损坏，等电位线绝缘纸破损，部分裸露（见图 1-75）。不满足《国家电网有限公司防止直流换流站事故措施及释义（修订版）》中"线圈绕制、器身装配、产品总装等阶段应做好作业环境控制、等电位线等安装质量检查，拆装时应核查出线装置内表面是否有磕碰损伤痕迹并存档备查，运输时应核查出线装置固定工装是否牢固、分布是否合理，防止运输受损"的要求。

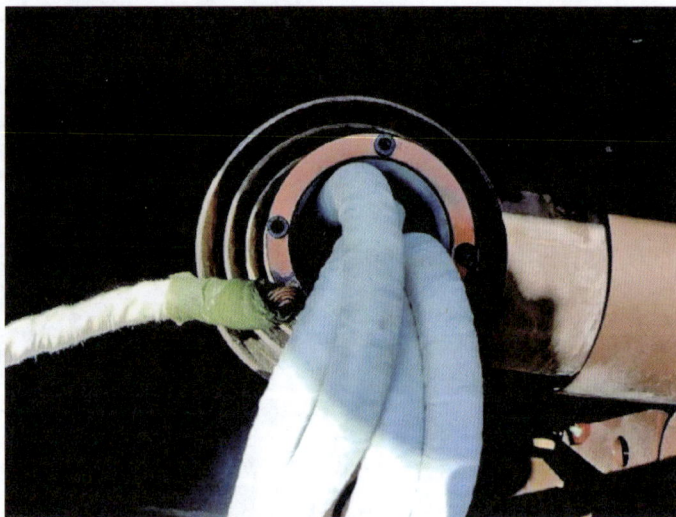

图 1-75 网侧套管均压管等电位线绝缘纸破损

解决措施：对破损的网侧升高座等电位线绝缘纸重新包裹处理，确保处理工艺达标，不影响后期设备正常运行。

后续工程提升建议：加强升高座到货验收及安装跟踪。

1.4.8 换流变压器网侧升高座 TA 绝缘布破损脱落

问题描述： 某换流站极Ⅱ低 Y/Y - B 相换流变压器升高座开箱检查时发现 TA 外层防护布带损伤（见图 1-76）。

解决措施： 返厂修复升高座并增加绕组变形试验，试验结果合格。

后续工程提升建议： 加强升高座到货验收及安装跟踪管控。

1.4.9 换流变压器分接开关未开展现场吊芯检查

问题描述： 某换流站换流变压器制造厂未开展分接开关现场吊芯检查。不满足《国家电网有限公司防止直流换流站事故措施及释义（修订版）》中"对于随换流变运抵现场且无需在现场重新安装的有载分接开关，应在投运前对全部有载分接开关切换芯子开展现场吊检。"

解决措施： 某换流站 14 台低端换流变压器于 2021 年 6 月前全部完成现场的吊芯检查。其他换流站现场将对 200、400、600、800kV 换流变压器各抽取一台开展分接开关吊芯检查。

图 1-76 升高座 TA 绝缘布破损脱落

后续工程提升建议： 制造厂应加强分接开关吊芯检查的工艺管控，技术监督单位做好现场见证工作，确保分接开关吊芯检查的质量。

1.4.10 事故排油装置存在单一元件故障导致排油电动阀误动作隐患

问题描述： 某换流站换流变压器本体和油枕事故排油系统油动力回路中串联一副接触器辅助触点（KM4、KM5），当辅助触点因受潮等因素误导通时，存在单一元件故障误排油的风险。油枕排油系统通过 KR1 继电器控制电磁阀门，若该继电器故障（辅助触点闭合），将导致电磁阀门误动作。

解决措施： 已按照要求对于事故排油装置改造会会议纪要进行整改。

后续工程提升建议： 开展排油系统二次回路改造设计。

1.4.11 换流变压器中性点套管和阀侧套管质量问题

问题描述： 某换流站 HD1 换流变压器在安装过程发现：

（1）中性点套管油中部分存在发霉（见图 1-77），内部接线端子处出现局部氧化。经现场测试，介质损耗为 0.537%（出厂值 0.34%），套管介质损耗值与出厂值比较偏大。

图 1-77　中性点套管表面发霉锈蚀

（2）阀侧首端套管发现油中部分存在伤痕（见图 1-78），擦伤处长度为 130mm，宽度为 25mm，擦伤位置在中部，距离套管法兰面约为 840mm，破损绝缘纸约 20 层。

图 1-78　阀侧套管油中部分存在伤痕

（3）该套管拉杆锁紧螺母与拉杆顶部的距离较正常安装状态下短 5mm。

解决措施：该套管经过太阳暴晒干燥后，介质损耗恢复为 0.373%，氧化部位打磨处理。

后续工程提升建议：在出线装置、套管等组部件的运输阶段，应加强固定措施，避免与支架或包装箱反复摩擦或碰撞，在安装验收阶段应加强技术监督工作，检查出线装置、套管等组部件是否存在破损或磕碰痕迹，检查三维冲击记录仪，设备在运输及就位过程中受到的冲击值，应符合制造厂规定或小于 3g。对长距离海运的组部件，还应对组部件运输过程中的受潮情况进行检查，可通过外观检查及试验等方式。

1.4.12　换流变压器阀侧套管法兰盘外侧损伤

问题描述：某换流站在开展极 I 低端 Y/D-B 换流变压器阀侧首端套管安装跟踪时，发现套管法兰盘外侧有一处明显凹坑（见图 1-79）。

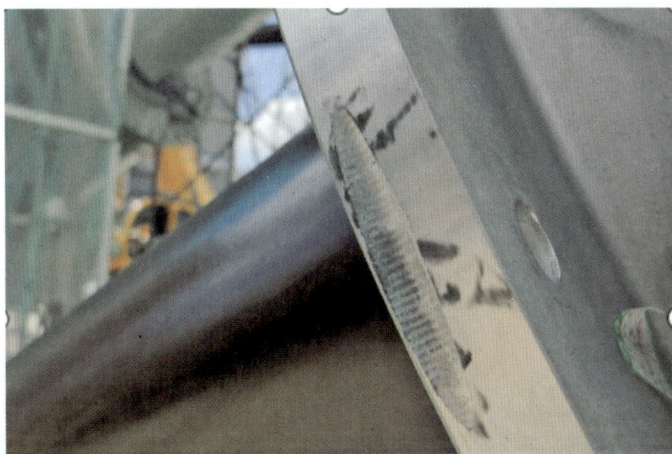

图 1-79 套管法兰盘凹坑

解决措施：返厂处理。

后续工程提升建议：加强各类套管到货验收、外观检查、冲撞记录检查。

1.4.13 换流变压器网侧套管未明确最大取油量

问题描述：某换流站低端换流变压器配置的网侧套管均为 OIP 型套管，为油纸绝缘结构，按照《国家电网有限公司关于印发十八项电网重大反事故措施（修订版）的通知》第 9.5.7 条"新采购油纸电容套管在最低环境温度下不应出现负压。生产厂家应明确套管最大取油量，避免因取油样而造成负压"要求，厂家应提供套管最大取油量。

解决措施：厂家提供最大取油量说明。

后续工程提升建议：设计冻结会阶段，要求厂家在套管出厂时按要求明确最大取油量。

2 换流阀及阀冷设备

2.1 产品设计问题

2.1.1 换流阀漏水检测装置不完善

问题描述：换流阀漏水检测装置安装在阀塔底部屏蔽罩上，漏水信号检测采用光阻断原理。存在如下问题：① 漏水检测装置安装位置非最低点，阀内漏水时，泄漏的水无法沿阀塔流至隔板并通过金属倾斜面流向检测装置；② 漏水检测装置安装在漏水收集容器

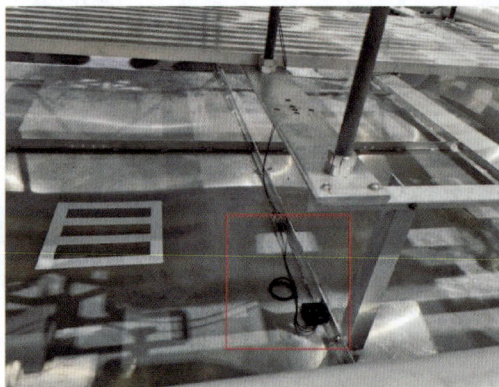

图 2-1 漏水检测装置安装位置

内，短时间内无法收集到充足的漏水量。若阀塔内部发生漏水，漏水检测装置无法有效收集屏蔽罩表面积水，漏水检测装置不能有效动作，不满足《关于印发特高压全过程技术监督实施细则的通知》（设备直流〔2021〕99 号）第 3.10 条："阀塔冷却回路漏水检测装置功能正常运行可靠，能够正确识别渗漏水或渗漏水程度，后台动作信号正确"的要求。现场开展试验验证，注入 40L 水后，漏水检测装置仍未动作。漏水检测装置安装位置如图 2-1 所示。

解决措施：优化底屏蔽罩结构设计，确保阀塔漏水时，底屏蔽罩表面积水可全部汇集到底屏蔽罩最低位置；采用浮球式或漏斗式漏水检测装置，安装至底屏蔽罩最低位置，保证漏水收集，能及时识别阀塔渗漏水及渗漏水程度。确保注水试验 20L 以下能正常启动漏水报警。

后续工程提升建议：设计冻结阶段，要求换流阀厂家对阀塔底部屏蔽罩结构设计时考虑漏水收集，确保注水 20L 以下能正常启动漏水报警。

2.1.2 换流阀光缆槽盒中未放置防火包

问题描述：某换流站现场检查发现换流阀塔光纤槽盒内未放置防火包，换流阀塔光纤

槽盒内使用防火棉代替防火包，不满足《国家电网有限公司防止直流换流站事故措施及释义（修订版）》第 3.3.12 条："阀塔光缆槽内应放置防火包，出口应使用阻燃材料封堵"的要求。厂家未按照《国家电网有限公司防止直流换流站事故措施及释义（修订版）》要求，在光纤槽盒中设计防火包的安装，使用防火棉代替防火包。

解决措施：建议厂家按要求在阀塔光缆槽内应放置防火包；建议厂家核实防火棉的耐火等级、产品说明，并按照美国材料和试验协会（ASTM）的 E135-90 标准进行燃烧特性试验或提供第三方试验报告，如满足要求可以用防火棉代替。

后续工程提升建议：换流阀光纤槽盒内放置防火包的要求应严格执行，若防火棉代替防火包的可行性通过专业验证，可用防火棉代替防火包。

2.1.3 换流阀层间主水管接头未使用法兰连接

问题描述：极Ⅱ换流阀层间主水管采用螺纹连接，所有阀塔均是如此设计，如图 2-2 所示，不满足《国家电网有限公司防止直流换流站事故措施及释义》"3.2.9 水管路材质应选用 PVDF 材料，阀塔主水管连接应选用法兰连接，选用性能优良的密封垫圈，接头选型应恰当"的要求。厂家未按照《国家电网有限公司防止直流换流站事故措施及释义（修订版）》中"水管路材质应选用 PVDF 材料，阀塔主水管连接应选用法兰连接，选用性能优良的密封垫圈，接头选型应恰当"的要求，现场选用螺纹方式连接。

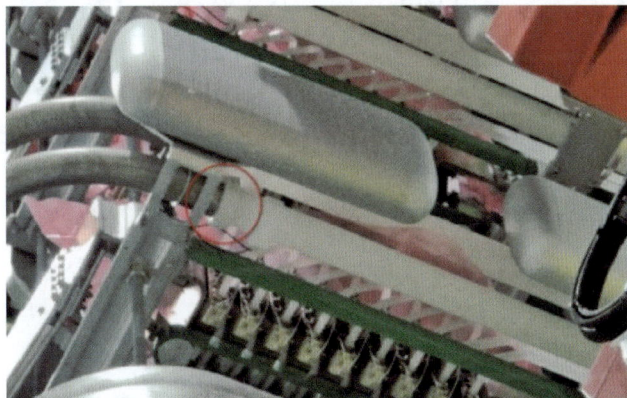

图 2-2 换流阀层间主水管接头

解决措施：厂家答复：① 阀塔层间的钢水管与 PVDF 水管采用螺纹及密封圈连接的方式安全可靠，已在多个项目中长期运行，未出现接头断裂等问题。② 现场已经通过 15 千克的水压测试，未发现异常。③ 此位置采用法兰连接未经过实际项目的长期运行验证，有极大的风险。④《国家电网有限公司防止直流换流站事故措施及释义（修订版）》发布时间在设备招投标时间后，按照老版本反事故措施执行不存在问题。经组会讨论后认可此方式。

后续工程提升建议：在运工程的换流阀，其水路连接经过多年检修及试验，未出现接头断流情况，可不整改。新建工程应按照《国家电网有限公司防止直流换流站事故措施及释义（修订版）》要求，在阀塔主水管连接处选用法兰连接，并使用密封垫圈密封，未采用此种方式连接的换流阀厂家，建议尽快进行可行性验证，并尽早投入生产。

2.1.4 阀控系统主控板跳闸驱动芯片损坏导致 VBE_TRIP 信号异常，存在误动或拒动风险

问题描述： 阀控系统主控板涉及跳闸的驱动芯片正常时，有跳闸信号输出为低电平，无跳闸信号输出为高电平。当驱动芯片损坏后导致 VBE_TRIP 信号输出异常，如果芯片故障状态下输出持续为高电平，VBE_TRIP 信号无法正常送到极控，存在拒动风险；若故障状态下输出为低，VBE_TRIP 信号误动，存在误动风险。阀控系统未将 VBE 主控板送至 CLC 板的跳闸信号由电平信号改为调制信号，驱动信号故障可能导致拒动或误动。

解决措施： 将 VBE 主控板送至 CLC 板的跳闸信号由电平信号改为调制信号。

后续工程提升建议： 2020 年 12 月关于阀控系统防闭锁排查隐患整改措施的技术监督意见中已指出上述隐患，并要求后续结合年检停电完成整改，建议换流阀厂家在后续工程的设计生产阶段，直接修改此类问题，不将隐患带到现场后修改。

2.1.5 换流阀充电前，VOLTAGE 信号光通道发生故障，VBE 退出阀自检，存在拒动风险

问题描述： 换流阀充电前，VOLTAGE 信号光通道发生故障，VBE 只上报故障报文，退出阀自检。换流阀充电后，VBE 不进行换流阀晶闸管状态检测，不会阻止换流阀解锁。若换流阀发生多个晶闸管故障或保护性触发，存在保护拒动导致设备损坏的风险。阀控系统 VOLTAGE 信号光通道发生故障，将退出阀自检，继续充电存在失去晶闸管失去监视风险。

解决措施： 当 VBE 判断 VOLTAGE 信号通道异常，发送告警事件，开放阀自检功能。

后续工程提升建议： 2020 年 12 月阀控系统防闭锁排查隐患整改措施的技术监督意见中已指出上述隐患，并要求后续结合年检停电完成整改，建议换流阀厂家在后续工程的设计生产阶段，直接修改此类问题，不将隐患带到现场后修改。

2.1.6 阀控 CLC 接口板与主控板之间的信号电缆断线可能存在拒动或误动风险

问题描述： 阀控 CLC 接口板与主控板之间 37 针线内 DEBLOCK、ACTIVE 二次接口信号为电平信号，通道故障无法检测，当出现 DEBLOCK 信号断线时，VBE 主控板会停发脉冲，引起误触发保护动作闭锁直流，存在拒动或误动风险。阀控系统 DEBLOCK 唯一决定 VBE 是否发触发脉冲至晶闸管的指令，该信号断线时，VBE 主控板会停发脉冲，引起误触发保护动作闭锁直流，存在拒动或误动风险。

解决措施： 将 CLC 接口板与主控板之间 37 针线内 DEBLOCK、ACTIVE 信号由单路电平信号传输方式改为双路互斥电平信号传输方式。

后续工程提升建议：2020 年 12 月关于阀控系统防闭锁排查隐患整改措施的技术监督意见中已指出上述隐患，并要求后续结合年检停电完成整改，建议换流阀厂家在后续工程的设计生产阶段，直接修改此类问题，不将隐患带到现场后修改。

2.1.7 阀控系统在试验模式下不会置 VBE_OK 信号为无效，后台仍能进行解锁操作，存在跳闸的风险

问题描述：阀控系统处于试验模式下，可进行晶闸管触发试验，用以验证触发回路及晶闸管级是否存在异常。当处于此模式下，未屏蔽 VBE_OK 信号。在试验结束后未退出该模式，若进行充电解锁操作时，存在跳闸的风险。阀控系统试验模式下，未屏蔽 VBE_OK 信号若进行充电解锁操作时，存在跳闸的风险。

解决措施：阀控系统处于试验模式时，置 VBE_OK 信号无效，禁止解锁。

后续工程提升建议：建议厂家将阀控系统在阀控系统处于试验模式时，置 VBE_OK 信号无效，禁止解锁。

2.1.8 阀控系统录波板卡对外部存储设备运行状态无完善的监视功能

问题描述：阀控系统内置故障录波板卡使用外置 TF 卡和 U 盘作为数据存储介质，但存储设备异常状态表征不明确，若外置存储介质发生故障，运行人员无法及时发现并处理，存在丢失重要录波数据的风险。阀控系统内置故障录波板卡使用外置 TF 卡和 U 盘作为数据存储介质，但存储设备异常状态表征不明确。

解决措施：录波板配备 3 个 LED 指示灯，从左至右依次为红、绿、黄灯，表征录波状态。

后续工程提升建议：建议厂家将存储设备异常的信号作为报警事件，并在录波板上增加告警指示灯。

2.1.9 阀控 CP 信号异常导致触发异常

问题描述：VBE 接收到的 CP 控制脉冲的相位错误，或者 CP 信号出现间断丢失且没有超过通用接口规范要求的 60ms 连续检测不到 1MHz 调制信号的情况。VBE 无法识别出上述两种故障，可能导致换流阀触发异常。阀控系统 VBE 接收到的 CP 控制脉冲的相位错误，或者 CP 信号出现间断丢失且没有超过通用接口规范要求的 60ms 连续检测不到 1MHz 调制信号的情况，将导致 VBE 无法识别出上述两种故障。

解决措施：VBE 连续 20ms 没有检测到 CP 信号为 1MHz 时，视为该信号出现异常，发报警事件，同时启动 VBE 内置录波。

后续工程提升建议：2020 年 12 月关于阀控系统防闭锁排查隐患整改措施的技术监督意见中已指出上述隐患，并要求后续结合年检停电完成整改，建议换流阀厂家在后续工程的设计生产阶段，直接修改此类问题，不将隐患带到现场后修改。

2.1.10 阀控系统 HMI 使用单一账户登录，未设置用户权限，存在生产安全管理漏洞

问题描述：阀控系统需使用用户名及密码登录进行操作，包括正常运行、试验调试等。目前阀控系统使用单一公用账户进行登录，未设置不同权限等级的用户账户，存在生产安全管理漏洞。阀控系统使用单一账户登录，未区分用户权限，存在安全生产管理漏洞。

解决措施：为运维检修人员制订不同的账户权限，并增加相应的人员操作记录及事件报文。

后续工程提升建议：建议厂家为不同操作人员设置所需的账号与权限，并增加操作记录和事件报文。

2.1.11 阀控系统不满足双电源供电要求

问题描述：某换流站每套阀控系统仅采用一路直流电源供电。不满足《国家电网有限公司防止直流换流站事故措施及释义（修订版）》中第 3.1.12 条规定："每套阀控系统应由两路完全独立的电源同时供电，并且两路电源经变换器隔离耦合后应直接供电，一路电源失电，不影响阀控系统的工作"的要求，阀控系统电源供电设计不合理，供电可靠性低。

解决措施：厂家已经出具的整改方案，需厂内完成相关测试试验并出具报告后，再行讨论方案可行性和整改计划。

后续工程提升建议：建议换流阀厂家研究制定阀控屏柜供电回路完善化方案，每套阀控系统配置两路直流电源，任何一路电源故障，不影响阀控系统运行。

2.1.12 阀控 VBE 检测触发控制脉冲 CP 信号丢失判据延时不合理

问题描述：在某换流站联调试验期间，当换流器直流控制保护系统 CCP 大幅度调整触发角度时（例如移相闭锁），阀控系统会产生 CP 信号丢失告警（判断时间 20ms）。某换流站采用同样的参数设置与系统配置，有同样的隐患。

某换流站极Ⅱ阀控 VBE 移相闭锁时，后台报出"触发控制脉冲（FCS）信号异常（丢失 1 个周期）出现"，OWS 后台告警事件如图 2－3 所示。经分析阀控 VCE 针对触发控制脉冲丢失的判据延时为 20ms，无法躲过一个周期，而阀控针对控制脉冲丢失的判据

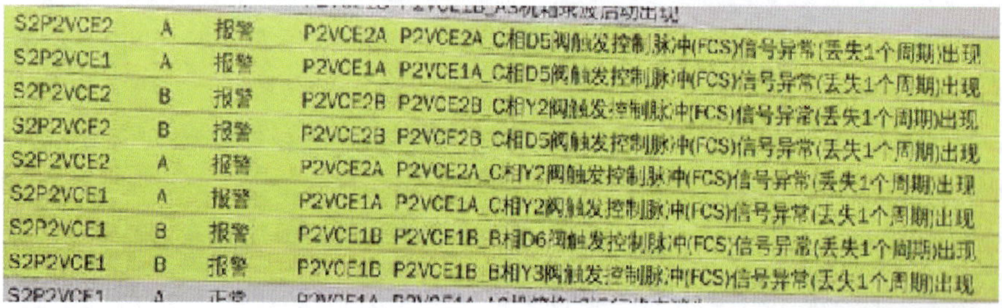

S2P2VCE2	A	报警	P2VCE2A P2VCE2A_C相D5阀触发控制脉冲(FCS)信号异常(丢失1个周期)出现
S2P2VCE1	A	报警	P2VCE1A P2VCE1A_C相D5阀触发控制脉冲(FCS)信号异常(丢失1个周期)出现
S2P2VCE2	B	报警	P2VCE2B P2VCE2B_C相Y2阀触发控制脉冲(FCS)信号异常(丢失1个周期)出现
S2P2VCE2	B	报警	P2VCE2B P2VCE2B_C相D5阀触发控制脉冲(FCS)信号异常(丢失1个周期)出现
S2P2VCE2	A	报警	P2VCE2A P2VCE2A_C相Y2阀触发控制脉冲(FCS)信号异常(丢失1个周期)出现
S2P2VCE1	A	报警	P2VCE1A P2VCE1A_C相Y2阀触发控制脉冲(FCS)信号异常(丢失1个周期)出现
S2P2VCE1	B	报警	P2VCE1B P2VCE1B_B相D6阀触发控制脉冲(FCS)信号异常(丢失1个周期)出现
S2P2VCE1	B	报警	P2VCE1B P2VCE1B_B相Y3阀触发控制脉冲(FCS)信号异常(丢失1个周期)出现

图 2－3 OWS 后台告警事件

延时为 25ms，初步判断为阀控 VCE 检测控制脉冲丢失的延时无法躲过一个周期导致误触发现象。

解决措施：根据《特高压直流工程控制保护装置联调总结会议纪要》要求："厂家优化换流阀向阀控回报信号（CP 信号）消失告警延时，防止直流系统大幅波动、潮流反转时大角度触发导致的 CP 信号消失误报情况"，将阀控 VBE 检测触发控制脉冲 CP 信号丢失判据延时由 20ms 改为 25ms，修改后参数与阀控系统保持一致。

后续工程提升建议：CP 信号丢失判据延时为 20ms，当调整触发角度，如移相时，阀控会产生 CP 信号丢失告警；同时某换流站阀控 VCE 针对触发控制脉冲丢失的判据延时为 20ms，无法躲过一个周期，因此将阀控 VBE 检测触发控制脉冲 CP 信号丢失判据延时由 20ms 改为 25ms，与《国家电网有限公司防止直流换流站事故措施及释义（修订版）》第 3.1.9 条："新建工程采用调制信号传输的阀控系统应完善 CP 信号的监视逻辑，当连续 20ms 没有检测到 CP 信号为 1MHz 时，视为该信号出现异常（投旁通除外），上报 CP 信号异常的报警事件，同时启动阀控系统内置录波"及前文的修改 CP 信号丢失时间相矛盾。

2.1.13　阀控系统 IP 或 PF 振荡检测处理逻辑不合理

问题描述：某换流站阀控系统检测到某级晶闸管出现 IP 或 PF 振荡时，无对应报警事件，且会屏蔽该级晶闸管 IP 或 PF 状态监测，屏蔽时间为 24 小时，同时默认该级晶闸管为正常状态。如果在此期间该晶闸管级出现永久故障或持续性保护性触发，不能及时检测出故障状态，若多级晶闸管同时出现类似情况，可能存在拒动风险。不满足《国家电网有限公司关于印发十八项电网重大反事故措施（修订版）的通知》第 8.1.1.8 条规定："阀控系统应双重化配置，并具有完善的晶闸管触发、保护和监视功能，能准确反映晶闸管、光纤、阀控系统板卡的故障位置和故障信息"的要求。阀控系统检测到某级晶闸管出现 IP 或 PF 振荡时，无对应报警事件，且会屏蔽该级晶闸管 IP 或 PF 状态监测，屏蔽时间为 24 小时，同时默认该级晶闸管为正常状态，该设定不合理导致存在安全隐患。

解决措施：厂家已完成阀控系统软件修改和升级，完成单机箱级功能测试验证、整机功能测试，在厂内±20kV 背靠背换流阀试验系统分别进行 IP 振荡和 PF 振荡功能测试，查看晶闸管振荡报文位置及晶闸管故障计数值是否正确，2022 年 9 月 15 日完成振荡功能测试，测试结果合格。OWS 后台只能显示单阀级别有 IP、PF 振荡信息，阀控系统后台可以看具体点位，后期运维人员需要到现场阀控系统就地 HMI 查看相关信息。厂内已进行功能测试并提供厂内试验报告。

后续工程提升建议：建议优化晶闸管 IP 或 PF 振荡检测逻辑，在一定时间内检测到晶闸管出现 IP 或 PF 振荡时应上送报警事件，若连续检测到振荡时，暂停上送报警事件，避免后台报文刷屏，并具备在线查询振荡晶闸管级功能，同时应不影响晶闸管级运行状态监视功能，开展可行性研究，制订实施方案，并在厂内和现场进行充分测试验证，确保功能的正确性和可靠性，在现场带电调试前择机实施。

2.1.14 阀控系统录波功能不完善

问题描述： 某换流站阀控系统阀控录波信号中的 IP 回报信号按照每块光接收板 19 路 IP 回报信号取"或"后送录波板，不能直接反应故障级晶闸管 IP 回报信号状态，不便于故障分析。不满足《国家电网有限公司防止直流换流站事故措施及释义（修订版）》第 3.1.6 条规定："新建工程阀控系统应具有独立的内置故障录波功能，录波信号应包括但不限于阀控触发脉冲信号、回报信号、与极或换流器控制系统的交换信号等，在直流闭锁、阀控系统切换或异常时启动录波"的要求。

解决措施： 已按照整改方案完成阀控系统光接收板软件修改和升级，完成单机箱级功能测试验证。已开展整机功能测试，在厂内±20kV 背靠背换流阀试验系统逐一模拟光接接收板 19 路通道 IP 故障，录波波形正确，2022 年 9 月 15 日完成 IP 信号录波功能测试。多个通道同时故障，会按照通道编号优先顺序，选择一路上送信号；1 个单阀 4 个接收板，每个接收板送出 1 路，同 1 个接受板对应的多个晶闸管故障，只报编号最高的。厂内已进行功能测试并提供厂内试验报告。

后续工程提升建议： 建议厂家完善 IP 回报信号录波方式，每块光接收板若检测有晶闸管故障时，选取对应 IP 回报信号送至录波板，若无晶闸管故障时，按照 IP 回报信号取"或"后送录波板。

2.1.15 阀控系统屏柜未配置机箱过热报警

问题描述： 某换流站 VBE 触发控制屏柜采用无风扇设计，屏柜和机箱均未配置风扇，厂内测试温升能够满足要求。但是现场检查发现屏柜门和机箱的散热网空隙很大，机箱很容易积灰。由于机箱连同风扇一起取消了过热报警，而阀控机箱及部分板卡由于其特殊性无法双重化配置，因此存在机箱积灰过热而无法及时发现，进而导致非冗余板卡损坏从而导致阀组闭锁的风险。阀控屏柜内置机箱如图 2-4 所示。

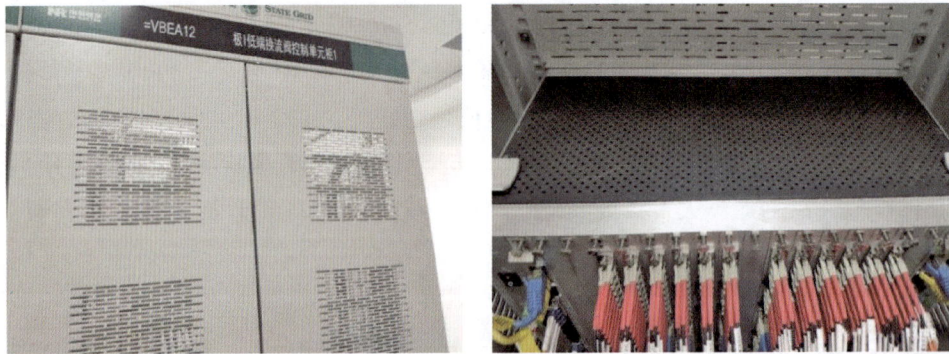

图 2-4 阀控屏柜内置机箱

解决措施： 运行人员在日常巡视中加强机箱测温，并由厂家提供一个高温定值，若温度高于此定值或温度升高趋势明显，需引起注意并在下次停电时安排清灰。

后续工程提升建议：VBE 触发控制屏柜采用风扇设计，并增加过滤网，配置机箱过热报警。

2.1.16　阀控屏柜无防水措施

问题描述：某换流站阀控柜上方有空调出风口，柜顶无防水措施，不满足《国家电网有限公司防止直流换流站事故措施及释义（修订版）》第 3.4.3 条"检查阀控室、阀控屏防水、防潮措施到位，独立阀控间冗余配置的空调工作正常"的要求。

解决措施：阀控屏柜增加防水措施。

后续工程提升建议：图纸设计阶段，当阀控屏柜上方有空调出风口时，在阀控屏柜上方设计防水措施。

2.1.17　直流 OLT 开路试验时未屏蔽保护性触发跳闸

问题描述：某换流站直流 OLT 开路试验时未屏蔽保护性触发跳闸功能，不满足《国家电网有限公司防止直流换流站事故措施及释义（修订版）》第 3.5.9 条"针对进行直流 OLT 开路试验时，由于保护性触发误动作，导致无法完成试验的阀控系统，在进行 OLT 试验时应屏蔽保护性触发跳闸功能。"

解决措施：已完善阀组直流 OLT 开路试验时屏蔽保护性触发跳闸功能。

后续工程提升建议：阀控设计阶段，软件应具备直流 OLT 开路试验时屏蔽保护性触发跳闸功能。

2.1.18　阀控系统试验模式未通过实体按钮实现功能

问题描述：某换流站阀组进行阀试验时，需要用工程师工作站连接阀控单元，通过置位设置试验模式，易发生误置位或置位后未复位等，设计有试验按钮，但无试验功能。阀控系统实体按钮如图 2-5 所示。

解决措施：优化阀控设计按钮，使其具备手动试验功能。

后续工程提升建议：设计阶段，阀控具备手动试验功能。

2.1.19　换流阀光纤通道故障

问题描述：某换流站自试运行以来，因光纤故障造成的直流工程强迫停运及临时停运共计 4 次。由于光纤通道故障发生 3 次临时停运，由于阀 MSC 故障发生 1 次临时停运闭锁。含 MSC 结构换流阀的单根触发光纤故障，若再有一根触发光纤故障将导致晶闸管保护性触发数量越限跳闸，从而需临时停运处置；光纤放电或 TVM 端口脏污，导致多级晶闸管回报 IP 丢失，接近晶闸管故障越限跳闸定值；光纤外皮老化放电，导致多根光纤断裂。

图 2-5　阀控系统实体按钮

解决措施：① 定期开展备用光纤检查。在运光纤可通过运行时的通道自检判断其完好状态，对于备用芯则无法判断其好坏。因此，在当前规范体系中增加备用光纤的衰耗检查，每 3 年抽检部分备用光纤，确保其处于可用状态。当在运光纤故障后可使用备用芯更换，节约停电时间，后续再根据停电计划择机补充备用芯。② 在发生通道故障后，除了目前常规的外观检查和衰耗测试外，还可根据需要开展光纤端面检查、OTDR 测试等项目，明确光纤故障的原因，开展相关排查工作。光纤端面检查使用光纤端面放大镜开展，可查看光纤头是否存在脏污影响光功率的问题；OTDR 测试使用光时域反射仪开展，可查看光纤衰耗过大位置，定位故障点并分析故障原因，及早发现人为踩踏、边缘割伤、鼠蚁啃咬等隐蔽问题。

后续工程提升建议：设计时应充分考虑阀厅温湿度及污秽的影响，选择合适的光纤材质，避免长期运行后老化放电。施工中注意做好成品保护，避免屋顶桁梁上的光纤受到踩踏受损，防止运行后才之间暴露出来。对于光纤槽盒的转弯和进出口处，应加强防护措施，避免长期运行中振动导致光纤被锋利边缘割伤。

2.1.20 换流阀控制单元（TCU）元器件损坏率高

问题描述：某换流站换流阀及阀控系统基建、调试期间共发生 22 次异常故障，其中极 I 换流阀及阀控系统发生 2 次异常故障，极 II 换流阀及阀控系统发生 20 次异常故障。其中 21 起异常故障原因为 TCU 故障，1 起异常故障原因为晶闸管异常击穿。其中 2018年 10 月至 2019 年 10 月极 II 换流阀内晶闸管级内 TCU 元器件年损坏率达到 0.7%，远高于设计要求的 0.2%。

解决措施：故障 TCU 返厂解体分析后，确定其为 TCU 批次问题，并形成相关会议纪要及处置办法，于 2020 年年度检修期间，对极 II 高低端换流阀共 2098 块 TCU 进行全部更换，同时站内 61 块 TCU 备件也已更换。

后续工程提升建议：换流阀产品设计阶段，应加强产品质量管控，同时加大抽检力度，提升整体合格率。

2.1.21 OLT 过程中多个晶闸管报"新保护性触发出现"

问题描述：某换流站双极系统调试时，OLT 试验过程中换流阀多个晶闸管报"新保护性触发出现"告警。

解决措施：换流阀厂家分析认为：OLT 试验过程中，由于没有足够维持晶闸管正常导通所需的电流，导致部分晶闸管由于电流断续一直处于反复导通再关断再导通的状态，而晶闸管每次通断都会重新发送 IP 信号至 VBE，因此 VBE 会不停收到来自晶闸管的 IP 信号，后台会报"新保护性触发出现"事件。保护性触发是根据 VBE 收到第二个 IP信号的时间范围作为判断条件，若 IP 正好在 VBE 监视保护性触发的时间范围内，则 VBE会判断为保护性触发。实际上晶闸管并没有因过电压而产生保护性触发。当控保系统发送到 VBE 的 OPEN LINE TEST 信号存在时，VBE 程序中已将保护性触发跳闸功能闭锁，即不会因保护性触发数量达到定值而跳闸，不会影响 OLT 试验进行。此现象为 OLT 试验原理的特殊性造成，是正常现象，不会对试验结果和系统运行产生影响。

后续工程提升建议：阀控设计阶段，软件应具备 OLT 时屏蔽保护性触发报警功能。

2.1.22 阀冷设备间行吊无限位

问题描述：某换流站双极低端阀冷设备间行吊无限位（见图 2-6），存在触碰内冷管道隐患。

图 2-6 行吊限位情况

解决措施：阀冷设备间行吊增加限位。

后续工程提升建议：对阀冷设备间行吊增加限位。

2.1.23 阀内冷水系统三通比例阀无开度反馈信号

问题描述：某换流站内冷水系统三通阀执行器使用 AC220V 电源作为动力，执行脉冲式开出信号控制开度比例，无 4~20mA 变送器反馈信号，运行人员无法从后台或者人机界面上看到三通阀开度。阀内冷水系统界面如图 2-7 所示。

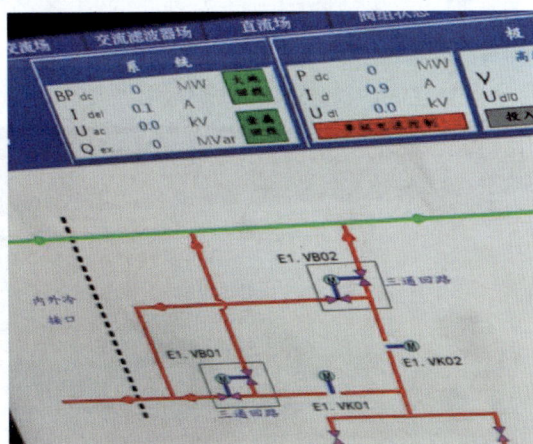

图 2-7 阀内冷水系统界面

解决措施：修改软件，增加三通阀开度位置显示功能。

后续工程提升建议：设计阶段内水冷系统三通比例阀设置开度反馈信号。

2.1.24　阀冷系统接触器选型错误

问题描述：某换流站阀冷系统主泵接触器为 3TF6833 系列接触器，该系列接触器为分体式，外部回路并联电阻，正常工况下，当交流电源柜中的负载满负荷长时间运行时，电阻表面温度可达 90℃以上，电阻周围的电气元件和导线长时间处于高温环境下，存在电气元件过热损坏的风险。2018 年某换流站阀冷系统调试阶段，由于电阻温度高导致电阻附近的线槽和导线烧黑变形。

解决措施：调整电阻周围接线的方式来暂时处理该问题，避免电阻温度高导致电阻附近元件损坏，并加强监视，有异常时及时更换。

后续工程提升建议：选用质量可靠一体式接触器，不再使用 3TF6833 系列接触器。

2.1.25　阀外冷系统回水温度与进阀温度无偏差报警

问题描述：某换流站外风冷空冷器启停根据外冷回水温度控制，进阀温度与外冷回水温度无偏差报警，若外冷回水温度值与进阀温度值偏差大，可能存在进阀温度高于外冷回水温度、风机实际启动组数小于需求组数的情况，导致进阀温度持续升高、闭锁阀组。

解决措施：增加进阀温度与外冷回水温度偏差报警。当出现进阀温度与外冷回水温度偏差报警时，空冷器风机启停根据高值进行控制。

后续工程提升建议：进阀温度与外冷回水温度设计偏差报警。当出现进阀温度与外冷回水温度偏差报警时，空冷器风机启停根据高值进行控制。

2.1.26　阀冷系统传感器故障跳闸报文设置不合理

问题描述：某换流站在进行阀冷保护装置断电试验时发现，当三套保护装置均失电时，阀冷控制系统会产生三套保护均发生故障跳闸报文，同时产生各类传感器均故障报文（见图 2−8）。不满足《国家电网有限公司防止直流换流站事故措施及释义（修订版）》中第 8.4.2 条"应通过模拟试验逐个验证内冷水系统保护定值及动作逻辑正确性"的要求。

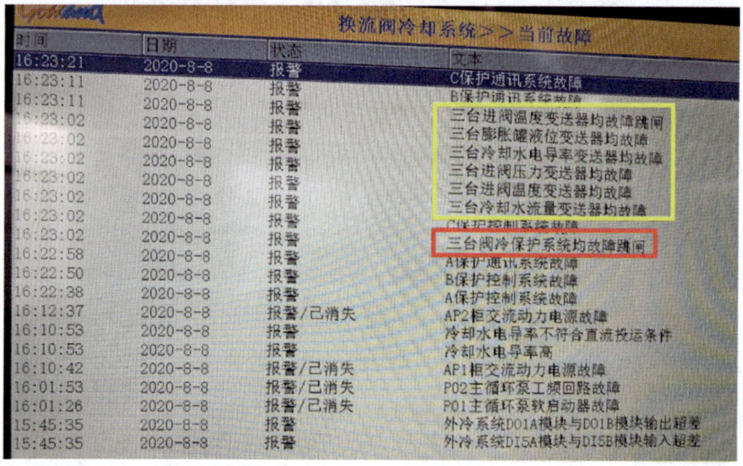

图 2−8　阀冷系统故障报文

解决措施：取消阀冷保护主机失电后报出的各类传感器均故障报文。

后续工程提升建议：排查修改阀冷保护失电后报出的各类传感器故障的逻辑，排查确认在各类运行工况下不产生与设备情况不相符的报文。

2.1.27 阀冷保护装置定值变化后无相应事件报文

问题描述：某换流站阀冷保护装置具备在线定值整定功能，目前保护定值变化后无任何事件报文，无法有效提醒运维人员检查处理，存在保护拒动或误动的风险。

解决措施：增加阀冷保护装置中与跳闸相关的定值变化报警事件。

后续工程提升建议：设计阀冷保护装置中与跳闸相关的定值变化报警事件。

2.1.28 阀冷保护流量与压力联合跳闸逻辑缺陷

问题描述：某换流站阀冷保护中的流量与压力联合跳闸逻辑在保护主机内实现，阀冷流量压力联合跳闸逻辑为：冷却水流量超低+进阀压力低、冷却水流量超低+进阀压力高、冷却水流量低+进阀压力超低。当流量传感器均故障或压力传感器均故障时存在拒动风险。

解决措施：将流量压力联合跳闸逻辑在阀冷控制装置内实现，并结合流量或压力传感器均故障情况完善跳闸逻辑，避免因单一类型传感器均故障闭锁保护功能。建议将流量压力联合跳闸逻辑采用如下组合方式实现：

（1）冷却水流量超低+进阀压力低。

（2）冷却水流量超低+进阀压力高。

（3）冷却水流量低+进阀压力超低。

（4）冷却水流量传感器均故障+进阀压力低。

（5）冷却水流量传感器均故障+进阀压力高。

（6）进阀压力传感器均故障+冷却水流量低。

后续工程提升建议：参照解决措施避免流量与压力联合跳闸逻辑缺陷，完善流量压力联合跳闸逻辑。

2.1.29 阀冷系统泄漏保护屏蔽不合理

问题描述：某换流站阀冷系统泄漏屏蔽条件较多，主泵切换、三通阀动作、换流变压器投切、风机启停、进阀温度等多个条件下均暂时屏蔽泄漏保护，屏蔽时间为3~120min，可能造成保护动作不及时，无法实现快速切除故障。

解决措施：优化泄漏屏蔽条件，在人机界面上开放屏蔽时间定值，根据工程实际情况核算相应的屏蔽时间并结合现场试验进行验证。

后续工程提升建议：审查和优化泄漏保护屏蔽条件，防止动作不及时或拒动。

2.1.30 阀冷系统不满足保护"三取二"要求

问题描述：某直流工程阀冷系统三套保护主机采用环网连接方式，退出A、C两套保护主机后，B 套保护主机也退出运行。阀冷系统三套保护采用环网结构，三套保护主机不完全独立配置，不能满足保护"三取二"动作逻辑闭锁要求。

解决措施：将阀冷系统三套保护采用星型网络结构组网，三套保护主机互相完全独立配置。

后续工程提升建议：阀冷系统三套保护采用星型网络结构组网，三套保护主机互相完全独立配置。

2.1.31 阀冷系统空冷器与加热器共用交流进线电源

问题描述：某换流站阀冷系统配置 11 面风机动力柜，每面屏柜的 2 路进线电源经过双电源切换装置后为对应组风机供电，其中 10、11 号风机动力柜的 2 路电源既为空冷器风机供电，也为对应的 2 组加热器供电，存在空冷器风机与加热器共用交流进线电源情况。

解决措施：按照《换流阀水冷系统全过程技术监督精益化管理实施细则》第 1.3.6 条"阀外风冷系统 N 组风机应配置 $2N+2$ 路交流电源，经过各自的双电源切换装置切换后形成 N 段交流母线，每组风机平均分配到一段母线上，其他如加热器等负荷由 2 路交流电源分别供电"的要求，将空冷器风机电源与加热器电源分开，且加热器 2 路电源应独立配置。

后续工程提升建议：空冷器风机电源与加热器电源分开，加热器 2 路电源独立配置。

2.1.32 阀冷主循环电导率测量回路及氮气稳压回路接头选型错误

问题描述：某换流站电导率测量回路采用卡套接头，卡套接头采用金属密封，安装工艺复杂且要求高，渗漏风险较大，在渗漏故障处理过程中，隔离措施较为复杂、耗时长，可能导致泄漏保护动作，不满足《关于做好 2021 年直流换流站隐患排查治理工作的通知》（设备直〔2021〕10 号）"增加内冷循环水电导率测量支路检修阀门，便于卡套接头漏水时及时隔离故障点开展消缺工作；同时采用焊接管道替换原有卡套接头"的要求。

解决措施：将主循环电导率测量回路、氮气稳压回路的管路更换为一体式焊接管道。

后续工程提升建议：主循环电导率测量回路、氮气稳压回路的管路采用一体式焊接管道。

2.1.33 阀冷保护装置通用接口不满足要求

问题描述：某换流站阀冷系统将阀冷保护装置均故障、进阀温度传感器均故障放在阀冷系统跳闸逻辑中，不满足《直流输电换流阀阀冷系统通用接口技术规范》中第 5.7.1 条"VCCP 应监视阀冷系统传感器、处理器、通信通道运行状态，根据监视结果由 VCC 向 CCP 发出阀冷系统可用和不可用信号"的要求。

解决措施：修改保护逻辑，当 3 个阀冷保护装置均故障、进阀温度传感器均故障时，VCC 向 CCP 发阀冷系统不可用信号。同时，进阀温度传感器均故障跳闸改成进阀温度传感器均故障（VCCP 不可用）信号。

后续工程提升建议：VCCP 应监视阀冷系统传感器、处理器、通信通道运行状态，根据监视结果由 VCC 向 CCP 发出阀冷系统可用和不可用信号。

2.1.34 阀冷系统故障录波功能配置不完善

问题描述：某换流站阀冷系统阀冷却控制保护系统录波装置在主泵启停、保护动作时，未自动启动录波功能。某换流站阀冷系统故障录波未配置故障自动启动录波功能。同时，故障录波中仅有模拟量数据，缺少主泵状态、阀冷主机状态、风机状态、喷淋泵状态等关键开关量数据。

解决措施：将阀冷系统故障录波装置进行独立双网配置；增加手动触发录波功能；增加主泵启停、阀冷系统不可用、阀冷系统保护动作等重要信号自动触发故障录波功能。同时建议厂家开展将主泵状态、阀冷主机状态、风机状态、喷淋泵状态、VCC 与 CCP 接口信号、内外冷水温度、流量、压力、液位等数据同时纳入故障录波文件的可行性研究，明确实施方案。

后续工程提升建议：参照解决措施完善阀冷系统故障录波功能配置。

2.1.35 阀冷系统液位保护整定值设置不合理

问题描述：某换流站阀冷系统液位保护整定值按低于膨胀罐总液位 30% 发液位低报警，低于 10% 发液位超低跳闸请求。不满足《国家电网有限公司防止直流换流站事故措施及释义（修订版）》第 4.1.4.5 条规定："水位测量值低于其额定液位高度的 30% 时发报警，低于 10% 时发直流闭锁命令。"

解决措施：修改定值参数，将水位的报警定值设为膨胀罐额定液位高度的 30%，直流闭锁定值设为膨胀罐额定液位高度的 10%。

后续工程提升建议：将水位的报警定值设为膨胀罐额定液位高度的 30%，直流闭锁定值设为膨胀罐额定液位高度的 10%。

2.1.36 阀冷控制保护系统自检功能不完善

问题描述：某换流站阀冷系统单套控制主机检测三台保护主机故障时未置阀冷系统不可用，不满足《国家电网有限公司防止直流换流站事故措施及释义（修订版）》中第 4.1.6 条规定："阀冷控制保护系统应具备完善的自检功能，当发生板卡故障、通道故障、电源丢失等异常时，应发出报警信号并具有完善的防误出口措施。"

解决措施：完善控制主机相关逻辑，当单套阀冷控制主机检测到三台保护主机故障时，对应控制主机应置阀冷系统不可用。

后续工程提升建议：控制主机相关逻辑设定为当单套阀冷控制主机检测到三台保护主机故障时，对应控制主机应置阀冷系统不可用。

2.1.37 阀冷系统控制主机逻辑功能不合理

问题描述：某换流站阀冷系统控制主机 A 通过 PROFIBUS A 与接口单元 A、B 通信，控制主机 B 通过 PROFIBUS B 与接口单元 A、B 通信，当主用的阀冷控制主机检测到与接口单元通信的 PROFIBUS 总线故障时未进行系统切换，逻辑功能不合理。不满足《国家电网有限公司防止直流换流站事故措施及释义（修订版）》第 4.1.6 条规定："阀冷控制保护系统应具备完善的自检功能，当发生板卡故障、通道故障、电源丢失等异常时，应发出报警信号并具有完善的防误出口措施。"

解决措施：优化逻辑功能，在控制主机检测到与阀接口单元通信的 PROFIBUS 总线故障时进行系统切换。

后续工程提升建议：在控制主机检测到与阀接口单元通信的 PROFIBUS 总线故障时进行系统切换。

2.1.38　阀冷控制柜内散热风扇电源空气开关无信号接点

问题描述：某换流站阀冷控制柜内控制主机和保护主机采用装置自然散热设计，正常运行时装置本体温度较高。屏柜顶部散热风扇电源空气开关无辅助接点（见图 2-9），空气开关断开后无报警，如处理不及时，热量聚集可能导致主机过热故障。

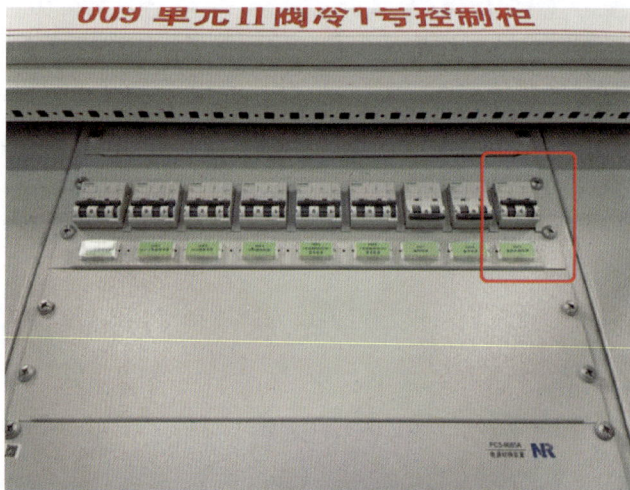

图 2-9　阀冷控制柜内散热风扇电源空气开关无信号接点

解决措施：在该电源空气开关处加装辅助接点并上送后台，电源跳开后及时进行处置。

后续工程提升建议：设计阶段，阀冷控制柜内散热风扇空气开关加装辅助接点并上送至后台。

2.1.39　阀冷管道电伴热带电源回路未配置漏电保护开关

问题描述：某换流站阀冷设备间和防冻棚之间管路设置有电伴热带，电伴热带直接缠绕在阀冷管道上，其电源回路未配置漏电保护开关，若伴热带绝缘受损易造成漏电风险，易造成设备、人员伤害。不满足《国家电网有限公司关于印发十八项电网重大反事故措施（修订版）的通知》中第 1.1.3 条规定："在作业现场内可能发生人身伤害事故的地点，应采取可靠的防护措施。"

解决措施：在伴热带动力电源回路配置漏电保护开关，确保伴热带绝缘受损漏电时能快速断开电源。

后续工程提升建议：阀冷管道电伴热带动力电源回路配置漏电保护开关，确保伴热带绝缘受损漏电时能快速断开电源。

2.1.40　阀外冷空冷器的波纹管靠空冷器侧无阀门

问题描述：某换流站外冷空冷器的波纹管靠空冷器侧无阀门，不满足《国家电网有限公司防止直流换流站事故措施及释义（修订版）》第 4.2.15 条"阀外冷系统冷却塔或空冷器进出管道若存在波纹管，应在波纹管两侧设置隔离阀门，具备不停运阀冷更换波纹管能力"的要求。在线更换波纹管时，空冷器无法隔离，导致大量内冷水流失。同时。大量空气进入内冷水系统，在波纹管更换完毕后该组空冷器投入运行时造成内冷水水位波动。阀外冷空冷器波纹管如图 2-10 所示。

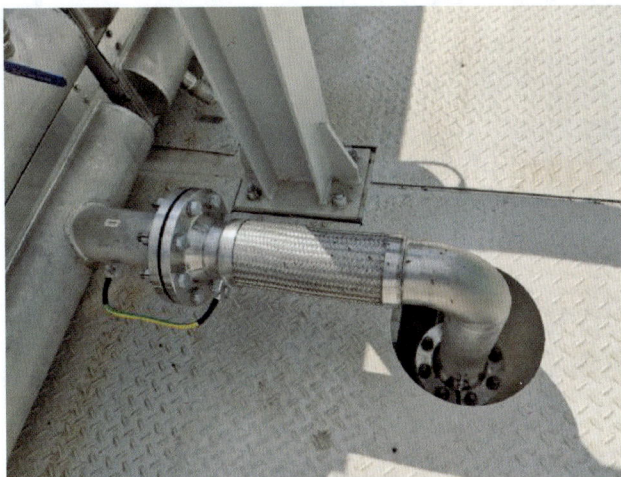

图 2-10　阀外冷空冷器波纹管

解决措施：外冷空冷器的波纹管靠空冷器侧增加阀门。

后续工程提升建议：设备出厂前，阀冷厂家在外冷空冷器波纹管处设计阀门，具备不停运阀冷更换波纹管能力。

2.1.41　阀冷系统主泵过热保护不完善

问题描述：某换流站阀冷系统仅取电机绕组温度用于主泵过热保护，未考虑电机驱动端轴承温度，无法全面、准确地反应主泵运行状态。

解决措施：① 选择电机驱动端轴承温度及主泵三相绕组温度，共 2 类 4 个测点的温度作为主泵过热保护条件。② 主泵过热保护设 2 级，1 级报警用以提醒运维人员现场检查、2 级报警致使主泵过热切换，2 级报警值参照主泵厂家推荐值设置。对于电机驱动端轴承温度，两级报警间温度差不小于5℃；对于绕组温度，两级报警间温度差不小于10℃。

后续工程提升建议：参照解决措施完善主泵过热保护。

2.1.42 阀外冷闭式冷却塔检修通道入口处未设置检修爬梯

问题描述：某换流站阀外冷闭式冷却塔检修通道入口距离地面约1.5m高度，不便于运维人员进入冷却塔开展检查维护工作，存在高处坠落人身伤害的风险。阀外冷闭式冷却塔如图2-11所示。

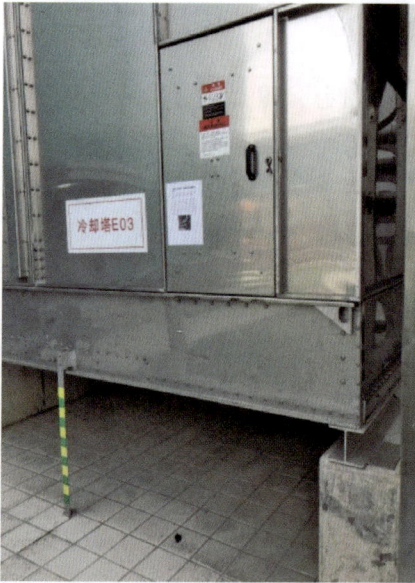

解决措施：在阀外冷闭式冷却塔检修通道入口正下方位置增加固定斜梯，并带有可靠的防护措施，方便人员使用。

后续工程提升建议：阀外冷设备出厂前，要求厂家在设计阶段对冷却塔检修通道处设计爬梯。

2.1.43 阀冷系统跳闸硬压板投切状态无状态检测手段存在拒动风险

问题描述：某换流站阀冷系统跳闸硬压板投切状态无检测手段，若系统投运时跳闸硬压板处于退出状态，当系统发出跳闸请求时，跳闸无法送至直流控制保护，存在拒动的风险。

图2-11 阀外冷闭式冷却塔

解决措施：将跳闸硬压板未投入设为一般报警事件，投入后复归，避免拒动。

后续工程提升建议：设计阶段，将跳闸硬压板未投入设为一般报警事件，确保压板状态具备检测手段。

2.1.44 阀冷系统未配置 IEC 61850 规约上送定值功能

问题描述：某换流站阀冷系统未配置 IEC 61850 规约上送定值功能，不便于运维人员在 OWS 后台在线查询阀冷定值，不利于关键参数管理。不满足《关于印发加强换流站关键定值参数管理工作方案的通知》（设备直流〔2022〕18号）中要求："各单位要积极开展设备关键定值参数可视化研究，推进数字化、线上化管理，逐步实现定值参数一键获取、后台整定等功能，提高工作效率。"

解决措施：开展 IEC 61850 规约上送定值功能可行性研究，制订实施方案，在厂内和现场进行充分测试验证，确保通信功能的稳定性，在双极投运前实施。

后续工程提升建议：按要求配置 IEC 61850 规约上送定值功能。

2.1.45 阀冷系统流量变送器故障模式设置不合理

问题描述：某换流站阀冷系统配置"E＋H"流量传感器的故障模式若设置为"最后

有效值"，当传感器电子单元故障时，其变送器输出值会保持故障前状态，不能及时诊断出传感器故障，若两套及以上流量传感器发生类似故障，可能导致流量保护拒动。不满足《国家电网有限公司防止直流换流站事故措施及释义（修订版）》第4.1.8条规定："阀冷控制保护系统应具有传感器状态检测功能，当传感器故障或测量值超出设定的合理范围时应不参与对应保护逻辑判断，避免保护误动。"

解决措施：将"E+H"流量传感器故障模式设置为"最大值"，即当传感器故障时，变送器输出最大电流值（22.5mA），超出传感器正常输出范围，系统可及时检测到传感器故障，并退出对应保护功能。

后续工程提升建议："E+H"流量传感器故障模式设置为"最大值"，即当传感器故障时，变送器输出最大电流值（22.5mA），超出传感器正常输出范围，系统可及时检测到传感器故障，并退出对应保护功能。

2.1.46　阀内冷系统排气阀无防误动措施

问题描述：阀内冷系统主水管道上排气阀无防误动措施（见图 2-12），在运行中如有误动，内冷水发生大量泄漏可导致阀组闭锁。

解决措施：在排气阀外部增加金属罩，标"运行中勿动"，并在排气阀底部增加堵头。

后续工程提升建议：设计阶段，在排气阀外部设计金属罩，在排气阀底部设计堵头。

2.1.47　阀外冷系统喷淋泵禁启逻辑设置不合理

问题描述：某换流站阀冷系统在换流阀未解锁时，检测到缓冲水池液位低将禁止启动喷淋泵，但未取消阀冷系统就绪信号。若此时换流阀正常解锁，将因缓冲水池液位低导致喷淋泵无法启动，存在内冷水过热导致直流闭锁的隐患。

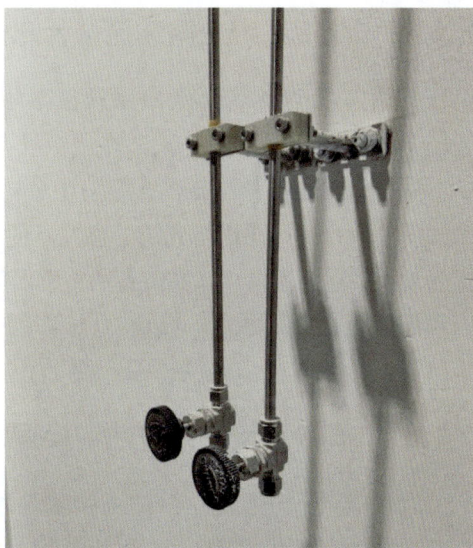

图2-12　阀内冷系统主水管道排气阀

解决措施：按照"换流阀解锁前，检测到喷淋水池液位低时禁止启动喷淋泵，发报警事件，同时置阀冷系统不具备运行条件。换流阀解锁后，检测到喷淋水池液位低时应允许启动喷淋泵，发报警事件。喷淋泵启动后出现喷淋水池水位低报警时，禁止停运喷淋泵"的要求优化相关控制逻辑。

后续工程提升建议：按照"换流阀解锁前，检测到喷淋水池液位低时禁止启动喷淋泵，发报警事件，同时置阀冷系统不具备运行条件。换流阀解锁后，检测到喷淋水池液位低时应允许启动喷淋泵，发报警事件。喷淋泵启动后出现喷淋水池水位低报警时，禁止停运喷淋泵"的要求进行喷淋泵禁启逻辑设置。

2.1.48 阀冷系统控制系统切换逻辑存在缺陷

问题描述： 某换流站阀冷系统控制主机与保护主机采用两路冗余网络通信。现场试验时发现，在双套控制主机仅与单台交换机连接的情况下（控制主机 A 仅与交换机 A 连接、控制主机 B 仅与交换机 B 连接），发生保护主机与交换机通道故障时，控制主机未选用较为完好的系统作为主系统。

解决措施： 按照《国家电网有限公司防止直流换流站事故措施及释义（修订版）》第 5.1.5 条"任何时候运行的有效控制系统应是双重化系统中较为完好的一套，当运行控制系统故障时，应根据故障等级自动切换"的要求，进一步完善控制主机切换逻辑，当保护主机与控制主机间发生通信故障时，控制主机应选用通信状态较为完好的系统作为主系统。

后续工程提升建议： 依据《国家电网有限公司防止直流换流站事故措施及释义（修订版）》第 5.1.5 条"任何时候运行的有效控制系统应是双重化系统中较为完好的一套，当运行控制系统故障时，应根据故障等级自动切换"的要求，设计主机切换逻辑，当保护主机与控制主机间发生通信故障时，控制主机应选用通信状态较为完好的系统作为主系统。

2.1.49 阀冷系统主循环流量计未配置备用传感器

问题描述： 某换流站阀冷系统主循环流量计采用一台双表头流量计和一台单表头流量计，当流量传感器故障时无法在线更换，不便于故障检修。

解决措施： 按照《国家电网有限公司直流换流站验收管理规定》中"流量传感器应装设在阀厅外或有巡视通道可到达的位置，便于巡视和不停电消缺"的要求，将单表头流量计更换为双表头涡街流量计，并将备用传感器信号接线引出至端子箱，便于后期故障检修更换。

后续工程提升建议： 设计阶段，将主循环流量计设计为双表头涡街流量计，并将备用传感器信号接线引出至端子箱，便于后期故障检修更换。

2.1.50 阀冷系统主泵过热切换逻辑不完善

问题描述： 若备用主泵的工频回路故障，软启回路正常，主用泵电机过热报警，延时 3s 后不执行切换。某换流站阀冷的两台主循环泵软启和工频共 4 条运行回路，相互独立，且每条回路具备长时间独立运行的能力。主用泵过热时，应该执行切换至备用泵的软启回路运行，对主用泵的发热情况进行检查，避免长时间发热加剧设备的故障程度。不满足《国家电网有限公司防止直流换流站事故措施及释义（修订版）》第 4.1.24 条："主泵过热保护应投报警。主泵过热报警时，若备用主泵可用则允许切换主泵，切换不成功时应回切至原主泵运行；备用主泵不可用时禁止切换"的相关要求。

解决措施： 厂家认为按照故障严重等级，工频故障大于主泵电机过热，则此种情况下不执行切换。

后续工程提升建议： 该项问题存在于较多换流站，且均未按照《国家电网有限公司防止直流换流站事故措施及释义（修订版）》执行，建议分析讨论该规定的适用性并明确。

2.1.51 主泵失电切换时间不能躲过 10kV 站用电备自投切换时间

问题描述： 某换流站目前主泵电源故障延时时间为 1s，而 10kV 站用电备自投动作时母线失电时间是 1.6s，故主泵失电切换时间不能躲过 10kV 站用电备自投切换时间。若 10kV 站用电母线电压波动，会造成主泵频繁切换的现象。不满足《国家电网有限公司防止直流换流站事故措施及释义（修订版）》第 4.1.21 条："主泵失电切换时间应躲过 10kV 站用电备自投切换时间"的相关要求。

解决措施： 延长主泵电源故障的延时，由目前的 1s 修改为 2s（具体要根据切换时的流量压力变化情况并结合工程实践确定），保证主泵失电切换时间能躲过 10kV 站用电备自投切换时间。厂家认为增加主泵电源故障延时，在切泵过程中可能出现压力低、压力超低告警，目前 1s 延时经过工程实践验证可行。

后续工程提升建议： 该项问题存在于较多换流站，且均未按照反措执行，建议分析讨论该条反措的适用性并明确。

2.1.52 阀冷保护逻辑设计不合理

问题描述： 2019 年 8 月 19 日，某换流站双极低端分系统调试期间在进行阀冷 CPU 在线更换验证时，更换后的 CPU 在启动初始化过程中（此时该 CPU 在 STOP 状态）若同步失败，同步失败有可能是两侧同步模块故障，也可能是光纤故障或者是同步程序跑死，同步失败无报警也无故障显示，因此更换 CPU 后现场人员无法判断是否同步成功。此外，更换后的 CPU 在上电初始化过程中本身就是一种不稳定状态，很容易初始化失败失控，更换后的 CPU 在启动初始化过程中导致阀冷系统失去控制，阀冷保护动作。（阀冷系统设备型号：LWW7700－492F，生产日期为 2017 年 7 月，投运日期为 2019 年 9 月 26 日；CPU 型号：6ES7412－5HK06－0AB0，硬件版本号：V6.0 版。）阀冷系统网络结构拓扑图如图 2－13 所示。

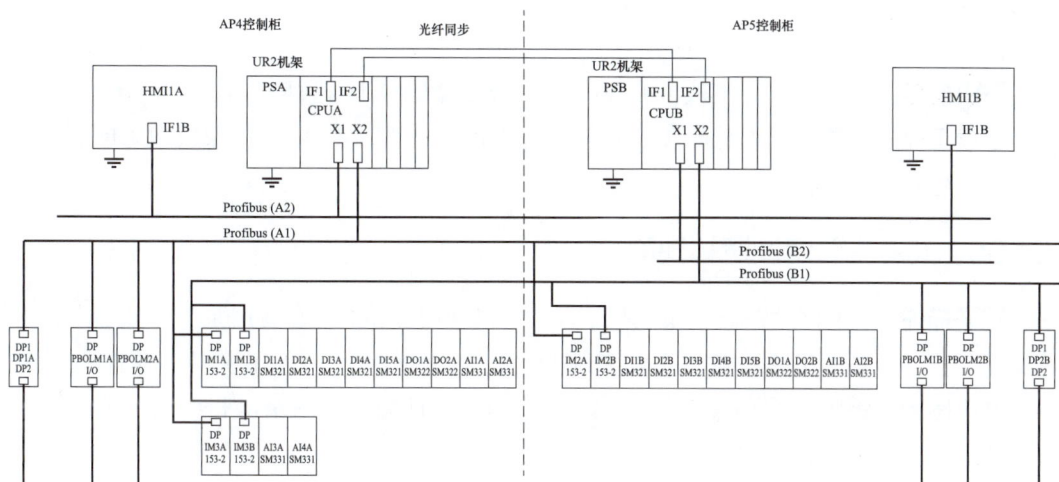

图 2－13 阀冷系统网络结构拓扑图

解决措施：优化检修流程，在更换后的 CPU 启动初始化前断开与外部 IO 模块连接，确保初始化完成后再连接外部 IO 模块和同步光纤。经现场反复多次验证未再发现同类问题。

后续工程提升建议：设备投运前，现场反复验证在线更换 CPU 的优化检修流程，确认方案可行性，为故障消缺做好准备。

2.1.53　阀冷系统双控制主机通信故障时任一主机重启会发停泵指令

问题描述：某换流站进行阀冷系统断电试验时，发现当双套 VCC 系统间通信中断情况下，将任意 VCC 主机断电重启时阀冷主泵会停止运行。后经现场试验，发现该停泵信息是由重启的 VCC 主机发出（观察重启 VCC 主机的主泵工频停止回路继电器励磁）。检查 CCP 主机程序发现，在主机重启过程中，VCC 主机会向 CCP 发送 VCC 自检故障和与 CCP 通信故障信息。其原因可能为：VCC 主机在上电自检初始过程中，会开出部分信号（如主泵停运、VCC 自检故障等），当双 VCC 控制系统间通信故障，双套 VCC 主机切为主用，重启主机发出的停泵命令导致主泵停运。

解决措施：厂家优化程序，重启后 VCC 自行切至 test，自检不会外发指令，自检过程中故障可以报出，厂家出具检查方法，确认无故障后，手动切换至服务，再至备用或主用等状态。

后续工程提升建议：设计阶段，阀冷双控制主机通信故障时，任一主机重启不应发停泵指令。

2.1.54　阀冷保护 CCP 判 VCCP 系统故障延时和跳闸延时相同

问题描述：某换流站阀冷跳闸逻辑中，判 VCCP 系统故障延时和跳闸延时都是 100ms，若同时收到 VCCP 故障和 VCCP_TRIP，故障信号不能屏蔽 trip，因延时一样，起不到防误动作用。VCCP 系统如图 2-14 所示。

解决措施：已进行软件整改，判 VCCP 系统故障延时小于跳闸延时。

后续工程提升建议：设计阶段，对软件逻辑进行检查，判 VCCP 系统故障的延时应小于跳闸延时。

2.1.55　阀冷主泵切换逻辑缺陷

问题描述：某换流站在做主泵切换试验时，发现阀冷系统，在备用泵工频软启全掉的情况下，若在运泵的工频故障，不会切到在运泵的软启运行，降低了主泵的可靠性。

解决措施：更改主泵切换逻辑，每阀组两台主泵，四条运行回路，任一一条回路正常，即不会影响主泵运行。

后续工程提升建议：设计阶段，对软件逻辑进行检查，确保两台主泵的任一一条回路正常，即不会影响主泵运行。

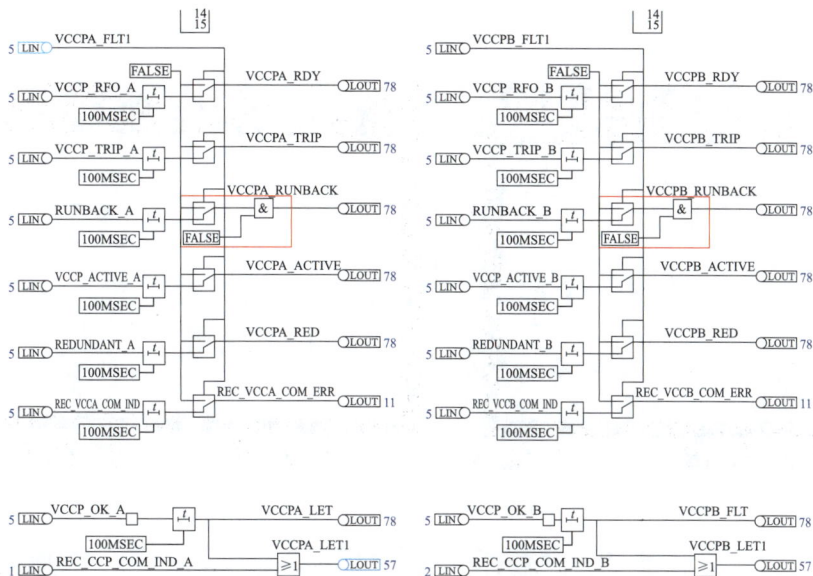

图 2-14 VCCP 系统

2.1.56 阀冷系统缺少传感器采样值超差对比逻辑

问题描述：某换流站阀冷控制系统 VCCA 直采 IOA 相关信息，VCCB 直采 IOB 相关信息，若 VCCA 为主用时，IOA 传感器存在轻微故障（未报故障），测量存在偏差，系统仍将 IOA 传感器偏差值作为采用值。例如，IOA 的进阀温度传感器测量值比实际值偏低且在量程范围内，会导致阀冷系统未按实际预期温度值进行启动降温。

解决措施：增设超差对比逻辑，提高可靠性。

后续工程提升建议：设计阶段，阀冷系统应具备传感器采样值超差对比逻辑。

2.1.57 阀冷保护软压板未设置"投入、退出"注释

问题描述：某换流站阀冷就地控制柜操作面板上保护软压板"投入、退出"指示灯未注释指示灯释义，如"红灯"代表"退出状态"，"绿灯"代表"投入"状态。具体参照"状态信息"画面（见图 2-15）。

解决措施：参照"状态信息"画面，对保护软压板"投入、退出"画面进行释义。

后续工程提升建议：设计阶段，对阀冷系统保护软压板"投入、退出"状态进行信号灯备注和释义。

2.1.58 阀冷系统防冻措施不完善

问题描述：某换流站双极低端阀冷系统采用外水冷加外风冷方式，目前阀内冷设备间至防冻棚管道直接裸露在外，无防冻措施；喷淋泵坑无防护措施，且喷淋泵坑内无加热器。

阀冷系统管道如图 2-16 所示。

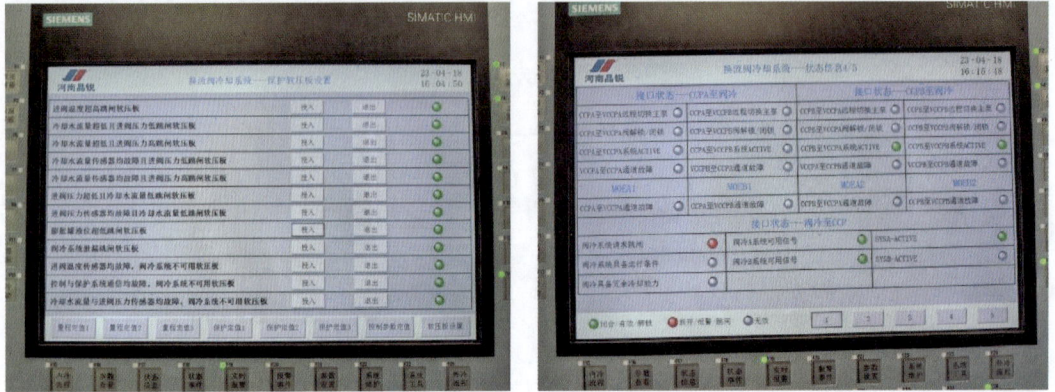

图 2-15　阀冷系统保护控制与状态信息

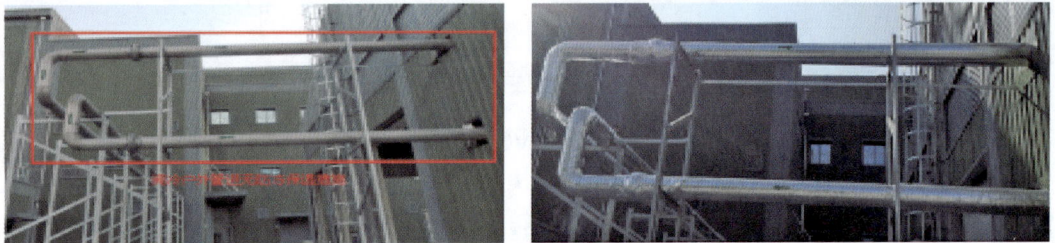

图 2-16　阀冷系统管道

解决措施：在阀冷户外管道加装保温棉，泵坑增加电加热器，坑顶加装防护层。

后续工程提升建议：设计阶段，在阀冷户外管道加装保温棉，泵坑增加电加热器，坑顶加装防护层。

2.1.59　阀外水冷风机电源配置存在问题

问题描述：某换流站两台冷却风机取自两路电源切换后的同一电源，并非每台风机独立取两路电源，当切换继电器故障时，两路风机将同时失电，不符合要求。

解决措施：将外风冷系统风扇电源分散布置在不同母线上。

后续工程提升建议：设计阶段，将每台冷却塔的两台风扇电源从不同母线各取一路电源，相互独立，避免共用元件故障造成两台风机均失电。

2.2　原材料及组部件问题

2.2.1　换流阀电抗器放电

问题描述：2020 年 3 月 7 日 11:53:34，某换流站后台报极Ⅰ低端阀厅 2、3、4、11、

12、13 号紫外火焰探测器报警。换流阀型号为 PCS-8600，生产于 2017 年 11 月 2 日，于 2019 年 9 月 26 日投运。经紫外放电反复检测，发现极 I 低端 Y/D-B 相换流阀第三层 M2 模块 A1 组件电抗器存在间歇性放电，经检查故障原因为极 I 低端 Y/D-B 相换流阀第三层 M2 模块 A1 组件第 7 号晶闸管阻尼电容之间连接片断裂（见图 2-17）。

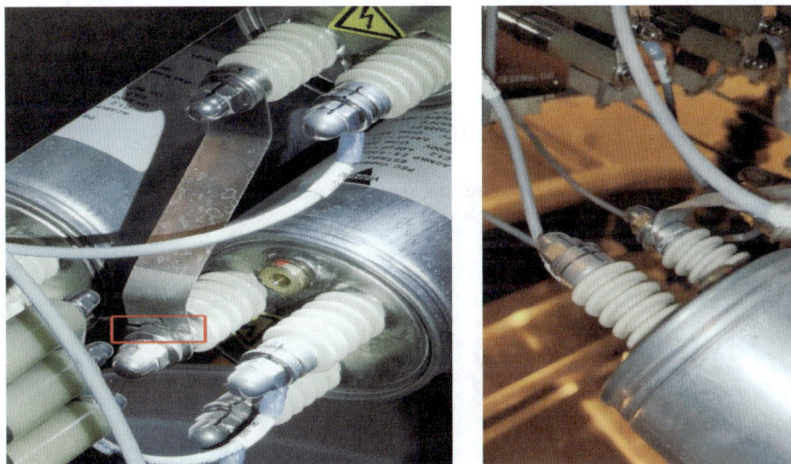

图 2-17 断裂阻尼电容连接片

解决措施：对两磁头电容、三磁头电容容值测量，电容值均正常。由于阻尼电容模块三磁头电容套管头部存在放电烧蚀痕迹，现场对该只电容进行更换，更换前对新的电容进行容值测量，测量结果 C1-2 为 4.04μF（设计值 4μF±3%），C3-2 为 0.656μF（设计值 0.64μF±3%），满足性能要求。电容更换后，选用新的铜质连接片对两磁头电容、三磁头电容进行连接，并按照力矩值紧固并划线。此次质量事件暴露出厂家在换流阀阻尼电容连接间采用的电容连接片存在严重的设计缺陷。后续经厂内试验设计新型短连片，满足现场运行需求，利用阀组轮停机会，开展其他阀组阻尼电容模块铜质连接片排查更换工作。更换后的电容连片及电容如图 2-18 所示。

图 2-18 更换后的电容连片及电容

后续工程提升建议：设备器件在进行选型时，应充分考虑现场实际运行环境，提前做好相同环境下老化试验，选取更加适合现场实际运行需求的器件。

2.2.2 换流阀晶闸管出现保护性触发

问题描述：2019 年 11 月 23 日 11:21:00，某换流站后台报极 Ⅱ 低端 Y/Y－B 相换流阀 L5_M1_A1_T4 晶闸管保护性触发出现并多次重复后复归，后某换流站换流阀多次发生保护性触发报警事件（见图 2－19）。换流阀型号为 PCS－8600，于 2017 年 11 月 2 日制造、2019 年 9 月 26 日投运，经检查故障原因为换流阀 FP 光纤光口光强不足。

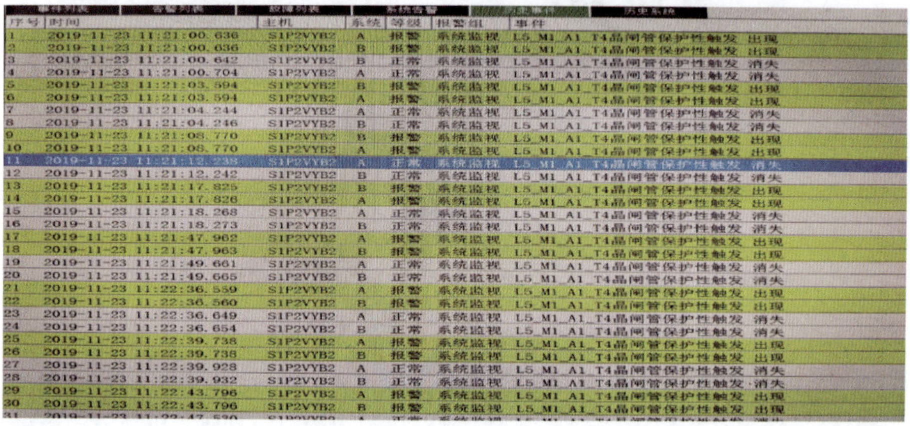

图 2－19 主要事件记录表

解决措施：将换流阀 NR2215A 光口板返厂后，厂内已进行板卡初步分析，确认该板卡发光通道发光强度为－30dBm，该通道电驱动信号正常，可明确是光器件故障。后利用停电检修期间，采用低光功率触发测试方法对全站 4032 个晶闸管级进行全面筛查，高效地筛出发光功率不足的光通道并进行排查处理。

后续工程提升建议：在设备选型阶段，应充分考虑器件老化情况，提前筛选运行阶段易发生"老化"器件，选取更加适合现场实际运行需求的器件。

2.2.3 阀冷系统均压电极采用不锈钢材质

问题描述：某换流站换流阀均压电极采用不锈钢镀铂电极，腐蚀较快，需更换为纯铂电极。

解决措施：更换为纯铂电极。

后续工程提升建议：加强均压电极材质监督，防止不合格电极入网。

2.2.4 阀冷主泵机封状态不便于观测

问题描述：某换流站阀冷系统配置的主泵轴承箱两侧机封观察窗采用不可视挡板，不便于观察主泵机封运行状态。不满足《国家电网有限公司直流换流站验收管理规定》中"主泵检查机械密封应无渗漏，轴联器无松动，破损"的检查要求。

解决措施：将主泵机封不可视观察窗挡板更换为钢格栅挡板。

后续工程提升建议：将主泵机封不可视观察窗挡板更换为钢格栅挡板。

2.2.5 阀冷冗余仪表检测室外湿度值偏差较大

问题描述：某换流站"工艺流程冗余画面"上室外温度 TRT31 显示值为 22.4%，TRT31 显示值为 28%，差异百分比达到 20%，达到超差保护告警值。阀冷工艺流程如图 2-20 所示。

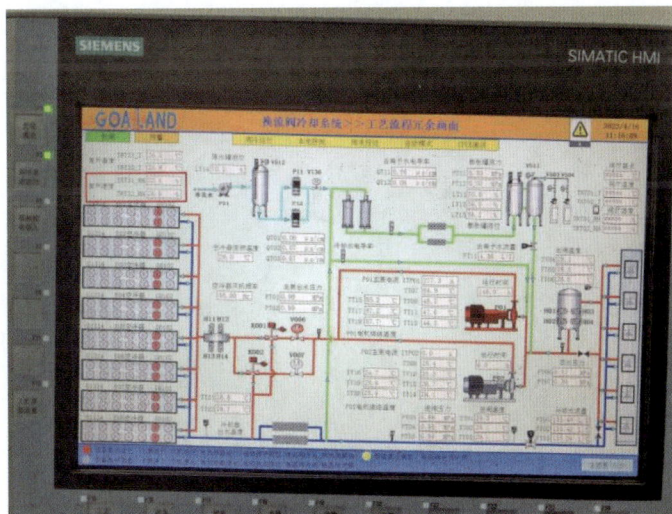

图 2-20　阀冷工艺流程

解决措施：检查室外温湿度变送器安装位置情况，排除安装位置或角度的干扰；对室外温湿度变送器准确度标定。

后续工程提升建议：分系统调试及验收阶段，对阀冷系统温度值、流量值等数据进行横向对比，对差异较大的数值进行分析、调整。

2.2.6 阀冷系统主循环泵轴承损坏引起泄漏保护动作

问题描述：某换流站试运行期间，阀冷系统发"阀冷系统泄漏"告警，极Ⅰ高端阀组闭锁。

解决措施：重新更换轴承设计方案，采用耐受冲击的重载轴承，加注油润滑系统；增加主循环泵轴承温度监测，通过温度传感器实时监测轴承温度；对主循环泵漏水检测装置进行优化，使主循环泵机械密封处的漏水能及时流至漏水检测装置进行报警。

后续工程提升建议：设计阶段，要求阀冷厂家采用耐受冲击的重载轴承，增加主循环泵轴承温度监测，对主循环泵漏水检测装置进行优化，使主循环泵机械密封处的漏水能及时流至漏水检测装置进行报警。

2.3 制造及安装工艺问题

2.3.1 换流阀阀组件均压电阻电缆与冷却水管搭接

问题描述：某换流站现场验收期间，发现极Ⅱ高端换流阀 Y/Y－C 相阀组件均压电阻的连接电缆与晶闸管冷却器冷却水管搭接（见图 2-21），运行期间，长期振动易造成导线和水管之间相互摩擦，水管与导线将磨损。

图 2-21 均压电阻的连接电缆与晶闸管冷却器冷却水管搭接

解决措施：检查组件中均压电阻、均压电容等电缆安装工艺，调整电缆安装角度，确保电缆不与水管搭接。

后续工程提升建议：换流阀安装、验收阶段，加强电缆施工工艺管控，电缆不应与水管搭接。

2.3.2 阀塔顶部光纤槽盒接口部位无防割措施

问题描述：某换流站验收期间，发现阀塔顶部的槽盒接口处边缘锋利（见图 2-22），在阀塔运行震动情况下极易导致光纤破损。

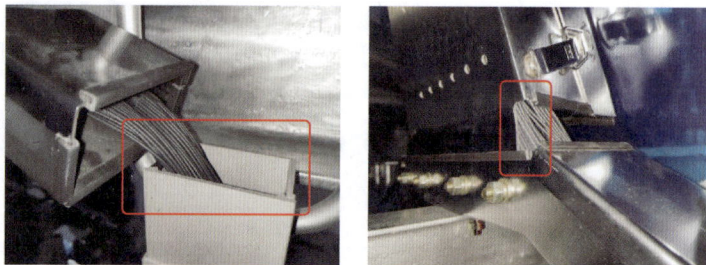

图 2-22 阀塔顶部的槽盒接口处

解决措施：在光纤槽盒锋利边沿增加防护垫。

后续工程提升建议：加强施工工艺管控，对光纤槽盒边缘处增设防护垫，防止光纤割伤受损。

2.3.3　VBE 柜内两侧温度传感器安装位置不合理，不便于检修维护

问题描述：VBE 屏柜内两侧各装有温度传感器，用于监测柜内温度，当超过预设值时向后台发送告警信号，由于安装位置较隐蔽，空间狭窄，不便于检修维护。

解决措施：将温度传感器安装至便于观察和维护的位置。

后续工程提升建议：建议厂家将温度传感器的位置安装于合理位置，确保温度传感器便于检修维护。

2.3.4　VBE 柜内通信电缆布线工艺不合理，弯折半径过小，易导致电缆接头受损

问题描述：VBE 屏柜内 Profibus 通信电缆及控制电缆目前存在安装工艺不合理，线缆弯折半径过小，导致其与板卡连接处受力过大，可能造成电缆及其外壳损坏，影响阀控系统的数据传输。

解决措施：优化柜内通信及控制电缆的布线工艺，增大电缆弯折半径，预防电缆受力损坏。

后续工程提升建议：建议厂家优化柜内通信及控制电缆的布线工艺，聘请专业人员布置线缆，做到规范统一布局，确保线缆长期正常使用。

2.3.5　换流阀内冷保压试验三次渗漏水

问题描述：某换流站极Ⅰ高端换流阀连续三次保压试验出现渗漏，三次渗漏点分别为：Y/Y－A 阀塔 L2M2 阀模块主水管法兰、Y/D－B 阀塔主水管与底部短接管连接处的法兰、Y/D－B 阀塔 L2M2 阀模块附近主水管法兰。

解决措施：对换流阀全部水管接头进行紧固，并再次进行保压试验，保压试验期间阀塔上各接头无渗水情况。

后续工程提升建议：加强阀冷现场安装全过程监督，水管密封圈及法兰安装应按工艺要求执行。

2.3.6　阀厅阀塔主进水管与支撑板接触错位易造成接触磨损

问题描述：某换流站极Ⅱ高端阀厅 Y/Y－A 相阀塔 L3、L4 的主进水管与支撑板接触部位存在错位（见图 2－23），运行中振动易造成接触磨损。

解决措施：全面排查极Ⅱ高端阀厅各阀塔对应位置是否存在同类接触磨损风险。

后续工程提升建议：加强阀冷现场安装全过程监督，水管与支撑板安装应按工艺要求执行。

图 2-23 阀塔主进水管与支撑板接触错位

2.3.7 换流阀均压电极针头断裂

问题描述：2021 年 3 月某换流站轮停检修期间，极 Ⅱ 低端换流阀在开展均压电极外观检查和结垢清理项目时，VBD V2 A6 组件出水管等电位电极取出后，针头自根部断裂。同年 10 月，年度检修期间，极 Ⅱ 高端换流阀在做上述项目时，VCY V3 A7 组件侧回水管均压电极取出后，针头自根部断裂。换流阀均压电极针头断裂情况如图 2-24 所示。

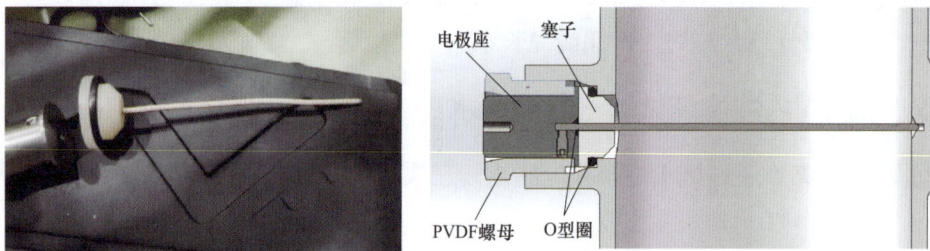

图 2-24 换流阀均压电极针头断裂情况

解决措施：经分析，断裂电极为电极座与塑料塞子固定过紧，导致塞子卡住电极针，同时电极针安装不当导致使得其扭矩力过大进而断裂。发现此现象后，随即扩大检查范围，同时结合 2022 年年度检修，实现对极 Ⅱ 换流阀电极普查，未发现类似问题。

后续工程提升建议：设备安装期间，需按照阀塔 PVDF 螺母的标准力矩要求进行紧固，注意电极针的平直度，确保塞子和电极针之间留有活动空间。

2.3.8 晶闸管无法通过保护性触发试验

问题描述：2020 年某换流站因极 Ⅱ 换流阀整体更换 TCU，对所有晶闸管开展高压位置试验，其中极 Ⅱ 低端换流阀 VBY V3 A3V2、VCY V3 A2V5、VCY V4 A9V2、VBD V1 A8V6 晶闸管无法通过保护性触发高压试验。晶闸管芯片和击穿点如图 2-25 所示。

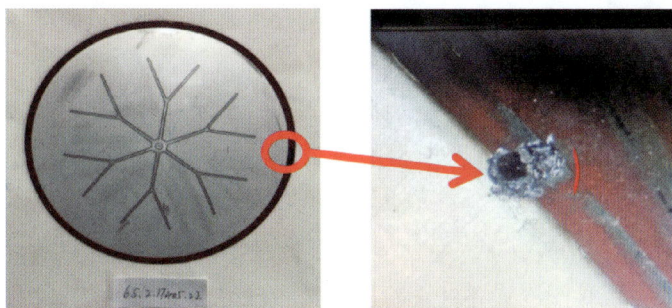

图 2-25　晶闸管芯片和击穿点

解决措施：现场对故障晶闸管进行更换，重新进行高压试验，试验顺利通过。将故障的 4 块晶闸管返厂检测，返厂复测可发现正/反向阻断电压为 0.09kV/0.08kV，不符合规范要求，其他主要测试记录均满足龟蛋要求。其后对故障晶闸管开展解体检查，4 块晶闸管外观无异常，门极引线牢固完好，压装结构未见异常，解体后，阴阳极钼片、晶闸管芯片未见异常。对晶闸管芯片进行剥胶处理，可看到晶闸管芯片终结端处存在失效点，通常属于电压击穿短路。

后续工程提升建议：通过解体结果可发现，晶闸管存在击穿现象，且运行期间，未发生相关报警，怀疑为高压试验时击穿，验收期间减少开展高压试验次数，同时操作人员注意规范使用仪器具，减少类似现象再次发生。

2.3.9　换流阀阀塔分支水管悬吊安装存在磨损隐患

问题描述：某换流站现场验收期间，发现换流阀的阀塔分支水管通过吊架悬挂安装，每个分支水管安装有 3 个悬吊架。主要存在以下问题：① 水系统循环时出现分支水管振动偏大的现象；② 吊架与水管之间无防止磨损的垫块，换流阀阀塔分支水管悬吊安装存在磨损隐患，如图 2-26 所示。

图 2-26　换流阀阀塔分支水管悬吊安装存在磨损隐患

解决措施：对于管道振动较大的阀塔悬吊卡箍进行调整，释放应力，使整个管道在悬吊出受力均匀，并在管道与卡箍之间增加垫块，防止磨损，增加缓冲。

后续工程提升建议：换流阀安装、验收阶段，加强管道施工工艺管控，管道与卡箍间增加垫块，螺栓紧固力矩均匀。

2.3.10 阀冷管道洁净度不合格

问题描述：双极低端阀冷设备冲洗阶段在第一次冲洗完成，清洗主过滤器过程中，发现主过滤器内有大量残渣异物，其主要是因为法兰垫片未和主管路使用相同 C4400 材质垫片而使用橡胶垫片，垫片过宽、水冲洗造成垫片破损。阀冷管道内洁净度不满足要求，对阀塔水管、温度传感器、压力传感器、流量计、压力表以及冷却塔盘管、喷嘴等造成堵塞，影响系统稳定运行。阀冷管道内异物如图 2-27 所示。

图 2-27 阀冷管道内异物

解决措施：使用内窥镜对脱气罐、加热器、冷却塔盘管等可能存在堵塞处检查，异物清理后继续冲洗，直至主过滤器滤芯无明显肉眼可见杂物。

后续工程提升建议：加强阀冷管道安装质量监督，严禁使用尺寸不合适垫片，防止异物进入阀冷水系统，同时加强阀冷管道冲洗，防止安装过程异物杂质冲洗不干净。

2.3.11 阀冷主循环泵渗油

问题描述：双极低端阀组主泵轴承箱泵端端盖回油孔处积油严重造成油封渗油。主泵渗油位置如图 2-28 所示。

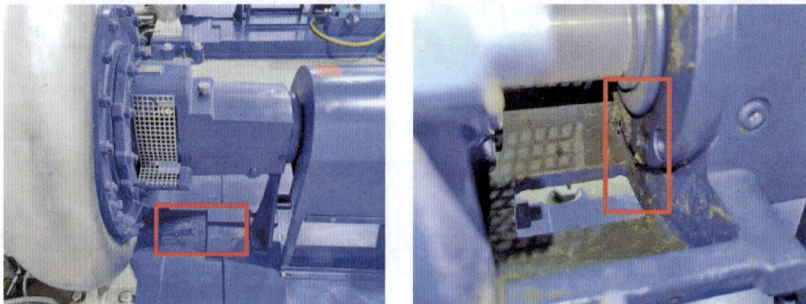

图 2-28 主泵渗油位置

解决措施：拆下主泵，将渗油主泵全部更换新的油封，在轴承外侧端面与端盖止口平面中间增加厚度 0.5mm 金属垫片，增加油封与轴承之间的距离，减少端盖回油孔处积油现象，并改变油封唇口与轴原接触位置来提高密封效果。其中原端盖止口平面与轴承端面间隙为 0.45mm 左右，需要在骨架油封随端盖平面加 0.5mm 平面密封垫，使端盖整体向外一起移出 0.5mm 时，这时轴承体内部端盖止口平面与轴承端面间隙就会变 0.45mm＋0.5mm＝0.95mm，即增加 0.5mm 密封垫后还是保证内部间隙为 0.45mm 不变。主泵轴承如图 2－29 所示。

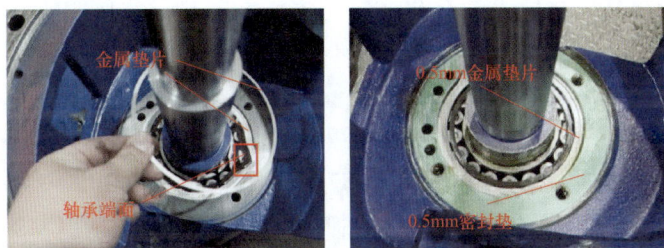

图 2－29　主泵轴承

后续工程提升建议：加强主泵油封密封性能专项检查与监督，杜绝主泵油封不良制造。

2.3.12　阀内冷回水管道严重凹陷

问题描述：某换流站极Ⅰ低端阀内冷回水管道在安装调试过程或运输阶段受到外力挤压造成凹陷，深度约为 11mm，不满足《国家电网有限公司直流换流站验收管理规定》中"管道表面及连接处应无裂纹、无锈蚀，表面不得有明显凹陷，焊缝无明显夹渣，疤痕"及 GB/T 30425—2013《高压直流输电换流阀水冷却设备》中"管道内、外表面应无明显划痕、凹陷及砂眼等机械损伤"的要求。

整改措施：现场完成水压试验和金属探伤，确认无异常；结合后期停电更换。

后续工程提升建议：加强阀内冷回水管道安装质量管控和验收。

2.3.13　阀冷电导率变送器进水管固定方式不合理

问题描述：某换流站极Ⅰ低端阀冷系统主水管接至电导率变送器的细水管有多处直角转弯，直角转弯和间隔较长位置未设置支撑模块，中间设置的支撑模块高度过高，水管现已受力微微弯曲，易振动受损。在后期运行中存在振动受损漏水的隐患。

解决措施：更改水管固定方式，合理布置支撑块的位置、调节支撑块的高度，对水管弯曲部位进行调整。

后续工程提升建议：合理布置电导率变送器进水管固定方式。

2.3.14　阀冷主泵电机接线盒动力电缆弯折半径过小

问题描述：某换流站主泵电机接线盒动力电缆弯折半径过小，导致连接处受机械应力较大，可能造成电缆断股散股引起发热问题。不满足《站用变压器全过程技术监督精益化管理实施细则》中第 8.1.4 规定：母线及引线的连接不应使端子受到超过允许的外加应力。

解决措施：重新优化布置主泵接线盒电缆接线方式，避免电缆受到机械应力。

后续工程提升建议：主泵接线盒电缆接线方式避免电缆受到机械应力。

2.3.15 阀内冷控制系统多个报警同时出现并复归

问题描述：2019 年 8 月 12 日 17:18:41，某换流站极Ⅱ高端控保 CCPA 系统（S1P2CCP1）出现阀冷接口“内冷控制系统 A 柜阀冷系统准备就绪”“内冷控制系统 A 柜阀冷系统具备冗余冷却能力”“内冷控制系统 A 柜阀冷系统可用”“内冷控制系统 A 柜阀冷系统值班”4 个信号消失事件，同时控保判断报出“内冷控制系统同从”信号出现，73ms 后，共 5 个信号恢复正常。阀冷系统设备型号为 LWW7700－492F，生产日期为 2017 年 7 月，投运日期为 2019 年 9 月 26 日；CPU 型号为 6ES7412－5HK06－0AB0，硬件版本号为 V6.0。检查分析站内反馈的现场设备，发现阀冷控制系统处于 CPUA 主用（MSTR）状态、CPUB 备用状态，全部 IMxA 接口模块 ACT 灯灭、全部 IMxB 接口模块 ACT 亮，表明阀冷控制系统的全部 I/O 模块由 CPUB 接管控制。主要事件记录如图 2－30 所示。

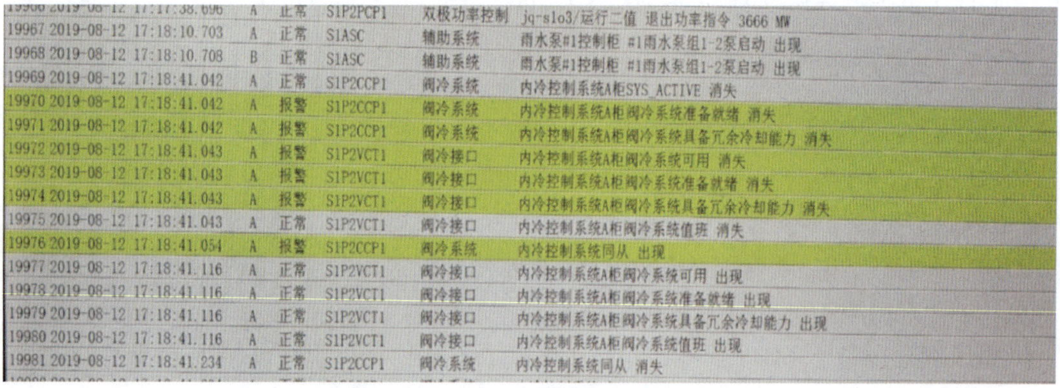

19966	2019-08-12	17:17:38.696	A	正常	S1P2PCP1	双极功率控制	jq-slo3/运行二值 退出功率指令 3666 MW
19967	2019-08-12	17:18:10.703	A	正常	S1ASC	辅助系统	雨水泵#1控制柜 #1雨水泵组1-2泵启动 出现
19968	2019-08-12	17:18:10.708	B	正常	S1ASC	辅助系统	雨水泵#1控制柜 #1雨水泵组1-2泵启动 出现
19969	2019-08-12	17:18:41.042	A	正常	S1P2CCP1	阀冷系统	内冷控制系统A柜SYS_ACTIVE 消失
19970	2019-08-12	17:18:41.042	A	报警	S1P2CCP1	阀冷系统	内冷控制系统A柜阀冷系统准备就绪 消失
19971	2019-08-12	17:18:41.042	A	报警	S1P2CCP1	阀冷系统	内冷控制系统A柜阀冷系统具备冗余冷却能力 消失
19972	2019-08-12	17:18:41.043	A	报警	S1P2VCT1	阀冷接口	内冷控制系统A柜阀冷系统可用 消失
19973	2019-08-12	17:18:41.043	A	报警	S1P2VCT1	阀冷接口	内冷控制系统A柜阀冷系统准备就绪 消失
19974	2019-08-12	17:18:41.043	A	报警	S1P2VCT1	阀冷接口	内冷控制系统A柜阀冷系统具备冗余冷却能力 消失
19975	2019-08-12	17:18:41.043	A	正常	S1P2VCT1	阀冷接口	内冷控制系统A柜阀冷系统值班 消失
19976	2019-08-12	17:18:41.054	A	报警	S1P2CCP1	阀冷系统	内冷控制系统同从 出现
19977	2019-08-12	17:18:41.116	A	正常	S1P2VCT1	阀冷接口	内冷控制系统A柜阀冷系统可用 出现
19978	2019-08-12	17:18:41.116	A	正常	S1P2VCT1	阀冷接口	内冷控制系统A柜阀冷系统准备就绪 出现
19979	2019-08-12	17:18:41.116	A	正常	S1P2VCT1	阀冷接口	内冷控制系统A柜阀冷系统具备冗余冷却能力 出现
19980	2019-08-12	17:18:41.116	A	正常	S1P2VCT1	阀冷接口	内冷控制系统A柜阀冷系统值班 出现
19981	2019-08-12	17:18:41.234	A	正常	S1P2CCP1	阀冷系统	内冷控制系统同从 消失

图 2－30 主要事件记录

解决措施：① 检查系统屏蔽接地情况，拆除 PBOLM1A、PBOLM2A 总线接地；② 更换 CPUA 到 IM1A 的 DP 接头及 PROFIBUS 通信线缆；③ 检查 A 系统总线上各个 DP 接头的接线情况，检查发现 PBOLM1A 的通信线有线路松动，接触不良的情况；④ 把松动的 DP 接头线路重新紧固，并把 A 总线中所有 DP 接头的线路重新紧固。

后续工程提升建议：保持日常运维监视和关注，同时将通信线路接口检查紧固工作纳入阀冷年度检修范围。

2.3.16 阀冷主泵轴封漏水

问题描述：2019 年 2 月 2 日，某换流站在日常巡检过程中发现极Ⅱ高端 P02 主泵机械密封下方存在轻微渗水现象（见图 2－31）。主循环泵型号为 MEGACPK 250－200－500。

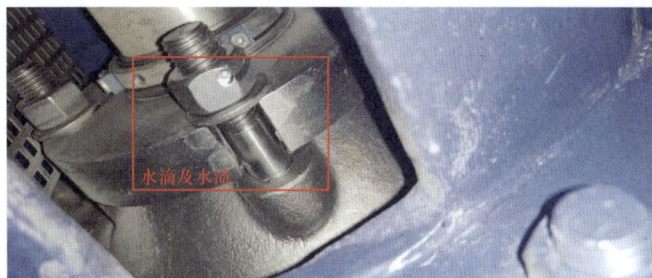

图 2-31　机械密封渗水

解决措施：厂家到现场对机封进行了整体更换（见图 2-32）。

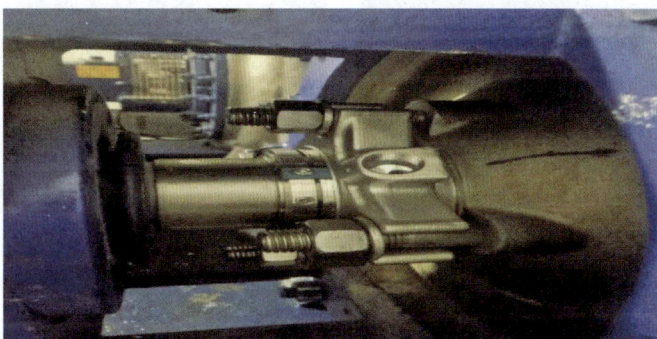

图 2-32　更换后的机封

后续工程提升建议：① 加强主泵机械密封运行监视；② 加强阀冷现场安装过程监督，防止污秽污染设备；③ 建议阀冷屏柜、主泵、传感器等采用无尘化安装，安装完成后第一时间进行防尘保护处理。

2.3.17　阀冷主过滤器堵塞

问题描述：2018 年 8 月 18 日，某换流站在进行阀冷系统运行清洗过程中，发现主过滤器两侧压差偏高，对其检查时发现主过滤器滤芯内存在碎布片（见图 2-33）。主过滤器滤芯型号为 GLTH2-0416015-0901020601，精度为 100μm 机械过滤器，采用网孔标准水阻小的不锈钢滤芯。

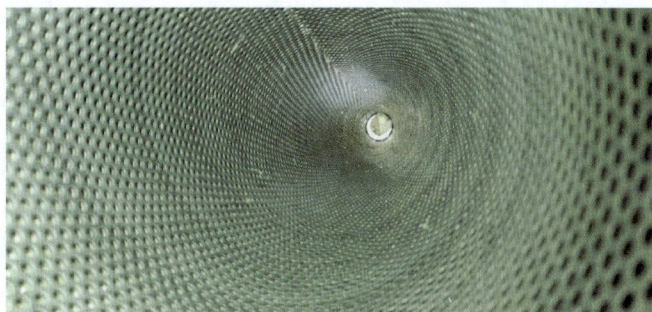

图 2-33　主过滤器滤芯内部杂质

解决措施：对主过滤器滤芯进行更换，同时长时间启动阀冷系统，对分散到系统内的杂质进行充分过滤，确保冷却水满足要求。

后续工程提升建议：加强阀冷现场安装全过程监督，防止异物遗留在管道内部污染设备，多人确认无管道遗留物后第一时间进行防尘保护处理。

2.3.18　换流阀阀内水冷管道有杂质

问题描述：某换流站极Ⅰ高端换流阀抢修期间发现内水冷主过滤器和换流阀冷却水管内有杂质（见图 2-34），内水冷管道焊缝处有锈迹，检查另外 3 个阀组存在同样问题。

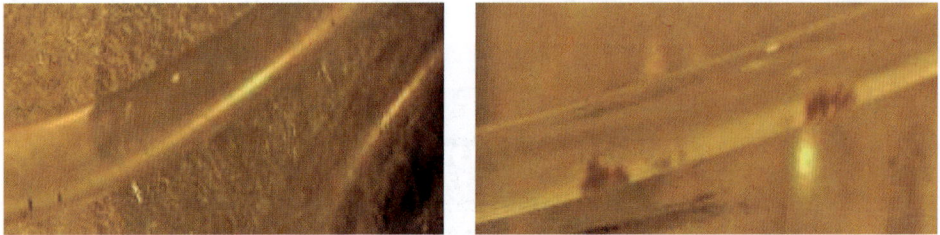

图 2-34　换流阀阀内水冷管道有杂质

解决措施：

（1）制订杂质检查处理方案，停运内水冷系统，厂家拆除主过滤器及进出水管道，并检查端盖处有无密封垫、滤芯表面杂质情况和管道内部焊缝有无锈迹，并且对发现的问题进行处理；厂家检查阀塔内部水管有无杂质，并且对发现的杂质进行处理。厂家更换新的主过滤器滤芯，然后保持内水冷系统运行 6~12h，再次检查主过滤器滤芯干净情况以检验处理效果，直至滤芯表面无肉眼可见杂质。

（2）年度检修期间对极Ⅱ高端内水冷管道进行抽查，未发现明显异常。

后续工程提升建议：加强异物进入内冷水管道管控，换流阀投运前阀水冷主水管道要进行充分循环、杂质过滤。

2.3.19　换流阀内水冷主过滤器存在锈迹缺陷

问题描述：某换流站在进行阀水冷系统不带阀塔循环清洗后，对主过滤器拆卸检查过程中发现主过滤器内壁存在锈蚀，进一步检查发现 4 个阀组的主过滤器内壁也存在不同程度锈蚀。主过滤器管道焊缝锈迹如图 2-35 所示。

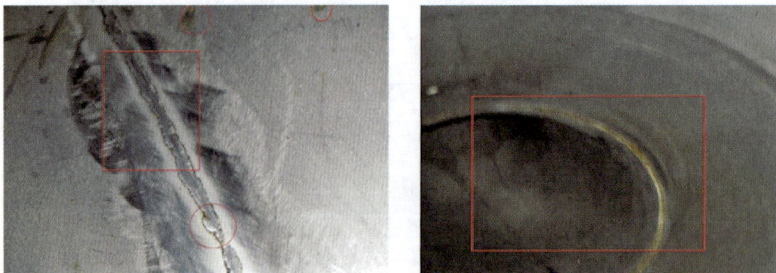

图 2-35　主过滤器管道焊缝锈迹

解决措施：经过现场分析锈蚀原因为焊接过程中，焊缝表皮会部分氧化，后续打磨不彻底，仍有少量氧化皮残留。要求厂家对锈蚀部分进行打磨，使用酸洗钝化膏进行处理，处理后表面无锈迹；同时书面承诺制订主过滤器检查方案，对主过滤器定期检查，再发现类似问题厂家书面同意对问题管道进行更换。针对此问题管理处举一反三，组织监理单位、施工单位和厂家对能够检查的管路焊缝，包括阀厅顶部的管道焊缝进行检查有无锈迹，经检查其他地方管路焊缝正常。

后续工程提升建议：阀冷却系统设备到场后应对管道内部情况进行检查验收。

2.3.20 阀冷平衡水池存在漏水隐患

问题描述：某换流站双极低端平衡水池自标定液位以来，液位成一定趋势不断下降，且下降速度较快，当达到补水液位时启动补水，补水完毕之后液位继续呈现下降趋势，通过对双极低端在一定时间内的液位变化情况的观察发现多次启动补水并不能维持正常水位，考虑到目前气温较低，冷却塔一直处于停运状态，不存在大量自然挥发的可能，说明平衡水池存在漏水点，此问题会严重影响日后运维。平衡池液位曲线如图2-36所示。

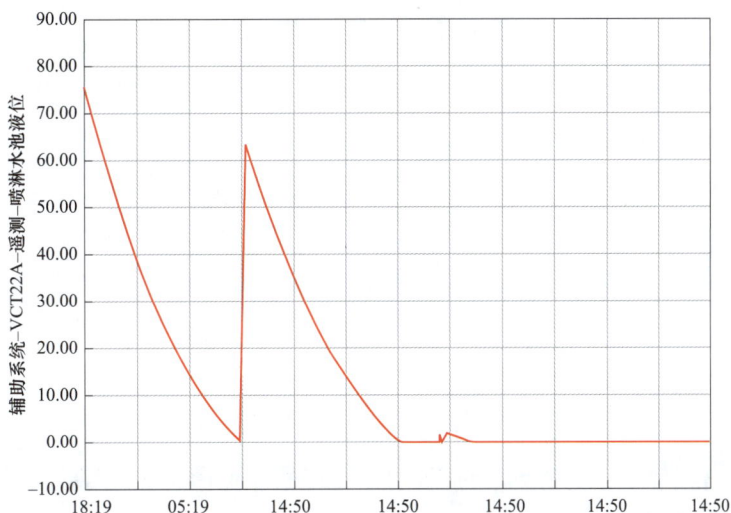

图2-36 平衡池液位曲线

解决措施：对双极低端平衡水池防水及漏水情况进行全面排查，确定问题原因，对于存在防水措施处理不善和存在漏水点的情况进行严格整改。

后续工程提升建议：平衡水池施工期间，严格按照工艺要求做好防水处理，防止平衡水池存在漏水点。

2.3.21 阀冷主泵电机接线盒内接线端子松动导致过热氧化

问题描述：某换流站极Ⅰ高P02主泵电机接线盒内接线端子存在过热氧化痕迹，不锈钢紧固螺栓已退火变色，且电缆外皮同样存在明显的高温氧化痕迹。同时，2018 年 3 月 23 日某换流站年度检修期间发现极 Ⅰ 低 P02 主循环泵电机接线座引出电缆绝缘皮老化龟裂，经返厂检查发现两方面问题：① 原线鼻内部存在氧化层，电缆与线鼻直阻过大；② 压接工艺不良造成接触不良。某换流站电机内部至接线端子导线受到高温影响以后会造成绝缘性能下降，存在重大隐患，可能影响主泵运行的可靠性。主泵电机接线盒如图 2－37 所示。

图 2－37　主泵电机接线盒

解决措施：将出现问题的电机进行整体更换并返厂检查，对其他主泵电机进行彻底排查整改，避免同类问题发生。

后续工程提升建议：设备验收阶段，对主泵电机接线盒内接线端子紧固情况进行检查，并做好记录。

2.4　其　他　问　题

2.4.1　VBE 柜内 CLC 板卡防护罩出厂发货时应包覆防尘膜，防止运输安装阶段板卡积灰

问题描述：VBE 柜内 CLC 板卡垂直裸露安装于屏柜正面，为防止人员误触设置了具有散热孔的透明防触保护罩。由于防护罩未完全封闭，在出厂运输及现场安装等阶段易造成板卡积灰，存在 CLC 板卡故障的风险，设备运输阶段缺少成品保护，易造成设备损坏。

解决措施：出厂前在 CLC 板卡的防触保护罩上包覆防尘保护膜。

后续工程提升建议：建议厂家做好运输阶段的成品保护，避免设备损坏导致工程延期、进度受阻的情况出现。

2.4.2 阀冷反渗透膜缺少检修专用工具

问题描述：某换流站阀冷反渗透装置反渗透膜更换为日常维护工作。更换反渗透膜时需要专用工具，现场未配置专用工具（见图2-38），不利于运维阶段的维护工作。

解决措施：厂家提供更换反渗透膜专用工具，方便运维阶段更换使用。

后续工程提升建议：技术规范书审查阶段、设计冻结阶段，要求厂家提供更换反渗透膜专用工具。

2.4.3 阀冷控制A、B系统间光纤通信故障时，存在阀冷系统停运、直流闭锁风险

问题描述：当阀冷控制主机主备系统间两路光纤通信均故障时，备用控制主机会退至STOP状态，若断电重启备用主机后进入运行状态，两套主机同为值班状态。此时恢复系统间通信，两套主机会在通信恢复的瞬间进行"争主"且结果随机。若原值班主机

图2-38 阀冷反渗透膜缺少检修专用工具

抢为值班系统，则阀冷系统会保持原运行工况；若断电重启的主机升为值班系统，则IO模块会跟随切换，由于重启后的阀冷控制系统所有数据均恢复至阀冷系统启动前的初始状态，造成阀冷系统停运、直流闭锁；不满足《国家电网有限公司关于印发十八项电网重大反事故措施（修订版）的通知》第8.1.1.5条"换流阀冷却控制保护系统至少应双重化配置，并具备完善的自检和防误动措施"的要求。

整改措施：在断电重启故障主机之前，将该主机的拨码开关置为STOP位，断开与IO模块通信的Profibus-DP插头，恢复控制系统间通信，执行断电重启，待重启完成后确认主机运行状态正常，再恢复Profibus-DP插头。

后续工程提升建议：规范操作流程，落实上述措施，确保阀冷控制系统不会出现"争主"现象。

2.4.4 阀冷A、B系统DI模块供电电源丢失导致阀冷系统跳闸停运风险

问题描述：阀冷控制主机通过DI模块接收3套阀冷保护主机分别上送的运行状态信号，流量、压力、温度、液位等传感器状态信号以及相应的保护跳闸信号。当断开某换流站AP4和AP5控制柜内阀冷系统DI模块电源时，两套控制主机均无法接收到上述信号的有效状态，则判断出3台阀冷保护系统均故障跳闸，以及各类变送器均故障跳闸，导致

直流闭锁。

整改措施：将 3 套保护装置信号实现完全独立冗余，在控制系统内实现组合跳闸逻辑。

后续工程提升建议：将 3 套保护装置信号实现完全独立冗余，在控制系统内实现组合跳闸逻辑。

2.4.5　阀内冷主循环泵异常切泵

问题描述：某换流站开展双极低端直流站系统调试，进行极 Ⅱ 低端换流变压器第一次充电试验过程中，由于 400V 母线电压受换流变压器充电影响而产生波动，导致极 Ⅰ 低端阀冷设备间电压监视继电器三相不平衡保护误动，主循环泵切换。

解决措施：取消了主泵、外冷风机电压监视继电器三相不平衡保护功能。

后续工程提升建议：电压监视继电器选型及定值设定合理。

2.4.6　阀厅分支水冷管道振动较大

问题描述：某换流站在开展换流阀安装跟踪时发现极 Ⅰ 低端 Y/DB 阀塔悬吊绝缘子上方内水冷分支水管振动剧烈，带动换流阀悬吊绝缘子、阀厅钢结构晃动，后台显示水流量为 160L/s，厂家通过调节阀门开断，控制流量为 100L/s（正常工况约为 130L/s），依旧振动明显。

原因分析：临时短接管设计不合理，导致水阻过大引起异常振动。

解决措施：拆除主水路临时短接管。

后续工程提升建议：临时短接管应满足要求或进行拆除以免影响阀冷水管。

3 开关（GIS）类设备

3.1 产品设计问题

3.1.1 GIS 隔离开关、TV 气室防爆膜排气口朝向巡检通道设置不合理

问题描述： 某换流站 500kV GIS 隔离开关、TV 及 TV 连接导体气室防爆膜排气口朝向巡检通道，设置不合理，违反《国家电网有限公司关于印发十八项电网重大反事故措施（修订版）的通知》第 12.2.1.16 条"装配前应检查并确认防爆膜是否受外力损伤，装配时应保证防爆膜泄压方向正确、定位准确，防爆膜泄压挡板的结构和方向应避免在运行中积水、结冰、误碰。防爆膜喷口不应朝向巡视通道"的要求，且不利于后期安全运维。

解决措施： 运维单位联系业主、监理、厂家、设计、施工单位召开分析会，厂家解释为 2m 以上的防爆膜排气口喷口统一朝上，倒流罩设计不会使气体喷向巡检通道。

后续工程提升建议： 加强开关类设备厂内、现场技术监督，及时向厂家索要产品防爆膜配置及安装朝向图，对存在疑问的地方及时与厂家、监理、设计、施工方等单位开展沟通。

3.1.2 GIS 同一开关间隔隔离开关和接地开关电机电源取自同一开关

问题描述： GIS 同一开关间隔隔离开关和接地开关电机电源取自同一开关。隔离开关与接地开关的电机电源必须同时闭合或断开，存在安全隐患。同一间隔隔离开关和接地开关电机电源设计图如图 3－1 所示。

解决措施： 厂家更改产品设计，GIS 同一开关间隔内隔离开关和接地开关配备单独的电机电源开关。

后续工程提升建议： 加强开关类设备设计、厂内制造、现场安装技术监督工作，关注隔离开关、接地开关电源配置是否合理。

3.1.3 GIS 母线电压互感器二次回路未直接接地

问题描述： 电压互感器二次绕组应且仅有一点永久性的、可靠的保护接地。某换流站 500kV GIS 母线电压互感器每个二次绕组均在就地汇控柜内通过击穿保险接地，且无其他

接地点。击穿保险主要是防止高电压串入二次回路，正常时是不导通的，一般有直接接地点后才在就地安装击穿保险。GIS 母线 TV 二次回路接地击穿保险如图 3-2 所示。

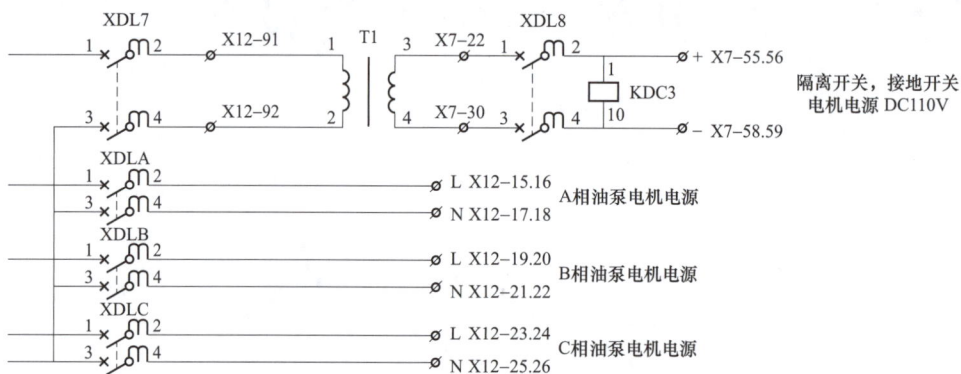

图 3-1　同一间隔隔离开关和接地开关电机电源设计图

图 3-2　GIS 母线 TV 二次回路接地击穿保险

解决措施：运维单位与业主、监理、设计院、施工方、厂家等单位沟通，将 GIS 汇控柜内的母线电压互感器二次侧击穿保险拆除，每个二次绕组均在汇控柜内直接接地。

后续工程提升建议：加强开关类设备设计、厂内制造、现场安装技术监督工作，避免产品设计中出现违反《国家电网有限公司防止直流换流站事故措施及释义（修订版）》的情况。

3.1.4　交流滤波器场罐式断路器灭弧室存在安全隐患

问题描述：某换流站交流滤波器场调试期间，7644 断路器异常跳闸，解体检查发现罐体非机构侧第 2 个屏蔽罩与罐体间发生放电，在灭弧室非机构侧第 2 屏蔽罩安装位置的铝制导电筒内发现长约 4.5mm 的丝状金属异物，吸附剂发生移位。分析认为 7644 断路器 C 相罐体内部的金属异物是放电的直接原因，吸附剂袋移位和粒子捕捉器端部毛糙加剧了局部电场分布的不均匀程度。

解决措施：现场依次对同型号全部断路器逐相开罐内检，包括：① 检查灭弧室内部是否有异物，并开展全面清洁；② 将灭弧室内部吸附剂袋从罐体底部移到防爆膜安装手孔法兰位置；③ 对离子捕捉器端部进行倒角打磨，对内检发现的异常及时汇报处理。

后续工程提升建议：加强开关类设备设计、厂内、现场安装技术监督工作，确保断路器灭弧室 200 次磨合后在厂内充分清理，现场安装加强罐体内部情况检查。

3.1.5 交流滤波器场罐式断路器补气口位置设计不合理

问题描述：某换流站 750kV 罐式断路器补气口位置设计不合理，750kV 断路器补气口距离地面约 3m，且充气接口及罐体表面感应电大，易造成感应电伤人，人员无法完成常规检修试验。

解决措施：将某换流站 750kV 断路器罐体补气口位置下引至距地面 1.5m 处。

后续工程提升建议：加强开关类设备设计、厂内制造、现场安装技术监督工作，充分考虑运维、检修工作开展的便捷性。

3.1.6 交流滤波器场罐式断路器 SF$_6$ 表计安装朝向不便于日常巡视读数

问题描述：某换流站 750kV 罐式断路器 SF$_6$ 表计朝向设计不合适，不便于运维人员开展表计读数抄录工作。

解决措施：在 SF$_6$ 表计底座加装转向轮，使表计读数朝向巡视路线，方便数值记录。

后续工程提升建议：加强开关类设备设计、厂内制造、现场安装技术监督工作，充分考虑运维、检修工作开展的便捷性。

3.1.7 交流滤波器场断路器均压环安装方式不合理

问题描述：某换流站交流滤波器场断路器（型号为 HPL550B2）均压环与支撑绝缘子较近，安装方式设计不合理，影响绝缘子的干弧距离。

解决措施：在均压环的安装位置处增加支撑筒，避免出现均压环与支撑绝缘子伞裙紧贴现象。

后续工程提升建议：加强开关类设备设计、出厂、现场安装阶段技术监督工作，严格落实《国家电网有限公司防止直流换流站事故措施及释义（修订版）》的相关要求。

3.1.8 直流断路器在冬季低温时段发生 SF$_6$ 气体液化

问题描述：某换流站直流断路器设计工作温度为 $-25 \sim +40$℃，未充分考虑设备极限环境温度下运行工况，某换流站地处严寒地区，冬季最低温度可达 -33℃，冬季低温时段直流断路器 SF$_6$ 气体液化，影响设备安全稳定运行。

解决措施：厂家出具直流断路器低温绝缘性能评估报告，仿真分析直流断路器能否满足冬季低温时段使用要求。并完成直流断路器低温条件下型式试验。

后续工程提升建议：设计冻结会中，根据开关类设备运行地点提出设备运行极限环境温度是否现场实际需求，并在会议纪要中体现。

3.1.9　直流断路器 NBS 断口之间连接杆接线板发热

问题描述：某换流站直流系统大负荷试验期间，红外测温发现 NBS 断口之间连接杆接线板发热（见图 3-3）。经过核查 NBS 断口之间连接杆的接线板接触面采用铝合金镀锡方式，在 5000～5250A 运行电流时温升达到 50～60K，现场分析 NBS 接线板与连接杆接触面积偏小，通流能力不足导致连接部位温升过高。

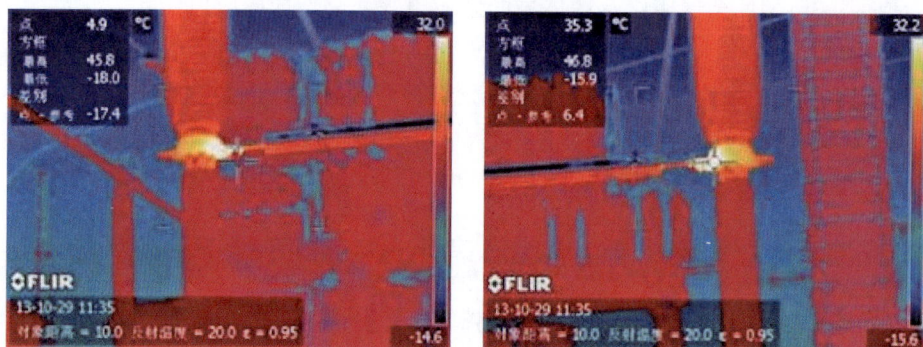

图 3-3　NBS 断口之间连接杆接线板发热图

解决措施：现场测量设备线夹与金具接触面积计算载流密度，不满足《国家电网有限公司防止直流换流站事故措施及释义（修订版）》要求，厂家技术人员对其接线板进行技术改造后满足使用要求。

后续工程提升建议：加强开关类设备设计、厂内制造、现场安装阶段技术监督工作，及时核查设备连接部位载流密度是否满足《国家电网有限公司防止直流换流站事故措施及释义（修订版）》要求。

3.1.10　交流滤波器场隔离开关、接地开关机构箱内加热器控制器选型不当

问题描述：某换流站交流滤波器隔离开关、接地开关机构箱配置 DT-KS-1C 型温湿度控制器。该型号控制器存在如下问题：① 温控器温度设定值为固定值，不能根据现场需求进行调节；② 温控器湿度设定值为固定值，不能根据现场需求进行调节；③ 温控器不能强制启动加热功能。

解决措施：现场将隔离开关、接地开关已更换为 HD-3500 型温湿度控制器，满足温湿度调节、强制加热等功能。汇控柜、机构箱内更换前、后的温湿度控制器如图 3-4 所示。

后续工程提升建议：加强开关类设备设计、厂内制造、现场安装阶段技术监督工作，关注厂家配备的温湿度控制器功能是否满足使用需求。

3.1.11　交流隔离开关搭接面下压变形

问题描述：某换流站 110kV 区域隔离开关静触头侧接线板由于主变压器侧母线质量过大，铝排无法支撑母线，存在下压变形情况（见图 3-5）。

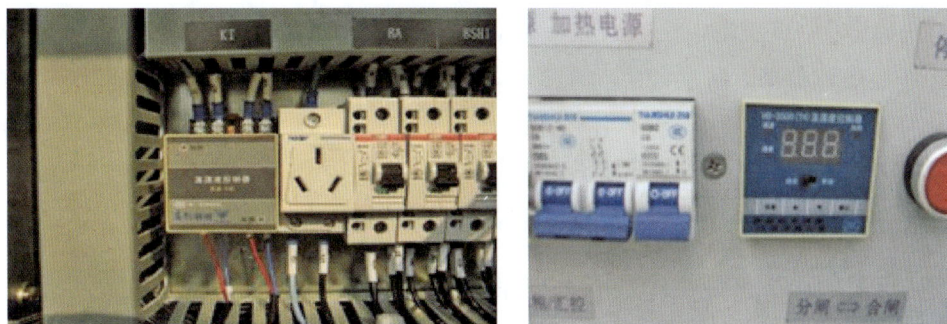

（a）汇控柜内更换前的温湿度控制器　　　　　　（b）机构箱内更换后的温湿度控制器

图 3-4　汇控柜、机构箱内更换前、后的温湿度控制器

图 3-5　隔离开关静触头侧搭接面下压变形情况

解决措施：现场联系业主、监理、设计、施工单位、设备厂家开展分析，对下侧支撑铝排进行换型，增加铝排厚度，换型后无下压变形情况。

后续工程提升建议：加强开关类设备设计、厂内制造、现场安装阶段技术监督工作，做好设备安装后状态监测，调试期间重点对载流回路搭接面开展红外测温、紫外放电检测工作。

3.1.12　直流场接地开关、隔离开关联动轴轴端紧固方式不可靠，存在松脱隐患

问题描述：某换流站直流场中性接地开关传动机构万向联动轴为非贯穿式，上部育轴节存在脱节隐患；直流场 400、800kV 隔离开关万向联动轴轴端紧固方式为单螺栓，振动情况下存在松脱隐患。传动机构万向联动轴连接方式如图 3-6 所示。

图 3-6　传动机构万向联动轴连接方式

解决措施：将直流场中性接地开关传动机构万向联动轴改为整体装配贯穿方式，在下部螺杆增加开口销，防止松脱；直流场 400、800kV 隔离开关在下部螺杆增加并帽或开口销。

后续工程提升建议：加强开关类设备设计、厂内制造、现场安装阶段技术监督工作，接地开关、隔离开关万向联动轴按照整体装配贯穿方式设计。

3.1.13　直流场隔离开关电机保护器选型方式不合理

问题描述：某换流站开展直流场运行方式倒换过程中，发现 800kV 隔离开关电机保护器过流定值过小，引起隔离开关电机保护器误动作，断开隔离开关控制回路，隔离开关无法正常操作。

解决措施：厂家更换选型不合理的隔离开关电机保护器，增大过电流保护定值，更换后现场多次分合隔离开关、接地开关并测量控制回路电流，均无异常。

后续工程提升建议：加强开关类设备设计、厂内制造、现场安装阶段技术监督工作，做好汇控柜二次元器件定值管理工作，确保各类二次元器件级差配置合理。

3.1.14　直流场隔离开关连接部位存在过热现象

问题描述：某换流站在 2013 年 4 月 16 日进行大负荷试验过程中，发现直流场部分隔离开关存在过热现象。现场判定发热原因为静触头与接线板（汇流板）的接触面积太小；螺栓较小，接触力较小；接线板（汇流板）较薄导致。

解决措施：通过计算分析，考虑产品零部件加工、成套周期以及改造成本，将直流场部分隔离开关的静触头和接线板相关尺寸进行修改，更换部分零部件及内部连接螺栓，带电后复测同部位无发热情况。

后续工程提升建议：加强开关类设备设计、厂内制造、现场安装阶段技术监督工作，设计时充分考虑开关类设备连接部位载流密度是否符合规定要求。

3.1.15　直流隔离开关（40、400kV）连接金具发热

问题描述：某换流站直流系统大负荷试验期间，红外测温发现直流场隔离开关（40、400kV）接线板发热现象严重（见图 3 - 7）。在 5000A 运行电流时温升达到 60～80K，对发热的隔离开关接线板的接触面进行打磨处理，通流后发热现象无明显改观。分析为隔离开关的接线板与连接金具之间搭接面积过小，载流密度不符合规定要求。

解决措施：隔离开关厂家与连接金具技术人员对接线板及金具分别进行技术改造。增大通流面积、降低载流密度，解决发热的现象。

后续工程提升建议：加强开关类设备设计、厂内制造、现场安装阶段技术监督工作，设计时充分考虑开关类设备连接部位载流密度是否符合规定要求。

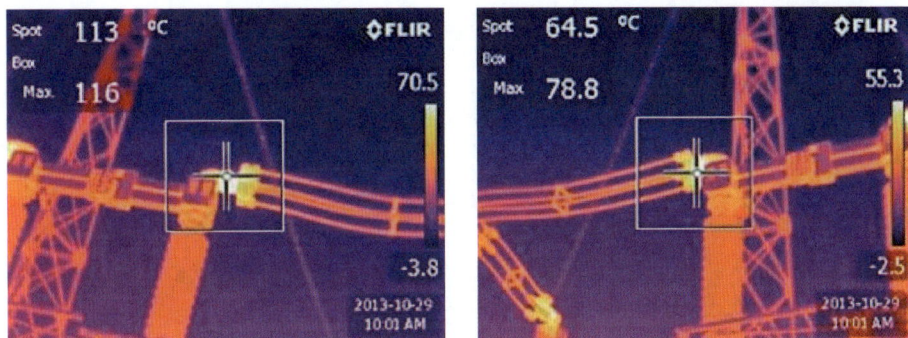

图 3-7　直流隔离开关接线板发热图

3.2　原材料及组部件问题

3.2.1　GIS 断路器存在合闸电阻破损引发内部放电的安全隐患

问题描述：某厂家生产的 LW13-800 罐式断路器自 2019 年起发生多起断路器灭弧室合闸电阻片破损问题，严重的造成对断路器壳体放电故障。某换流站采用同类型断路器，存在安全隐患。

解决措施：召开在建直流工程技术监督 2021 年第 3 次例会，针对某换流站 750kV GIS 断路器存在合闸电阻破损引发内部放电的安全隐患，厂家对某换流站所有 750kV GIS 断路器质保期延长至 10 年，并分别在 750kV GIS 断路器投运后 5、10 年，分别抽取 1 台（三相）带合闸电阻断路器返厂检查，若发现合闸电阻存在破损现象，由厂家负责对某换流站 20 台带合闸电阻的断路器进行更换。

后续工程提升建议：加强开关类设备设计、厂内制造、现场安装阶段技术监督工作，确保该型号产品在合闸电阻支撑座与电阻片之间加装纯铝过渡片的改进措施。

3.2.2　GIS 断路器、交流滤波器小组断路器操动机构频繁打压

问题描述：某换流站交流设备带电后，7032A 相、7611A 相断路器操动机构存在频繁打压现象，某换流站 GIS 断路器、交流滤波器小组开关断路器操动机构均为 HDB 型液压弹簧操动机构，该机构在多座换流站多次出现频繁打压，在厂内对某换流站故障机构进行解体检查，发现存在液压缸开裂、储能模块活塞杆磨损等缺陷，如图 3-8 所示。

解决措施：7032 断路器 A 相更换机构后恢复正常，7611 断路器 A 相更换储能模块后恢复正常。

后续工程提升建议：加强开关类设备厂内制造、现场安装阶段技术监督工作，着重关注断路器液压机构保压情况。

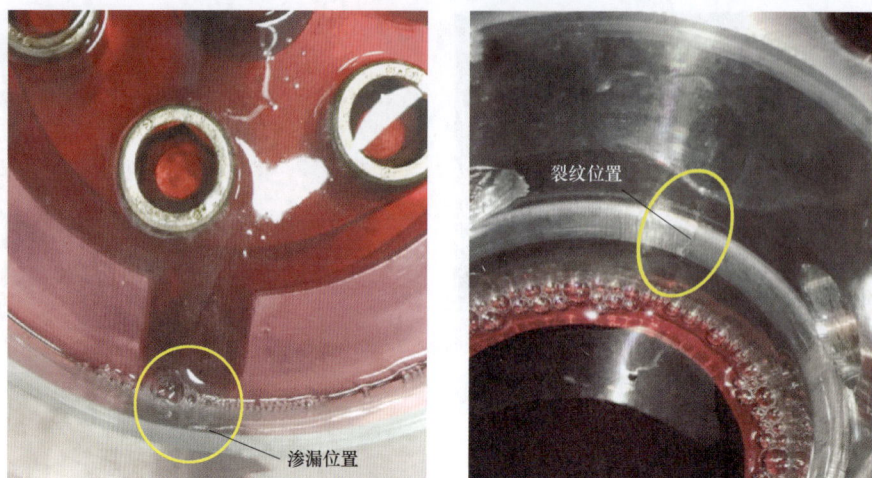

图 3-8 液压机构液压缸开裂、储能模块活塞杆磨损

3.2.3 GIS 断路器、交流滤波器小组开关断路器操动机构储能电机传动齿轮破损

问题描述：某换流站交流设备带电后，7013、7092、7031、7623、7611、7641、7012共 7 台断路器操动机构存在合闸时打压超时、分闸后弹簧储能不足等问题，检查操动机构储能模块，发现电机传动齿轮存在破损或安装偏心的情况（见图 3-9）。分析齿轮破损原因为齿轮是塑料材质，在低温环境下材质变脆、机械强度不足导致，进而引起打压超时、弹簧储能不足。

图 3-9 液压机构电机传动齿轮破损

解决措施：对存在同问题的电机传动齿轮整体更换为低温条件下机械强度满足要求的传动齿轮。

后续工程提升建议：加强开关类设备设计、厂内制造、现场安装阶段技术监督工作，监督过程中提出对圆锥齿轮进行分析化验要求，如确定齿轮材质不满足环境要求，应对站内所有断路器操动机构电机传动齿轮进行更换。

3.2.4　GIS 隔离开关、接地开关操动机构拒动

问题描述：某换流站组合电器 16 把隔离开关、6 把接地开关合计 22 次发生机构拒动。经分析，其中 3 次为接触器接触不良问题，19 次为刀闸机构电磁铁机械卡滞问题，分析原因为操动机构电磁铁装配调整不当，运输振动或大温差造成移位、松动。刀闸机构电磁铁如图 3-10 所示。

图 3-10　刀闸机构电磁铁

解决措施：厂家更换新批次的电磁铁重新安装后，操作顺利进行。

后续工程提升建议：加强开关类设备设计、厂内制造、现场安装阶段技术监督工作，投运前对操动机构电磁铁吸合进行多次试验验证。

3.2.5　绝缘拉杆存在绝缘安全隐患

问题描述：500kV 某换流站 5041 断路器因为绝缘拉杆局部层间存在气孔等缺陷，长期带电运行情况下，缺陷产生局部放电，并逐步扩大形成层间的泄漏电流通道，最终造成绝缘拉杆炸裂。某换流站 750kV 组合电器未按照 2020 年 10 月 23 日《500kV 变电站 5041 断路器 B 相故障解体分析会议纪要》要求，增加绝缘拉杆直流泄漏电流、工业 CT 探伤、5 分钟交流耐压试验。

解决措施：厂家对某换流站同批次编号为 57229 的绝缘拉杆进行工频耐压及局部放电测试、泄漏电流测试、工业 CT 探伤试验，试验结果均合格。

后续工程提升建议：如采用同批次绝缘拉杆，设计冻结前，提出检测报告要求，并在厂内加强技术监督。

3.2.6　交流滤波器场断路器未开展绝缘拉杆 X 射线探伤检测

问题描述：某换流站交流滤波器场断路器在厂内不具备开展绝缘拉杆 X 射线探伤检

测条件，不满足《国家电网有限公司防止直流换流站事故措施及释义（修订版）》第 8.2.17 条规定：盆式绝缘子、绝缘拉杆、支撑绝缘子应无裂缝、气孔、夹杂等缺陷。盆式绝缘子、绝缘拉杆（包括国产和进口）、支撑绝缘子应逐支进行 X 射线探伤、工频耐压、局部放电试验。

解决措施：按会议纪要要求，现场取此批次的 1 只绝缘拉杆依照 X 光检测箱的尺寸截断后，进行 X 光检测。检测结果正常，无气孔和夹渣等缺陷。

后续工程提升建议：加强开关类设备设计、厂内制造、现场安装阶段技术监督工作，设计冻结前，提出检测报告要求，并在厂内加强技术监督。

3.2.7　罐式断路器操动机构箱进水

问题描述：某换流站验收期间，对罐式断路器机构箱及汇控柜等进行密封性检查，发现有断路器操动机构箱内部有进水现象、且进水较多，部分铁质部件已生锈。对于操动机构箱内部进水这一情况，观察机构箱外壳，未发现有明显空隙或其他渗水部位，怀疑雨水是从外壳两端密封处渗入。机构箱内积水及内部锈蚀、渗水部位如图 3－11 所示。

(a) 机构箱内积水及内部锈蚀部件　　　　　　　(b) 渗水部位

图 3－11　机构箱内积水及内部锈蚀、渗水部位

解决措施：对断路器机构箱外壳增加防雨罩。

后续工程提升建议：加强开关类设备设计、厂内制造、现场安装阶段技术监督工作，室外机构箱必须保证 IP55 的防水防尘要求。

3.2.8　直流场隔离开关、接地开关机构 SBT 辅助触点抖动

问题描述：某换流站在验收直流场隔离开关、接地开关位置信号时发现，直流场部分隔离开关、接地开关由 SBT 辅助触点上送的分合位置信号在分合闸过程中存在抖动情况。直流场及阀厅全区域共计 62 把隔离开关、接地开关，其中通过 SBT 辅助触点上送分合位置参与到直流控保逻辑的隔离开关、接地开关共 17 把；剩余 45 把隔离开关、接地开关的 SBT 辅助触点只参与一般事件位置报文。同时，该抖动时间存在较大的离散性：抖动时间约 4～12ms 不等，部分触点抖动间隔时间较大约 50～100ms。参与控保逻辑的位置信号出现前述分合中反复抖动的情况，可能会导致报警或者保护退出，极端情况下小概率会保护动作，

影响直流安全稳定运行，现场分析为辅助开关产品选型问题。

解决措施：排查发现共 62 台设备存在同类问题，将现场 62 台设备全部更换为快速型辅助开关，经验证在分合闸过程中不再存在抖动情况。

后续工程提升建议：加强开关类设备设计、厂内制造、现场安装阶段技术监督工作，及时开展汇控柜、机构箱内二次元器件工况的排查。

3.2.9 交流滤波场 500kV 断路器断口并联电容介损异常

问题描述：某换流站验收期间，发现交流滤波场 500kV 断路器介损测试值基本在 0.3%～0.8%，而出厂试验报告显示：10kV 介损值不超过 0.2%，额定电压下介损值在 0.08% 左右，现场测试值明显高于出厂试验值和技术协议值（不大于 0.25%）。114 支断路器断口并联电容中 10kV 介损合格的仅 6 支。

解决措施：10kV 介损异常的原因是生产工艺控制不严，内部极性物质较多造成，厂家提供了 6 支备品，并提出运维管控措施和建议。

后续工程提升建议：加强开关类设备厂内制造、现场安装调试阶段技术监督工作，防止生产工艺控制不严导致不合格产品投运。

3.3 制造及安装工艺问题

3.3.1 GIS 设备现场安装环境不满足要求

问题描述：某换流站 500kV GIS 设备在安装过程中不注重安装工艺，安装环境恶劣，其中先后发现室外气室对接安装过程中无任何防尘措施；室外极 Ⅱ 高端换流变压器进线套管安装过程中未采取防尘措施；室外 61 号滤波器场进线管型母线安装过程中未采取防尘措施。上述情况中，安装地点均临近道路，空气中灰尘、花粉、飞虫、杨絮等漂浮物极易进入设备气室，使气室绝缘能力下降，造成气室击穿等设备故障，严重影响设备安全稳定运行。GIS 现场安装环境不满足要求如图 3-12 所示。

图 3-12 GIS 现场安装环境不满足要求

解决措施：发现上述情况后，立即通知监理、厂家、施工单位，责令现场停工，要求厂家、施工单位重新组织交底，保证现场安装环境合格后再进行安装。将不满足环境条件下开展作业的 GIS 管型母线，在防尘棚内进行拆除及干燥处理，经检测合格后进行复装。后续着重跟踪，严格把控现场施工工艺，在设备安装期间消除隐患。

后续工程提升建议：加强开关类设备设计、厂内制造、现场安装阶段技术监督工作，电气施工单位及 GIS 厂家严格执行《国家电网有限公司防止直流换流站事故措施及释义（修订版）》规定，GIS 管型母线对接工作必须在粉尘度和湿度要求范围内开展，环境要求不达标严禁开盖作业。

3.3.2　GIS 隔离开关继电器误动

问题描述：某换流站交流系统带电调试期间，GIS 5615 断路器分闸操作后 300ms，对应间隔内 56151 隔离开关自动分闸。在后续故障检查过程中，561517 和 561527 又出现了自动分闸的情况，经现场检测发现，5615 开关分闸过程中的振动加速度大，远超过其间隔内隔离开关、接地开关分合闸继电器的耐受水平。当对应设备的分合联锁条件满足，振动导致对应分合闸继电器吸合引起对应设备（隔离开关、接地开关）出现自动分合闸。

解决措施：经对比检查，5615 断路器较站内同型的其他设备在操作过程中的振动大，且其安装基础存在偏差。现场对 5615 断路器三相的安装基础进行修复、加固；并将对应间隔内全部隔离开关和接地开关（56151、561517、561527）的分合闸继电器由 GIS 设备本体机构箱内改接至 5615 断路器汇控柜内。

后续工程提升建议：加强开关类设备设计、厂内制造、现场安装阶段技术监督工作，关注现场安装设备基础技术监督、《国家电网有限公司防止直流换流站事故措施及释义（修订版）》《国家电网有限公司关于印发十八项电网重大反事故措施（修订版）的通知》落地执行工作。

3.3.3　GIS SF$_6$ 密度继电器、一体化在线监测传感器电缆螺纹管破损

问题描述：某换流站 500kV GIS SF$_6$ 密度继电器、一体化在线监测传感器电缆螺纹管多处破损（见图 3-13），极易割伤电缆造成直流接地、短路，影响设备安全稳定运行，分析为施工人员暴力安装、螺纹管选材不当导致。

解决措施：厂家进行整体排查整改，完成螺纹管更换或者修复工作，整改过程中注意保护电缆不受损伤。

后续工程提升建议：加强开关类设备设计、厂内制造、现场安装阶段技术监督工作，关注电缆安装工艺管控，电缆敷设或引入箱、屏柜及其芯线防护现场技术监督工作。

3.3.4　GIS 电缆槽盒格兰头割伤电缆

问题描述：某换流站验收期间发现，由于施工人员安装不规范，500kV GIS 电缆槽盒格兰头塑料垫圈普遍缺失，造成电缆穿线过程受损、割伤。其中 5033 断路器 C 相槽盒内，在线监测电缆外皮损坏脱落约 1m，电缆铠装受伤（见图 3-14）。

(a) SF$_6$密度继电器螺纹管破损　　　　(b) 一体化在线监测传感器螺纹管破损

图 3-13　SF$_6$密度继电器、一体化在线监测传感器螺纹管破损

(a) 格兰头安装不规范　　　　(b) 电缆铠装破损

图 3-14　电缆格兰头安装不规范、铠装破损

解决措施：运维单位组织监理、厂家、施工单位，对全部格兰头进行排查，对受损电缆进线处理，避免因电缆受损影响设备安全稳定运行。

后续工程提升建议：加强开关类设备设计、厂内制造、现场安装阶段技术监督工作，关注电缆安装工艺管控，电缆敷设或引入箱、屏柜及其芯线防护现场技术监督工作。

3.3.5　GIS 电压互感器二次接线盒连接处存在裂缝焊接痕迹

问题描述：某换流站验收期间发现，500kV GIS 某 Ⅰ 线 B 相出线电压互感器二次接线盒与罐体连接处焊接部位存在裂缝痕迹（见图 3-15），裂缝处有渗漏油渍，分析原因为电压互感器二次接线盒连接处焊缝焊接工艺差。

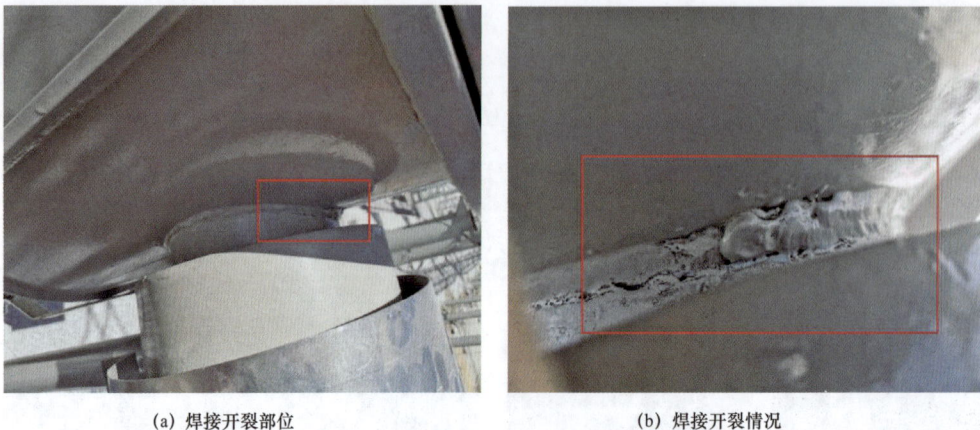

(a) 焊接开裂部位　　　　　　　　　　　　　(b) 焊接开裂情况

图 3-15　电压互感器二次接线盒连接处焊接部位开裂裂缝

解决措施：运维单位组织业主、监理、设计、厂家、施工单位召开专题分析会，更换本台电压互感器。

后续工程提升建议：加强开关类设备厂内制造、现场安装阶段技术监督工作。严格落实《国家电网有限公司关于印发十八项电网重大反事故措施（修订版）的通知》要求：GIS 及罐式断路器罐体焊缝进行无损探伤检测，保证罐体焊缝 100%合格。

3.3.6　GIS 设备分支母线气室多次故障放电

问题描述：某换流站 550kV GIS 先后发生 7 次气室放电击穿故障，故障分布在换流站交流场第 1、2、6 串分支母线（共 10 串），打开气室发现内部三（单）支柱绝缘子表面均存在闪络放电痕迹（见图 3-16）。现场随机对其他 9 处分支母线气室对接面进行了开盖抽检，均发现绝缘子、屏蔽罩和颗粒捕捉器及罐体存留污渍，导体和屏蔽罩螺栓润滑脂偏多，导体工装螺栓控留存金属颗粒等现象。初步分析 GIS 放电故障原因可能为现场安装工艺把控不严，导致分支母线气室内对接面处固定用的三（单）支柱绝缘子表面附着异物，进而产生放电故障。

图 3-16　GIS 对接面支撑绝缘子闪络故障

解决措施：对发生放电故障部位安装班组所安装的所有对接面绝缘子开展全面处理。

后续工程提升建议：加强开关类设备现场安装工艺把控，防止开罐过程中带入杂质从而污染罐体。

3.3.7　GIS 断路器存在超声波局部放电信号

问题描述：某换流站开展 GIS 断路器 X 射线专项检查，发现极 Ⅱ 低端换流变压器进线 5223 断路器 C 相合闸电阻断口静弧触头缺失，经确认静弧触头脱落于合闸电阻间。静弧触头异常情况比对如图 3−17 所示。

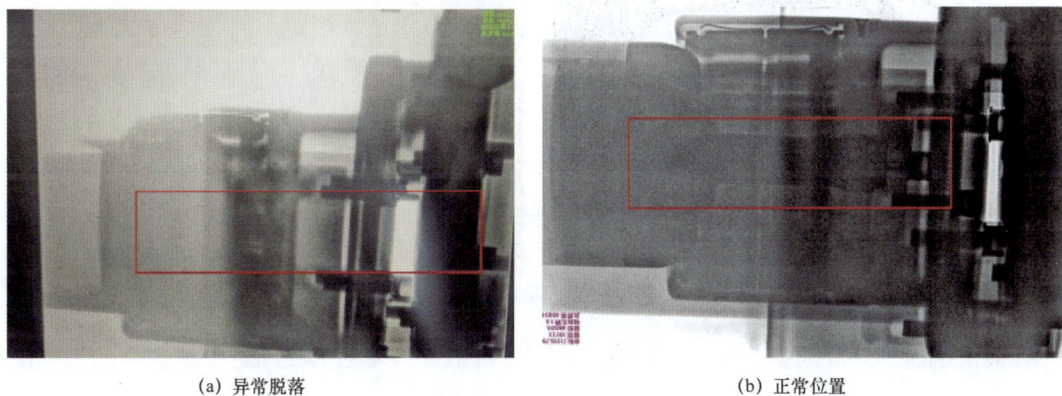

(a) 异常脱落　　　　　　　　　　　(b) 正常位置

图 3−17　静弧触头异常情况比对

解决措施：开盖内检、更换断路器芯体、交接试验和耐压试验合格后投运。

后续工程提升建议：加强开关类设备厂内制造阶段技术监督工作，加强断路器时间、速度特性横向、纵向对比分析。

3.3.8　GIS 断路器合闸电阻断口静弧触头脱落

问题描述：2021 年 5 月带电调试阶段，某换流站检测到 5824 断路器 C 相外壳底部中间位置有超声波局部放电信号，未检测到特高频局部放电信号。观察运行 3 个月，超声波局部放电值数据无扩大趋势，一直稳定在 3mV 左右。2022 年 5 月 15 日，结合年度检修对 5824 断路器 C 相进行开盖检查，C 相壳体中间底部内壁漆面上有一小片颜色较深、表面干燥、光滑痕迹，用细砂纸轻轻打磨后痕迹掉去，出现一个长约 4mm、深约 0.5mm 的长条形凹坑。

解决措施：打磨处理 5824 断路器 C 相壳体底部内壁凹坑，与壳体内壁形成没有界痕的圆滑整体，打磨处清理干净后涂刷相同的底漆，油漆干燥后，对断路器内部所有部位进行点检和彻底清理。

后续工程提升建议：加强厂内、现场安装技术监督工作，做好厂内、现场罐体洁净度检查，绝缘件出厂局部放电试验跟踪。

3.3.9 GIS 耐压击穿及超声波信号异常

问题描述：某换流站 550kV GIS 及其引线段交流耐压试验期间，50832 隔离开关气室在电压升至 550kV 时出现击穿闪络，经解体检查为 50832 隔离开关气室与 TA 相邻盆式绝缘子表明有明显的闪络痕迹，盆式绝缘子屏蔽罩在闪络位置处存在凹陷变形，盆式绝缘子根部存在部分异物（见图 3-18）。

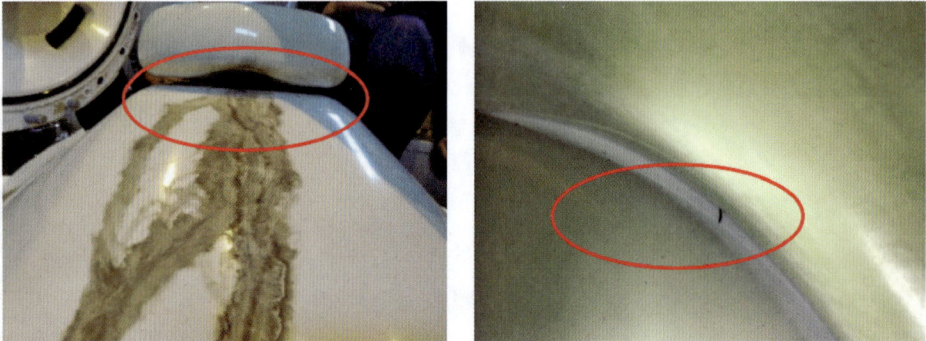

图 3-18 闪络盆式绝缘子表面及凹陷屏蔽罩、表面异物

解决措施：分析闪络原因为异物导致，厂家对故障气室进行处理，更换损坏的盆式绝缘子，再次开展 740kV 交流耐压试验 1min，无击穿闪络，试验通过。

后续工程提升建议：加强安装调试期间技术监督，防止异物进入和不合格产品投运。

3.3.10 HGIS 处 TA 接线盒接头处未采用防水电缆接头

问题描述：某换流站 HGIS 处 TA 接线盒接头处未采用电缆防水接头，不满足《国家电网有限公司防止直流换流站事故措施及释义（修订版）》中第 13.3.5 规定：户外端子箱和接线盒的进线电缆额外加装护套时，应具有防止护套进水的措施，避免护套破损后雨水倒灌至端子箱和接线盒内，导致接点受潮，绝缘降低。

解决措施：现场已按要求增加防雨措施，验收通过。

后续工程提升建议：加强开关类设备厂内制造、现场安装阶段技术监督工作，关注电缆安装工艺管控，电缆敷设或引入箱、屏柜及其芯线防护现场技术监督工作。

3.3.11 GIS 轴向型波纹管调节螺杆异常变形

问题描述：某换流站基建安装期间发现 750kV GIS 普通轴向型波纹管调节螺杆异常变形（共 43 处，其中严重变形 30 处、轻微变形 13 处），分析原因为设备安装初期由于出线分支基础尚未建成，分支母线不具备安装条件，串内母线处不能构成完整气室，无法开展充气作业，波纹管螺杆未能及时调整。大部分设备在冬季进行安装，随气温升高，壳体受热膨胀，而波纹管螺母没有及时调整，导致螺杆受力过大，被压弯变形。

解决措施：现场对 43 处存在螺杆变形的波纹管进行整体包扎，进行密封性试验，并抽取 716（A）－2 处波纹管进行解体，对法兰密封面进行状态检查，对拆解的盆式绝缘子进行探伤及绝缘性能试验，试验结果正常，并完成变形螺杆更换。

后续工程提升建议：加强开关类设备现场安装阶段技术监督工作，关注组合电器各种类型波纹管伸缩量是否满足厂家标准要求。

3.3.12 交流滤波器场断路器漏气问题分析处理

问题描述：某换流站交流滤波器场 5613－B 相、5621－A 相、5622－B 相、5623－A 相、5641－B 相、5642－C 相断路器存在明显漏气缺陷或漏气趋势，结合一体化在线监测平台分析漏气趋势，利用 SF_6 红外成像检漏仪进一步确认，发现漏气位置为灭弧室三联箱铸件部位后，设备停电进行喷涂检漏液检漏，最终确认三联箱铸件存在砂眼。

解决措施：更换漏气的断路器灭弧室。利用电科院金属探伤仪对其他断路器三联箱部位进行超声检测及包扎检漏，最终发现 5614－C 相、5623－B 相断路器三联箱铸件内存在金属暗伤通道，但未形成通道达成漏气，持续加强检测工作。

后续工程提升建议：加强开关类设备厂内、现场安装阶段技术监督工作，关注罐体气密性、水压试验。

3.3.13 交流滤波器场断路器液压机构油中含有黑色沉淀物

问题描述：某换流站进行交流滤波器场断路器现场安装技术监督时，发现四大组交流滤波器场 750kV 罐式断路器液压弹簧机构油箱观察窗内可见黑色沉淀物，取油后发现油内有疑似金属屑。经与厂家沟通分析原因为该断路器工作缸于 2013 年取消了阳极氧化工艺，使工作缸内表面硬度变低，取消工作缸内表面的阳极氧化是导致油变色和存在微粒的根本原因；虽然表面粗糙度没有改变但是硬度降低了；工作缸在运动的过程中，磨掉了工作缸表面粗糙度的峰值点，导致微观颗粒存在于油中同时也使工作缸内表面更加光滑。这些微粒的尺寸非常小，一般只有几至几十微米；它们的材料是铝，相对柔软，适用于操作机构硬度较高的运动部件（如泵和阀门）；这些微粒的大小和硬度表明这些微粒对机构没有影响。油变黑的原因是金属铝氧化导致的；在零件表面氧化的铝始终是与油接触，这可以改变颜色但没有其他副作用。

处理情况：经反复沟通协调，厂家对 20 台 750kV 罐式断路器工作缸进行冲洗，并对液压油进行更换。

后续工程提升建议：加强开关类设备厂内、现场安装技术监督工作，关注液压机构工作、储能、控制、适配、充压、监测 6 个模块运行工况。

3.3.14 交流滤波器断路器伴热带电缆接线盒由上部穿入接线

问题描述：某换流站验收期间，发现交流滤波器断路器伴热带电缆接线盒由上部穿入接线（见图 3－19）。该安装方式将使接线盒内进水受潮。

解决措施：加强安装工艺把控，所有二次接线盒电缆均应由下部穿线，且穿孔处装设防水格兰头，现场增加防雨措施后满足要求。

后续工程提升建议：加强开关类设备厂内、现场安装技术监督工作，关注开关类设备电缆安装工艺是否符合《国家电网有限公司防止直流换流站事故措施及释义（修订版）》要求。

图3-19　电缆接线盒由上部穿入接线

3.3.15　阀厅接地开关动静触头偏差较大

问题描述：某换流站竣工验收时发现由于厂家现场安装调试不到位，换流站低端阀厅内接地开关0011247、801217、801227动静触头偏差较大（见图3-20），分合闸时动静触头受力，有明显卡顿，易造成接地开关触头磨损，影响触头接触。

解决措施：联系厂家、施工方现场重新调试，经手动、电动操作后接地开关动静触头分合顺畅。

后续工程提升建议：加强开关类设备厂内、现场安装技术监督工作，关注隔离开关操作应平稳、灵活、无卡涩，各类指示、元器件、机械闭锁动作应正确。

3.3.16　阀厅内接地开关就地端子箱侧门无法打开

问题描述：某换流站竣工验收时发现阀厅内051017接地开关端子箱侧门因接地开关一次本体的阻挡无法打开（见图3-21）。

图3-20　接地开关动静触头偏差较大

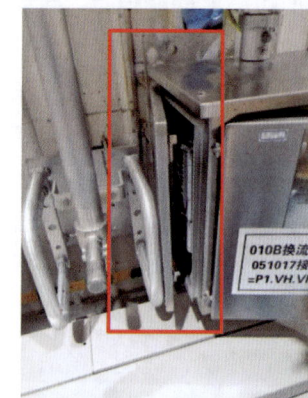

图3-21　接地开关就地端子箱侧门无法打开

解决措施：接地开关二次回路检修需打开侧门，对接地开关柜门重新设计。

后续工程提升建议：图纸设计及现场安装验收阶段，加强设备间互相干扰情况排查，发现问题及时整改。

3.4 其 他 问 题

3.4.1 交流滤波器场断路器选相合闸点仍不满足《防止直流输电系统安全事故的重点要求》要求

问题描述： 某换流站交流滤波器断路器配置选相合闸装置，部分断路器存在实际关合点偏离目标关合点超过±1ms 的情况，不满足《国家能源局综合司关于印发〈防止直流输电系统安全事故的重点要求〉的通知》（国能综通安全〔2022〕115 号）第 6.4.2 条："在带电调试过程中，对选相合闸断路器应进行 3 次带电选相合闸试验，均应在目标关合点±1ms 内。"要求。考虑断路器性能和选相合闸装置多个影响因素，目前每月统计各个交流滤波器断路器选相合闸角度情况，见表 3−1。

表 3−1　　　　　　　　　　交流滤波器断路器选相合闸角度情况

序号	合闸时间	断路器	目标关合角度	目标关合点	实际关合点
1	2023.3.19 12:58:19	5613	A 相：14.4° B 相：134.4° C 相：74.4°	A 相：0.8ms B 相：0.8ms C 相：0.8ms	A 相：−0.2ms B 相：−0.2ms C 相：−4.3ms
2	2023.3.11 12:52:51	5634	A 相：20° B 相：140° C 相：80°	A 相：1.1ms B 相：1.1ms C 相：1.1ms	A 相：0.4ms B 相：1.4ms C 相：0.1ms
3	2023.3.19 7:31:40	5635	A 相：20° B 相：140° C 相：80°	A 相：1.1ms B 相：1.1ms C 相：1.1ms	A 相：−2.6ms B 相：−0.7ms C 相：−4.3ms
4	2023.3.9 7:52:1	5642	A 相：20° B 相：140° C 相：80°	A 相：1.1ms B 相：1.1ms C 相：1.1ms	A 相：1.3ms B 相：−0.1ms C 相：0.3ms
5	2023.2.27 12:37:44	5643	A 相：20° B 相：140° C 相：80°	A 相：1.1ms B 相：1.1ms C 相：1.1ms	A 相：2.1ms B 相：1ms C 相：1.2ms
6	2023.3.11 7:52:3	5644	A 相：20° B 相：140° C 相：80°	A 相：1.1ms B 相：1.1ms C 相：1.1ms	A 相：0.1ms B 相：−0.1ms C 相：−5.6ms
7	2023.2.27 7:53:58	5645	A 相：20° B 相：140° C 相：80°	A 相：1.1ms B 相：1.1ms C 相：1.1ms	A 相：−3.2ms B 相：0.5ms C 相：0.3ms

解决措施： 针对每季度选相偏差超标达到 5 次的断路器，组织厂家分析原因，提出整改措施，考虑断路器的预设合闸时间、目标关合点、自适应功能、自补偿功能是否合理配置。

后续工程提升建议： 加强开关类设备现场调试技术监督工作，做好选相合闸装置关合点检查。

3.4.2　交流滤波器场断路器 PRTV 材料喷涂工艺不良

问题描述：某换流站交流滤波器场断路器瓷质绝缘子表面喷涂 PRTV 涂料时，发现喷涂的透明色 PRTV 涂料外观色差较大，且伞群周围存在滴流现象、涂层表面伴有气泡现象（见图 3-22）。喷涂质量不合格将会改变其电气性能，存在设备污闪的可能。

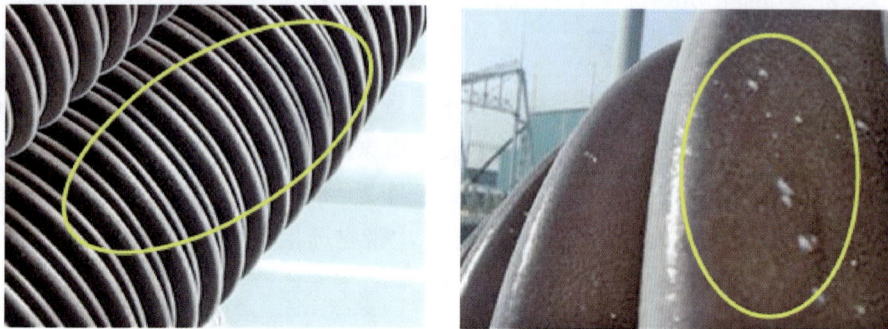

(a) PRTV 涂料滴流　　　　　　　　　(b) PRTV 涂层气泡

图 3-22　交流滤波器场断路器 PRTV 材料喷涂工艺不良

解决措施：对 PRTV 涂料存在滴流及气泡现象进行修补，完成后再喷涂一层棕红色 PRTV 涂料以遮盖透明色差不均匀的特点。同时要求施工单位出具书面材料，说明加喷红色涂料不会降低电气绝缘、机械强度、憎水性、污耐压及耐老化性能，并通过现场、监理、电科院三方验收。

后续工程提升建议：加强开关类设备厂内、现场技术监督工作，现场喷涂难度较大，工艺不好把控，建议在厂内提前喷涂 PRTV，同时喷涂过程中避免雨水或汗水滴入涂料，产生气泡。

3.4.3　交流滤波器场隔离开关动触头受力变形

问题描述：某换流站交流滤波器场 56311 A 相隔离开关动触头被撞击导致变形（见图 3-23），不能正常分合。

图 3-23　隔离开关动触头被撞击变形

解决措施：更换隔离开关相应变形机构。

后续工程提升建议：加强现场安装技术监督工作，做好施工现场风险点、危险点双辨识，分派专人现场监督。

3.4.4 直流场150kV隔离开关触头表面有螺栓磨损痕迹

问题描述：某换流站直流场有9台ZGW1－150型隔离开关存在螺栓磨损痕迹（见图3－24）。分析认为直流场150kV隔离开关在运输时将隔离开关处于合闸状态固定在运输铁架上，而并未包装触头触指。隔离开关在运输过程中因为车辆晃动，隔离开关静触头触指上的螺帽不断剐蹭动触头上的镀锡层导致动触头上留下螺栓磨损的痕迹。

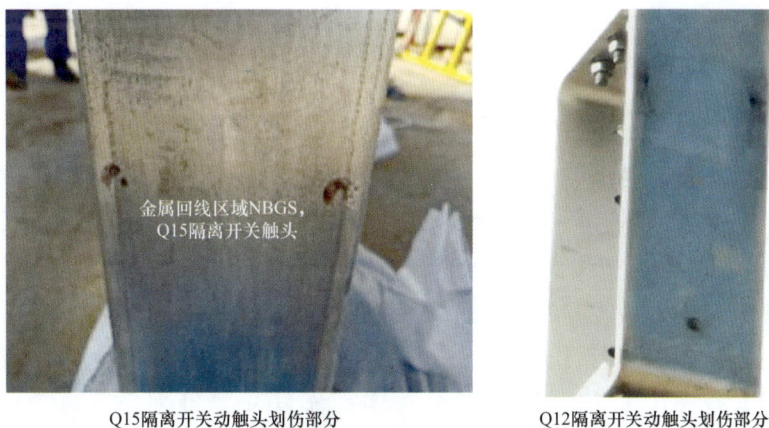

金属回线区域NBGS，
Q15隔离开关触头

Q15隔离开关动触头划伤部分　　　　　　　　Q12隔离开关动触头划伤部分

图3－24　隔离开关触头表面有螺栓磨损痕迹

处理情况：现场到货检查时发现刮伤部位仅在隔离开关镀锡部分，而隔离开关动静触头的镀银层完整无损，所以仅需在划伤部分补涂锡粉，使动触头表面完整光滑即可。厂家处理后，经竣工验收主通流回路测试证明直流场所有150kV隔离开关均满足刀闸本体直阻小于80μΩ。

后续工程提升建议：加强现场到货验收技术监督，关注到货设备外观及功能检查。

4 直流控制保护及测量设备

4.1 产品设计问题

4.1.1 极控主机中 UDL 测量异常判断逻辑不合理

问题描述： 某换流站极控主机中对于直流电压 UDL 测量异常的判断逻辑为，当本系统 UDL 小于对系统时报严重故障、切换系统，未考虑本系统 UDL 大于对系统的情况，存在主用系统 UDL 测量值偏大，导致直流输送功率偏小的风险。建议厂家增加 UDL 自检功能，判断逻辑为本系统 UDL、从系统 UDL 以及 UDL 计算值三方比较，若测量异常报 UDL 测量故障切换控制系统。

原因分析： 控保厂家逻辑设计时未考虑本系统 UDL 大于对系统的情况，属于设计缺陷。

解决措施： 厂家对 UDL 测量异常的判断逻辑进行修改，本系统 UDL 小于或大于对系统 UDL 时都报严重故障。

后续工程提升建议： 后续工程中应注意审查各种模拟量异常判断逻辑是否合理。

4.1.2 换流器控制程序中电压应力保护跳闸定值设置不合理

问题描述： 某换流站直流换流器控制主机（CCP）中电压应力保护跳闸逻辑为当 U_{di0} 大于 $1.05 \times U_{di0absmax}$（$U_{di0absmax}$ 为 229kV），延时 165s 切换系统，切换系统后再延时 30s 跳闸（总计跳闸时间 195s）。经与换流阀厂家校核，极 I 换流阀、极 II 换流阀避雷器耐受能力不满足 $1.05U_{di0absmax}$ 且持续 195s 的要求。

解决措施： 校核控保程序中电压应力保护跳闸参数，并按照定值参数管理流程执行修改。

后续工程提升建议： 后续工程验收阶段，按照定值参数标准化要求开展审查，确保程序中各类定值设置满足要求。

4.1.3 极差动保护策略未取直流滤波器场接地 TA 电流量 IAZ

问题描述： 某换流站极差动保护策略取电流量有 IDL、IDNE、IAN、ICN，未取直流滤波器场接地 TA 电流量 IAZ。当直流滤波器场 F3 避雷器动作，T6 会有电流流过，但实际极差动保护策略未采该处电流量，所以会导致差流出现，存在极差动保护误动作的风险，以往鲁固、昭沂、锡泰直流工程极差动保护策略取的电流量有 IDL、IDNE、IAN、ICN、IAZ。

解决措施：召集相关专家、厂家、运维单位开会讨论该问题，经讨论决定，维持极差动保护逻辑不变，并组织修改直流级差差动保护。原因为当直流滤波器场 F3 避雷器动作时相当于发生了该极的直流接地故障，极差动保护应该动作，因此该换流站保护逻辑正确，鲁固、昭沂、锡泰直流工程的极差动保护逻辑错误，应该对鲁固、昭沂、锡泰直流工程进行整改。

后续工程提升建议：后续工程应按照标准设计极差动保护策略。

4.1.4 直流分压器电源切换 20ms 延时过程可能导致保护误动

问题描述：某换流站电源切换模块采用继电器互锁逻辑实现双电源切换功能，当主用电源电压低于 $55\%U_n$ 时执行自动切换，但由于继电器自身特性，切换存在 20ms 固有延时，在此期间，直流分压器分压板处于失电状态，可能导致直流电压测量值突变为 0，引起保护误动。违反《国家电网有限公司防止直流换流站事故措施及释义（修订版）》第 5.1.3 条"每套直流控制保护装置应采用双路完全冗余的电源供电，单路电源异常不影响装置正常工作，并具备完善的报警功能"的要求。原因为直流分压器电源切换 20ms 延时过程可能导致保护误动。

解决措施：评估分压板 20ms 掉电是否影响分压板电压测量输出，以及对直流控制保护系统的影响。若有影响，则应对电源切换模块进行重新选型，满足完全冗余切换的功能要求。

后续工程提升建议：对后续工程应注意审查直流分压器电源切换延时对控制保护功能的影响，要求厂家在厂内完成相关的验证试验。

4.1.5 实测线路电阻与理论值存在偏差导致直流电压偏低

问题描述：某换流站直流控制保护系统 SCADA 系统采用 PCS-9700 直流监控系统。在某直流双极低端系统调试期间，单阀组额定功率 3000MW 时，直流电流超过过负荷门槛值（$1.012 \times I_{dn}$），直流进入 2h 过负荷运行状态。

在某直流控制系统中，正常运行时整流侧为定直流电流控制，逆变侧为定熄弧角控制，直流系统的直流电压主要通过逆变侧的分接头进行控制。其控制方法及目标为：逆变站通过调节分接头挡位控制直流电压高低，控制整流站电压维持在目标值附近。某直流运行时，逆变侧电压控制器的电压参考值计算可简要表述如下

$$U_{\text{dref\_INV}} = U_{\text{dref\_REC}} - R\_line \times I\_dc \tag{4-1}$$

式中：R_line 为线路阻抗值；I_dc 为直流电流。

直流功率高于 0.5 标幺值时，逆变侧电压参考值计算按式（4-1）进行。在该工况下，R_line 将采用通过实际测量值运算的阻抗值而非固定阻抗值，其计算方法可简要表述为

$$(U_{\text{d\_rect}} - U_{\text{d\_inv}})/I\_dc \tag{4-2}$$

式中：$U_{\text{d\_rect}}$、$U_{\text{d\_inv}}$ 分别为整流、逆变侧直流电压测量值。

计算出的线路阻抗值配置有上下限幅，限幅后阻抗值参与计算最终得到逆变侧电压参考值。

控保软件中，线路电阻理论值送入 PCP/PCP/program/MAINCPU/Main/VARC/VARCRDCALC.ghcx 页面，线路电阻计算逻辑中将此值作为下限值（RES_LIM_MIN），线路电阻计算值满足 RES_LIM_MIN＜RES_CALC＜RES_LIM_MAX。

由于某直流的超长线路及特殊的地理环境，线路走廊环境复杂，低温环境下线路电阻与理论值存在一定差异，调试期间现场实际计算值为 8.4Ω，而程序中提供的最小理论电阻值为 9.41Ω，最终电阻值被限制在 9.41Ω，而不是实际计算的 8.4Ω，导致某直流线路压降计算值比实际值偏大，造成直流系统电压参考值偏低，直流电流偏大，超过进入短期过负荷的门槛值后，在额定工况时即进入短期过负荷状态并开始计时，两小时短期过负荷能力消耗完以后，控制系统将电流指令限制在进入短期过负荷的门槛值，进而产生功率回降。

解决措施： 厂家修改软件，将软件中线路的理论计算值改小，使线路电阻计算值能适应温度变化的范围。

后续工程提升建议： 超长直流线路走廊环境复杂，进一步研究超长直流线路参数的影响因素对工程实际应用具有重要意义；系统调试应关注成套设计参数的验证，特别是大负荷及过负荷工况下直流系统的参数及稳定性。

4.1.6　MRTB 开关重合功能 II 段定值不合理

问题描述： 2018 年 10 月 11 日，某直流在极 II 单极 1.0 标幺值运行的工况下，进行大地转金属回线运行时未成功。转换过程中双极中性母线差动保护动作请求移相重启动，金属回线已建立，0300（MRTB）开关拉开后，MRTB 开关保护 II 段动作重合 MRTB 开关。MRTB 开关型号为 HPL245B1，于 2017 年 7 月 1 日生产，2019 年 9 月 26 日投运。

OWS 事件记录报"金属转换开关保护 II 段重合 MRTB"，0300 开关（MRTB）重合并锁定。现场运行人员在第一时间对现场一次设备进行了检查，未发现一次设备问题。经开关厂家现场检查确认，确无一次设备原因。

双极中性母线差动保护使用的电流包括双极区电流 IDNE、IDNE_OP、IDGND、IDME、IDEL1、IDEL2，动作原理是差动电流大于制动电流、动作时间 150ms，单极运行动作后果为移相重启动，重启不成功 600ms 动作单极。

差流计算

$$IDIFF\_BNBDP = |IDNE1 - IDNE2 - (IDEL1 + IDEL2 + IDGND + IDME)| \qquad (4-3)$$

保护动作

$$IDIFF\_BNBDP > BNBDP\_IRES = Ideb\_set + k\_set * |IDNE1 - IDNE2| \qquad (4-4)$$

其中 Ideb_set = 0.03pu，k_set = 0.1。

在差流计算过程中为适应直流系统接线形式变化，IDEL1、IDEL2 的计算考虑了接地极线连接状态，其中接地极线连接状态考虑了 MRTB 开关的合位。接地极线连接时双极中性母线差流计算考虑 IDEL1、IDEL2。接地极线未连接时双极中性母线差流计算不考虑 IDEL1、IDEL2。

在大地回线转换到金属回线运行时，要拉开 MRTB 开关，保护采到 MRTB 开关的分位时，双极中性母线差流计算不再计入 IDEL1、IDEL2。波形如图 4-1 所示，两条标线区间时间 150ms。

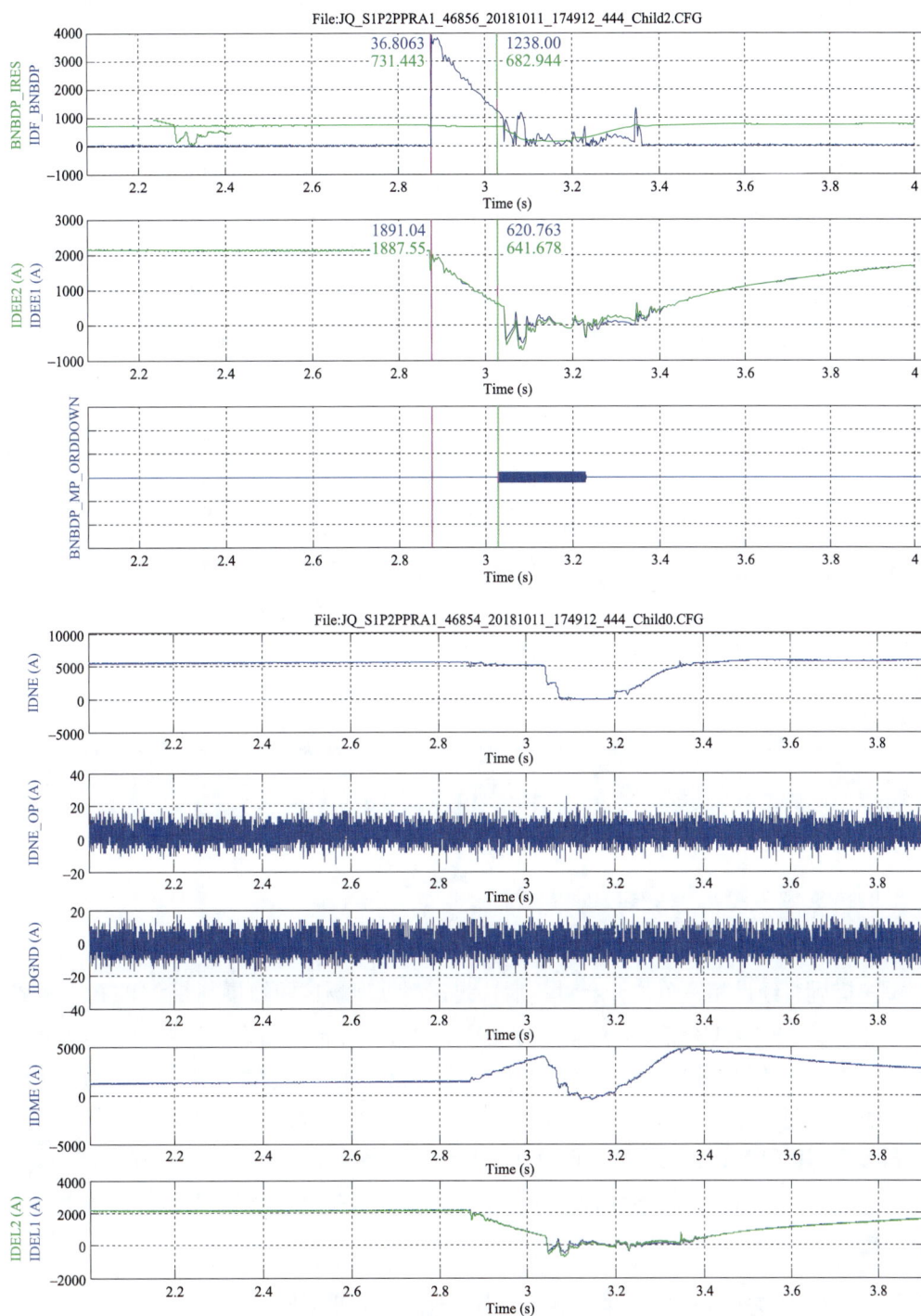

图 4-1 采量波形

从图4-1中看出,在 MRTB 开关分位后 BNBDP_DIFF 产生差流,差流的大小和 IDEL (IDEL1+IDEL2)相等,其他电流无异常,可判定 BNBDP_DIFF 的产生是由于 MRTB 分位后,不再计入 IDEL 所致。MRTB 分位后,正常情况下在双极中性母线差动保护动作前,IDEL 会消失,但在本次试验中,MRTB 分位 150ms 后 IDEL 电流在 1200A 左右,大于双极中性母线差动保护动作制动量 710A 左右,时间达到 150ms 后双极中性母线差动保护动作请求移相重启,保护动作。

MRTB 开关保护配置有两段保护,Ⅰ段保护使用开关断口电流 IMRTB,Ⅱ段保护使用 IDEL 电流,保护动作原理是开关合位消失后,流过开关电流大于定值保护动作,开关保护动作后果为重合 MRTB 开关。通过图4-2中波形看出 MRTB 在合位消失后,IMRTB 很快变0,IDEL 电流仍然有数值,时间条件满足后 MRTB 开关保护Ⅱ段动作重合 MRTB 开关,根据 IDEL 大小判断出 MRTB 开关Ⅱ段保护动作时间在 420ms 左右。

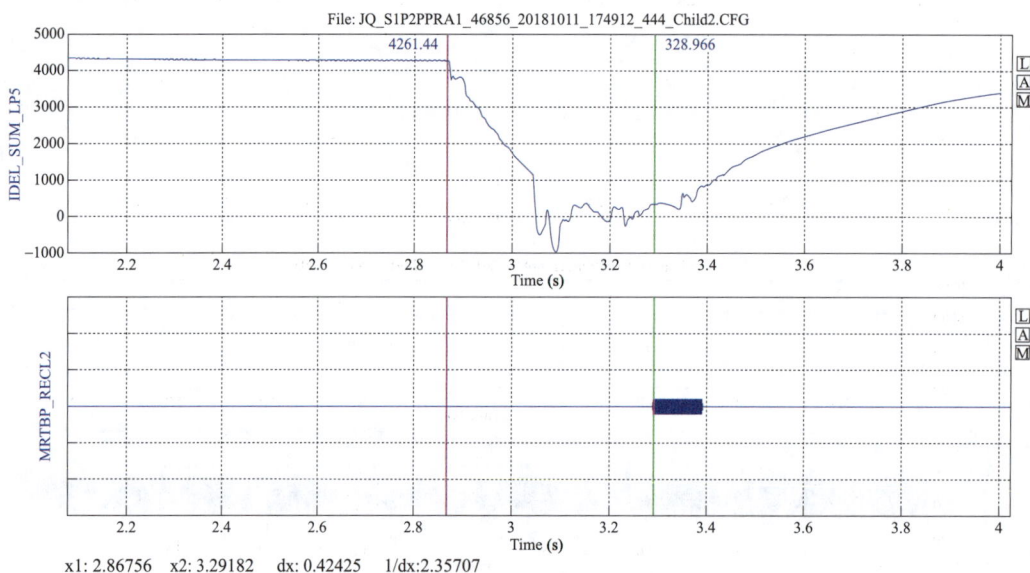

图4-2 IDEL、MRTB 开关Ⅱ段保护动作波形

解决措施: 经过相关单位开会讨论后决定,根据现场试验结果判断 MRTB 开关参数略微保守,厂家根据试验情况,重新进行计算后对开关Ⅱ段重合动作参数进行了修改,将 MRTB 开关失灵Ⅱ段保护定值由 75A 改为 120A。修改相关参数后,在后期的相关试验中未发生类似问题。

后续工程提升建议: 工程设计理论计算与现场设备实际运行时情况存在偏差,根据以往工程经验得到的保护与设备配合的参数定值需要重点关注;工程前期进行设备差异化研究与分析。

4.1.7 分接开关存在单元件故障引起直流闭锁的隐患

问题描述: 某换流站低端换流变压器分接开关油温高于135℃时,存在单元件故障导致直流闭锁隐患，低端换流变压器分接开关型号为 VUCLRE 1050/2X1000/F，投运日期为 2019 年 9 月 26 日。

低端换流变压器分接开关油温高时，驱动一个中间继电器 K503，由 K503 所带的三副节点开入至阀组非电量接口柜 NEP，直接启动跳闸，存在单元件故障导致直流闭锁的可能。修改软件使分接开关油温高时不跳闸，只报油温高事件。

解决措施：修改软件，取消低端分接开关油温高开入位的使能，使之不能发出跳闸指令，只发告警事件。

后续工程提升建议：关注新建工程与以往工程中设计不同的部分，明确差异化的原因及是否符合《国家电网有限公司防止直流换流站事故措施及释义（修订版）》的要求，对不符合要求的设计，提前联系设计进行更改，确保后续验收、调试的顺利进行。

4.1.8 线路纵差及金属回线纵差保护误动

问题描述：2019 年 1 月 2 日，某换流站进行极 II 双换流器大地/金属转换试验，12 时 21 分该站进行极 II 双换流器金属回线转为大地回线运行，该站极 II PPRA 主机平行监视故障，PPRA 主机置为紧急故障，转换过程中故障站极 II PPRB 主机再次故障，该站极 II 金属回线纵差保护 A、B 套动作出现，极 II 保护 Y 闭锁，极 II 直流场极隔离。后台报文如图 4-3 所示。该站极保护型号为 PCS-9552，2017 年 7 月 7 日生产，2019 年 9 月 26 日投运。

序号	时间	主机	系统	等级	报警组	事件
3038	2019-01-02 12:21:22.814	S1P2PPR1	A	报警	金属回线	纵差保护 动作
3039	2019-01-02 12:21:22.815	S1P2PCP1	A	紧急	三取二逻辑	保护发出极隔离命令 出现
3040	2019-01-02 12:21:22.815	S1P2PCP1	A	紧急	三取二逻辑	保护发出锁定交流断路器命令 出现
3041	2019-01-02 12:21:22.815	S1P2PCP1	A	紧急	三取二逻辑	保护发出启动失灵跳交流断路器命令 出现
3042	2019-01-02 12:21:22.815	S1P2PCP1	A	紧急	三取二逻辑	保护发出启动失灵跳交流断路器命令 出现
3043	2019-01-02 12:21:22.815	S1P2P2F1	B	紧急	金属回线	纵差保护 动作
3044	2019-01-02 12:21:22.815	S1P2PPR1	A	报警	装置监视	第1套极保护动作 出现
3045	2019-01-02 12:21:22.815	S1P2PCP1	A	紧急	金属回线	纵差保护 动作
3046	2019-01-02 12:21:22.815	S1P2PCP1	B	轻微	切换逻辑	退出备用
3047	2019-01-02 12:21:22.816	S1P2PCP1	A	紧急	三取二逻辑	保护 Y 闭锁 出现
3048	2019-01-02 12:21:22.816	S1P2PCP1	A	紧急	金属回线	纵差保护 动作
3049	2019-01-02 12:21:22.816	S1P2PCP1	A	正常	暂态故障录波	故障录波触发 出现
3050	2019-01-02 12:21:22.816	S1P2PCP1	A	紧急	阀组控制	PCP PAM锁定交流断路器命令 出现
3051	2019-01-02 12:21:22.816	S1P2PCP1	A	紧急	阀组控制	PCP PAM极隔离命令 出现
3052	2019-01-02 12:21:22.816	S1P2PPR1	A	正常	暂态故障录波	故障录波触发 出现
3053	2019-01-02 12:21:22.816	S1P2P2F1	A	紧急	三取二逻辑	保护发出启动失灵跳交流断路器命令 出现
3054	2019-01-02 12:21:22.816	S1P2P2F1	A	紧急	金属回线	纵差保护 动作
3055	2019-01-02 12:21:22.817	S1P2CCP1	A	正常	暂态故障录波	故障录波触发 出现
3056	2019-01-02 12:21:22.817	S1P2CCP2	A	紧急	阀组控制	CCP PAM启失灵跳交流断路器命令 出现
3057	2019-01-02 12:21:22.817	S1P2CCP2	A	正常	暂态故障录波	故障录波触发 出现
3058	2019-01-02 12:21:22.817	S1P2CCP2	A	紧急	阀组控制	CCP PAM锁定交流断路器命令 出现
3059	2019-01-02 12:21:22.817	S1P2CCP2	A	紧急	阀组控制	CCP PAM启失灵跳交流断路器命令 出现
3060	2019-01-02 12:21:22.818	S1P1PCP1	B	正常	暂态故障录波	故障录波触发 出现
3061	2019-01-02 12:21:22.819	S1P2PCP1	B	紧急	直流场	PCP发出失灵跳低阀交流断路器命令 出现
3062	2019-01-02 12:21:22.819	S1P2PCP1	B	紧急	直流场	PCP发出启失灵跳高阀交流断路器命令 出现
3063	2019-01-02 12:21:22.819	S1P2CCP2	A	轻微	切换逻辑	退出备用
3064	2019-01-02 12:21:22.819	S1P2VCI1	A	正常	系统监视	REC_TRIG信号 出现
3065	2019-01-02 12:21:22.819	S1P1PCP1	A	正常	暂态故障录波	故障录波触发 出现
3066	2019-01-02 12:21:22.819	S1P2VCI2	A	正常	系统监视	REC_TRIG信号 出现
3067	2019-01-02 12:21:22.820	S1P2CCP1	B	正常	暂态故障录波	故障录波触发 出现
3068	2019-01-02 12:21:22.820	S1P2CCP1	B	紧急	阀组控制	CCP PAM锁定交流断路器命令 出现
3069	2019-01-02 12:21:22.820	S1P2CCP1	B	紧急	阀组控制	CCP PAM启失灵跳交流断路器命令 出现
3070	2019-01-02 12:21:22.820	S1P1CCP1	A	正常	暂态故障录波	故障录波触发 出现
3071	2019-01-02 12:21:22.820	S1P1CCP2	A	正常	暂态故障录波	故障录波触发 出现
3072	2019-01-02 12:21:22.820	S1P2CCP2	B	正常	暂态故障录波	故障录波触发 出现
3073	2019-01-02 12:21:22.820	S1P2CCP1	B	紧急	阀组控制	CCP PAM启失灵跳交流断路器命令 出现
3074	2019-01-02 12:21:22.821	S1P2CCP2	A	报警	闭锁顺序	移相命令 出现

图 4-3 后台报文

某直流工程直流线路纵差以及金属回线纵差保护涉及整流站和逆变站两侧的 IDL、IDME 电流量，两站的 PPR 保护主机均采集对侧的 IDL、IDME，由于两站 PPR 间无直连通信通道，IDL、IDME 测量量是由本站 PPR 主机转发至本站 PCP 主机，再由本站 PCP 主机利用站间通信通道送至对侧 PCP，再由对侧 PCP 转发至对侧 PPR 完成保护数据的传递。

发生本次故障的原因：对侧极 II PPRA/B 两套主机相继故障置保护主机紧急故障，PPR 主机送给对侧 PCP 主机 IDME 电流量保持在主机故障前一刻的采样值，对侧 PCP 将 PPR 主机故障后的电流量送至本站，由于金属回线转大地回线过程中本站 IDME 测量量一直在变化，而对侧送来的量由于主机死机保持不变，当两侧差流达到 0.04 标幺值（218.2A）时保护达到动作定值保护动作。PPRA 主机 Hibug 页面如图 4-4 所示。

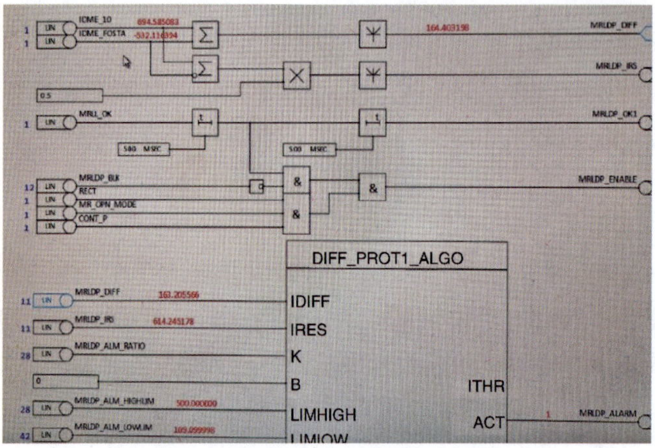

图 4-4　PPRA 主机 Hibug 页面

通过查看软件发现对侧 PPR 死机后 IDME_FOSTA 保持为 -532.116394，本站 IDME_10 在金属/大地切换过程中持续增大，导致 MRLDP_DIFF 达到动作定值后金属回线纵差保护动作。

解决措施： 对于对站保护主机死机导致本站保护动作出口的问题，通过核实确定修改方案为保护紧急故障时，视为退出运行，由于直流线路纵差以及金属回线纵差保护需要两端保护共同参与，所以当一侧 PPR 保护主机紧急故障时，通知另一侧相应的 PPR 主机退出纵差保护，来防止因一侧装置故障导致另一侧保护出口。

后续工程提升建议： 调试期间重点关注控制主机故障信息，出现单套故障时应该及时查明原因，并分析可能造成的后果。

4.1.9　直流场穿墙套管非电量跳闸不出口

问题描述： 某换流站验收期间进行直流保护传动时发现户内直流场穿墙套管非电量动作只报事件，未按正常跳闸逻辑跳开关。直流场极 II 1100kV 穿墙套管型号为 BWP±1122、150、550、600kV 和极 I 1100kV 穿墙套管型号分别为 GGFL150HC、GGFL550、GGFL600 和 GGFL1100；于 2017 年 6 月生产，2019 年 9 月 26 日投运。

穿墙套管的非电量跳闸信号通过三副独立的跳闸节点分别开入至 PNEPA、PNEPB、PNEPC 接口装置，然后送至 PCP。PCP 接收的开入送至非电量"三取二"逻辑进行判断，并通过开放使能信号，进而产生跳闸信号。户内直流场穿墙套管非电量动作只报事件、未跳开开关，经检查发现程序中出口使能未开放，导致"三取二"逻辑无法产生跳闸信号。

解决措施：修改软件，开放穿墙套管非电量跳闸使能。

后续工程提升建议：验收工作应编制详细全面的作业指导书，对电流、电压、跳闸、电源回路一一验证，了解回路原理及与控制保护的对应关系，验证时不应按类型分类部分验证，应覆盖所有回路，确保回路和动作策略正确。

4.1.10　低压二次测量电缆跨越不同小室

问题描述：某换流站零磁通电流互感器合并单元输出至直流控保测量接口屏的二次测量电缆（传输额定 1.667V 的弱电电压量）及 24V 告警信号跨越不同小室、不同楼层，存在干扰导致测量异常、保护误动的风险，违反《国家电网有限公司防止直流换流站事故措施及释义（修订版）》中第 5.1.26 条"控制保护装置的 24V 控制和信号电源电缆不应出保护室，以免因干扰引起异常变位"的要求。

传输额定 1.667V 的弱电电压的二次测量电缆和 24V 告警信号容易受到无线电干扰，只能在同保护室内使用，若离开保护室或传输距离较长时应采用更可靠的信号传输方式。

解决措施：在设计阶段调整相关屏柜的位置，缩短信号传输的距离，对于已建成站则更换信号传输部件采用强电信号传输或改用光传输。

后续工程提升建议：后续工程应避免传输额定 1.667V 的弱电电压量的二次测量电缆和 24V 告警信号跨小室使用。

4.1.11　保护电流回路（本体至汇控柜部分）合用一根多芯电缆

问题描述：某换流站冗余配置的 750kV 母线保护、750kV 线路保护、交流滤波器母线保护，三重化配置的直流保护（含换流变压器保护）电流回路（本体至汇控柜部分）合用一根多芯电缆。违反 GB/T 14285—2006《继电保护和安全自动装置技术规程》6.1.8"对双重化保护的电流回路、电压回路、直流电源回路、双跳闸绕组的控制回路等，两套系统不应合用一根多芯电缆。"以及《国家电网有限公司关于印发十八项电网重大反事故措施（修订版）的通知》第 8.5.1.1 条"直流控制保护系统应至少采用完全双重化或三重化配置，每套控制保护装置应配置独立的软、硬件，包括专用电源、主机、输入输出回路和控制保护软件等。直流控制保护系统的结构设计应避免因单一元件的故障而引起直流控制保护误动或跳闸"的要求，确保两套系统不合用一根多芯电缆。

解决措施：将每套系统所使用的电流回路单独使用合适的电缆，禁止合用一根多芯电缆。

后续工程提升建议：后续工程应避免对多路电流电压回路使用同一根多芯电缆。

4.1.12　三套双极测量接口屏直流电源未取自不同直流母线

问题描述：某换流站双极测量接口屏 A、双极测量接口屏 B、双极测量接口屏 C 的 220V 信号电源均取自站及双极直流系统 A 段馈线。不符合防止直流换流站闭锁措施的相关要求。当屏柜 A、B、C 信号电源均取自同一直流馈线段时，单一电源系统故障可能导致控制保护系统同时采样异常，严重情况下可导致直流闭锁。

解决措施：双极测量接口屏 A、B、C 直流电源分别取自直流馈线 A、B、C 段。

后续工程提升建议：对后续工程应避免出现 A、B、C 系统取自同一段低压直流母线的情况。

4.1.13 光 TA 设计存在极寒环境下导致直流闭锁隐患

问题描述：2020 年换流站多次发生光 TA 故障，某换流站选用的光 TA 存在同样安全风险。2021 年 3 月 25 日，组织的某工程光 TA 技术讨论会明确了光 TA 整改措施，并提出了在调制箱采用外置加热板的方案。

某换流站光 TA 极 I 直流场、接地极和交流滤波器场部分小组不平衡光 TA 未采取可靠减震、防水防潮、传感光纤分槽布置等措施，不符合国家电网公司总部《在运换流站光 TA 测试及整改情况汇报》对新建站的整改要求，运行中存在因环境变化导致光 TA 运行参数异常，造成保护闭锁退出的后果，严重时可能导致直流闭锁。

某换流站投运以来，共有 6 台光 TA 先后出现测量异常情况。其中，直流场 4 台，交流滤波器场 2 台。光 TA 设计存在严重缺陷，调制箱未设计合适的加热板，导致频繁发生故障。

解决措施：厂家应针对问题对光 TA 的设计进行整改，在调制箱内增设合适的加热板，对于已建成的站内同类设备可采取加装外置加热板等补救措施防止故障发生。

后续工程提升建议：后续工程中应注重对光 TA 调制箱的设计审查，并要求厂家出厂前做相应的测试试验。

4.1.14 纯光 TA 光传输通道没有热备用通道

问题描述：某换流站纯光 TA（直流场、接地极共计 22 台，低端滤波器不平衡共计 30 台）、纯光 TA（高端滤波器不平衡共计 36 台）未配置热备用传感光纤。

某换流站纯光 TA（供货数量共 94 台，直流场设备 24 台、备品 8 台；交流场设备 60 台、备品 2 台。）直流场每个光 TA 配置 3 套互为冗余的独立传感光纤，直流场极线线路侧光 TA 多配置 1 个用于谐波电流测量的传感光纤。交流场每个光 TA 配置 4 套互为冗余的独立传感光纤。所有光 TA 均无热备用传感光纤，不满足《国家电网有限公司防止直流换流站事故措施及释义（修订版）》第 9.1.10 条"光 TA、光纤传输的直流分压器应配置冗余远端模块或传感光纤"的要求。

上述光 TA 的光纤回路故障后需停运对应设备，特别是安装于直流场的光 TA，故障后需要停运直流，造成直流系统非计划停运。

解决措施：纯光纤式电流互感器增设冗余的传感光纤及独立的测量输出通道，提高设备可靠性。

后续工程提升建议：对后续工程中应注意审查光 TA 应具有备用通道。

4.1.15　光 TA 与直流控制保护系统接口处无人机交互界面

问题描述： 某换流站交直流场配置的光 TA 与直流控制保护系统接口处无人机交互界面，无法显示光 TA 关键实时监测信息。按《国家电网有限公司关于印发十八项电网重大反事故措施（修订版）的通知》第 11.3.3.2 条"电子式互感器应加强在线监测装置光功率显示值等告警信息的监视的要求，各设备厂家将光 TA 的关键监测信息如光功率、光电流、通道数据等上传至后台进行监测，方便运维检修人员进行状态监测和故障定位"的要求，此项为设计疏漏，应按要求在后台增设相关信息。

解决措施： 控保设备厂家在后台监控系统中增设光 TA 实时监测信息界面。

后续工程提升建议： 对后续工程中应注意审查光 TA 与直流控制保护系统接口处应有人机交互界面。

4.1.16　NBS、NBGS 光回路无热备用通道

问题描述： 某换流站直流场 NBS、NBGS 开关，配套光 TA 仅配置 3 个测量通道，无冗余备用，存在单一通道故障需停电更换的隐患。此为设计疏漏，应按要求增设相关通道。

解决措施： 增加直流场 NBS、NBGS 开关备用测量通道，消除单一通道故障需停电更换的隐患。

后续工程提升建议： 对后续工程应注意审查光回路都应有足够的备用通道。

4.1.17　NBS、NBGS 开关配套的光纤电流采集装置安装在户外屏柜

问题描述： 某换流站直流场 NBS、NBGS 开关，配套的纯光 TA 光纤电流采集装置设计安装在户外屏柜，户外运行环境较差，不利于采集装置运行。光纤电流采集装置在户外环境中运行会造成故障率增加。

解决措施： 转换开关光 TA 由户外就地柜移至控制室内。

后续工程提升建议： 对后续工程应注意审查光纤电流采集装置应安装在户内。

4.1.18　直流分压器电源切换模块失电报警接点信号未接入监控系统

问题描述： 某换流站直流分压器电源切换模块失电报警接点信号未接入站内监控系统，电源切换模块故障后运维人员无法及时发现故障。违反《国家电网有限公司防止直流换流站事故措施及释义（修订版）》第 9.1.8 条"直流分压器测量传输环节中电子单元、合并单元、模拟量输出模块等，应由两路独立电源供电，且两路电源应取自不同蓄电池组供电的直流母线，每路电源具有监视功能"的要求。电源切换模块失电报警接点信号未接入站内监控系统会造成电源切换模块故障无法及时发现。

解决措施： 将电源切换模块失电报警接点信号接入站内监控系统。

后续工程提升建议： 对后续工程应注意审查直流分压器电源切换模块失电报警接点信号应接入监控系统。

4.1.19　直流场光 TA 采集单元和合并单元电源失电告警信号采用动合触点

问题描述：某换流站验收期间，查看图纸发现，直流场光 TA 采集单元和合并单元电源失电告警信号采用动合触点，装置上电正常运行时会一直报警。

解决措施：修改图纸，将电源失电告警信号改接至动断触点。

后续工程提升建议：加强设计、验收阶段管控。

4.1.20　直流场光 TA 信号分配板压敏电阻劣化可能导致测量异常

问题描述：某换流站直流场光 TA 信号分配板压敏电阻劣化曾导致直流闭锁，目前配备的光 TA 同样存在此隐患。某换流站现场验收期间，发现仍配置有压敏电阻。

解决措施：按照《金华站光 TA 压敏电阻劣化导致直流闭锁问题的技术监督意见》（国网直流技术监督〔2021〕6 号）执行，取消光 TA 压敏电阻。

后续工程提升建议：直流场光 TA 信号分配板取消压敏电阻设计。

4.1.21　通信电源硬接点不满足信号接入双套测控装置的要求

问题描述：某换流站现场验收期间，发现 1 号通信电源装置异常、1 号通信电源直流母线电压异常报警、1 号通信电源充电输出开关合位、1 号通信电源蓄电池欠压、1 号通信电源交流进线异常报警、1 号通信电源监控装置通信中断、1 号通信电源蓄电池熔丝熔断位置、2 号通信电源装置异常、2 号通信电源直流母线电压异常报警、2 号通信电源充电输出开关合位、2 号通信电源蓄电池欠压、2 号通信电源交流进线异常报警、2 号通信电源监控装置通信中断、2 号通信电源蓄电池熔丝熔断位置等 14 个硬接点信号只接入了 OWS 后台的 A 套系统，未接入 B 套系统。存在 OWS 后台 A 套系统检修或停运期间无法正常接收通信电源硬接点告警信号的风险。

解决措施：在 1 号通信电源屏和 2 号通信电源屏分别增加一套重动继电器，将硬接点扩展成两对，分别送 OWS 后台的 A 系统和 B 系统。

后续工程提升建议：图纸设计阶段，通信电源硬接点分别接入后台的 A 系统和 B 系统。

4.1.22　直流场光 TA 冗余测量板卡供电不独立

问题描述：某换流站现场验收期间，发现直流场配置的光 TA 采集板卡 A/B/C 系统安装在同一层内，一旦进行单块板卡的更换将影响其他冗余保护系统。光 TA 采集板卡如图 4-5 所示。

解决措施：将 A/B/C 三套系统板卡电源独立配置，避免一套板卡更换时影响其他系统。

后续工程提升建议：设计冻结阶段，要求光 TA 采集板卡电源独立配置，提升冗余性。

4.1.23 直流场光 TA 空调安装在机箱侧板，不便于维护

问题描述： 某换流站现场验收期间，发现直流场配置的光 TA 户外机箱侧面外壳安装有机柜空调（见图 4-6），该空调拆卸需松开内部螺栓。一次带电期间更换空调容易影响光 TA 电子板卡。

图 4-5　光 TA 采集板卡

图 4-6　光 TA 户外机箱

解决措施： 将机柜空调改为机柜后门安装，便于现场更换及维护。

后续工程提升建议： 设计冻结阶段，要求光 TA 户外机箱空调设计于后门，便于空调维护。

4.1.24 屏柜内故障录波装置缺少备用光纤

问题描述： 某换流站现场验收期间，发现屏柜内故障录波装置备用光纤仅接至光纤熔接盒（见图 4-7），缺少光纤熔接盒到机箱的备用光纤。

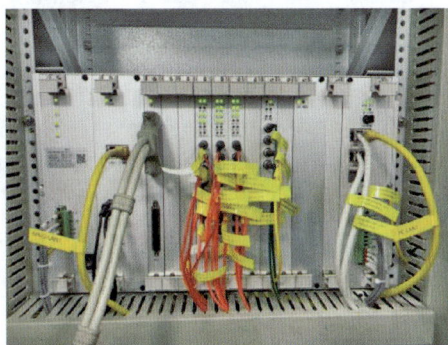

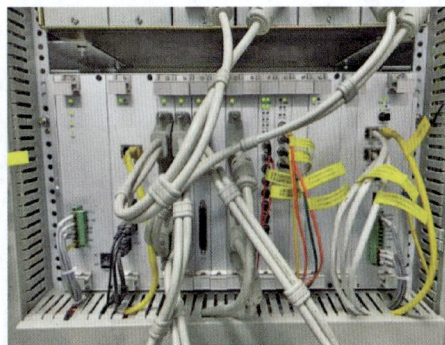

图 4-7　故障录波装置

解决措施： 增加光纤熔接盒至机箱的光纤，并对备用光纤做好标签，光纤头做好防尘等措施。

后续工程提升建议： 设计冻结阶段，要求故障录波装置配置光纤熔接盒至机箱的备用光纤。

4.1.25　保信子站采集柜内机箱备用网口缺少封口塞

问题描述： 某换流站现场验收期间，发现保信子站采集柜内机箱存在备用网口缺少封口塞情况（见图4-8），防尘、防潮措施不完善。

图4-8　保信子站采集柜

解决措施： 补全备用网口封口塞，做好备用网口防尘、防潮措施。

后续工程提升建议： 验收阶段，机箱备用网口、光纤插口按要求使用封口塞，做好防尘、防潮措施。

4.1.26　断路器、隔离开关、接地开关故障后 OWS 界面显示状态不明

问题描述： 某换流站现场验收期间，发现断路器、隔离开关、接地开关故障后 OWS 界面显示该隔离开关或接地开关状态不明，看不到实际分合位置。

解决措施： 参考在运换流站经验，对断路器、隔离开关、接地开关故障后的 OWS 状态修改。

后续工程提升建议： 验收阶段，对 OWS 界面隔离开关、接地开关状态与现场状态对比，发现问题及时整改。

4.2　原材料及组部件问题

4.2.1　阀组控制内接口装置 DFV100 开入板卡 DDI10C 光耦击穿

问题描述： 直流控保阀组控制内接口装置 DFV100 开入板卡 DDI10C 发生光耦击穿，存在单一元件故障导致直流误闭锁风险。直流控保阀组控制内接口装置 DFV100 开入板卡

DDI10C 存在产品质量问题，同时设计方案中也没有规避掉单一原件故障导致跳机的隐患。

解决措施：现更改为调制光信号直接传输，不经过光电转换，不经过 DDI10C 板卡避免发生光耦击穿。目前相关方案仍在论证过程中。

后续工程提升建议：根据进一步论证结果进行设备改进，未完全消除隐患前暂更改为调制光信号直接传输，不经过光电转换，不经过 DDI10C 板卡避免发生光耦击穿。

4.2.2　直流极母线 U_{dN} 电压测量异常

问题描述：某换流站验收期间，发现后台运行人员监控系统显示极Ⅱ中性母线电压 U_{dN} 为 0.6kV，双极平衡运行方式下该值基本为零，显示值与实际中性母线电压不符。监视发现极Ⅱ极控系统 A/B 和极Ⅱ极保护 A/B/C 采集的 U_{dN} 电压值均偏高。监控系统直流系统如图 4-9 所示。

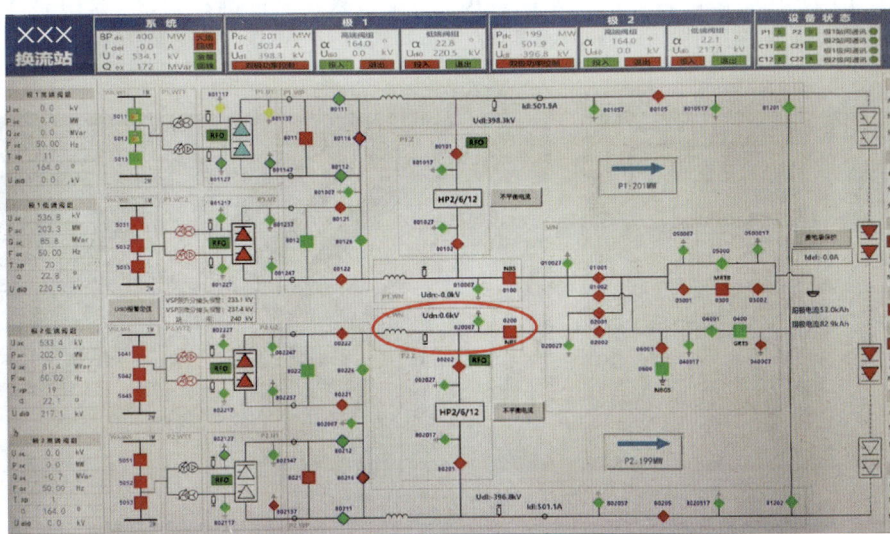

图 4-9　监控系统直流系统

解决措施：停电检修期间检查极Ⅱ中性母线直流分压器一次电压采集及信号处理传输环节。

后续工程提升建议：施工阶段，重点检查直流分压器一次电压采集及信号传输是否存在干扰，接地是否良好。

4.2.3　直流分压器电源切换模块运行温度过高

问题描述：某换流站红外测温发现极Ⅰ、极Ⅱ直流分压器测量接口柜内所有直流电源切换模块（共 6 只）壳体表面温度为 58℃，侧面散热孔附近最高温度达 120℃（环境温度 18℃）；对比分析厂内同型号电源切换装置温升试验结果，模块壳体温度为 46.0℃，侧面散热孔附近温度为 98℃（环境温度 24.8℃）。根据调查，国内其他换流站该模块散热口运行最高温度仅为 60℃，电源切换模块存在安全隐患。此为生产批次问题，其他批次暂未发现同类发热情况。

解决措施：厂家将经过实验验证的新的电源切换模块发至站内进行更换。

后续工程提升建议：对于同类产品要求厂家出具厂内试验报告，厂内试验无问题后再发往站内安装使用。

4.3　制造及安装工艺问题

4.3.1　控制保护屏柜内光纤布置混乱

问题描述：某换流站验收期间，发现控制保护屏柜内未考虑光纤尾纤多余长度布置，现场采用在槽盒内折叠的方式固定在槽盒内，也未对悬垂光纤进行固定。备用光纤出槽后直接下垂，弯曲直径过小，如图4-10所示。

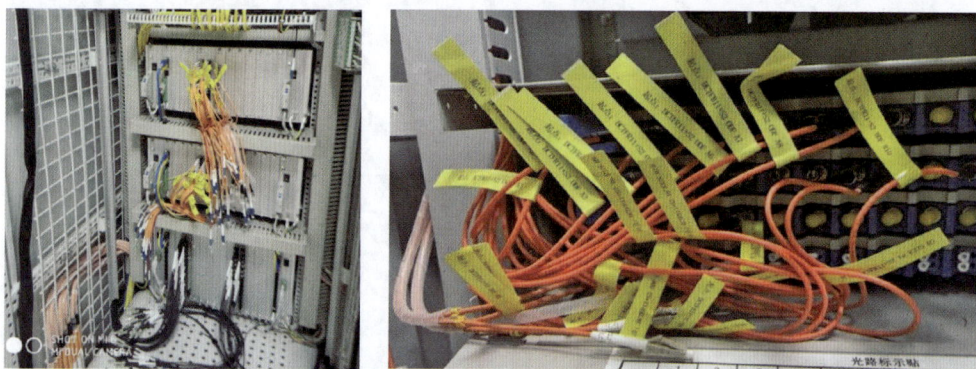

图4-10　控制保护屏柜

解决措施：将光纤尾纤从槽盒内引出，盘放或盘挂的方式将多余长度释放，弯曲直径不小于10cm。光纤在槽盒内自然悬垂长度不大于30cm应有固定。备用光纤出槽盒内应尽量平放，如有弯曲其弯曲直径不小于10cm。

后续工程提升建议：施工阶段，加强施工工艺管控，按照要求正确敷设光纤，确保光纤弯曲直径不小于10cm。

4.3.2　控保主机底部滤网积灰严重

问题描述：某换流站验收期间，现场检查控保主机底部滤网积灰严重，如图4-11所示。

解决措施：投运前对所有HCM3000控保主机滤网进行更换。

后续工程提升建议：施工阶段，加强施工工艺管控，控保室确保无灰尘堆积，投运前对控保主机滤网更换。

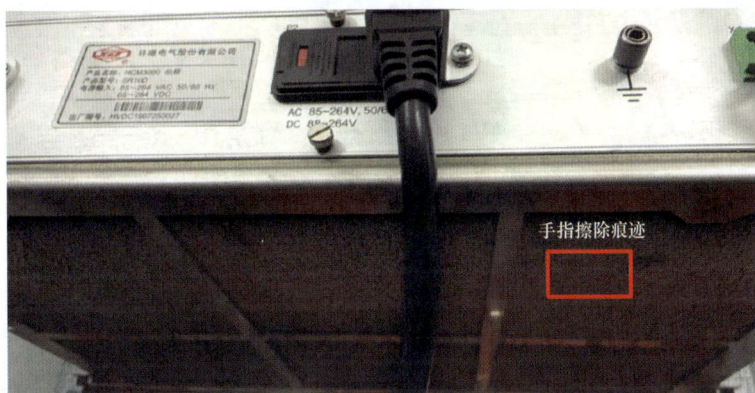

图 4-11   控保主机底部滤网积灰严重

4.3.3   IDNC、IDNE 的极性错误导致双极中性线差动保护动作

问题描述： 某换流站调试期间，极Ⅰ解锁时双极中性线差动保护动作。当时极Ⅱ阀组处于隔离，极处于连接状态，即极Ⅱ的 BPI 合闸，且对站的极也处于连接状态，当极Ⅰ解锁时，直流电流一部分通过接地极流至对站，另一部分通过极Ⅱ的线路流至对站，即极Ⅰ的 IDNE、IDNC 流过 450A 的电流，接地极流过 250A 的电流，极Ⅱ的 IDNE、IDNC 流过 200A 左右的电流，但由于极Ⅱ的 IDNE、IDNC 极性接反，导致保护系统测得的电流为-200A，而双极中性线差动保护的判据是中性线区域电流相减，导致差流过大，中性线差动保护动作。

解决措施： 确定故障点后，在 PMI 柜内修改了 IDNC、IDNE 的极性后再次解锁正常。

后续工程提升建议： 分系统调试期间，加强调试跟踪，特别注意极性问题。

4.3.4   500kV 交流滤波器界面大组滤波器无功显示值与实际无功值不符

问题描述： 某换流站现场验收期间，发现后台 OWS 500kV 交流滤波器界面（见图 4-12），大组滤波器无功显示值与实际无功值不符，不能真实反映当前大组滤波器实际无功值。

解决措施： 停电检修期间检查大组滤波器无功显示值、关联值进行调整。

后续工程提升建议： 施工阶段，对交流滤波器无功显示值与实际投入滤波器情况比对，按照实际值修改软件。

4.3.5   光 TA CMB 箱内调制回路并联补偿电容没有可靠焊接

问题描述： 2021 年 8 月 26 日 15:45，某换流站后台频繁报出"极ⅡC 套冲击电容器光 TA ICN 信号输出异常、极ⅡC 套冲击电容器过电流保护退出、极ⅡC 套中性母线差动保护退出、极ⅡC 套极差动保护退出。" CMB 箱内调制回路并联补偿电容存在问题。在极Ⅱ直流场 ICN 光 TA 的 CMB 箱内，拆下 C 套的并联补偿电容，图 4-13 中红框内没有可靠焊接的连接点，并联补偿电容的焊接工艺不良导致电容在回路中频繁连接和断开，进而影响到调制相位导致采样数据异常。

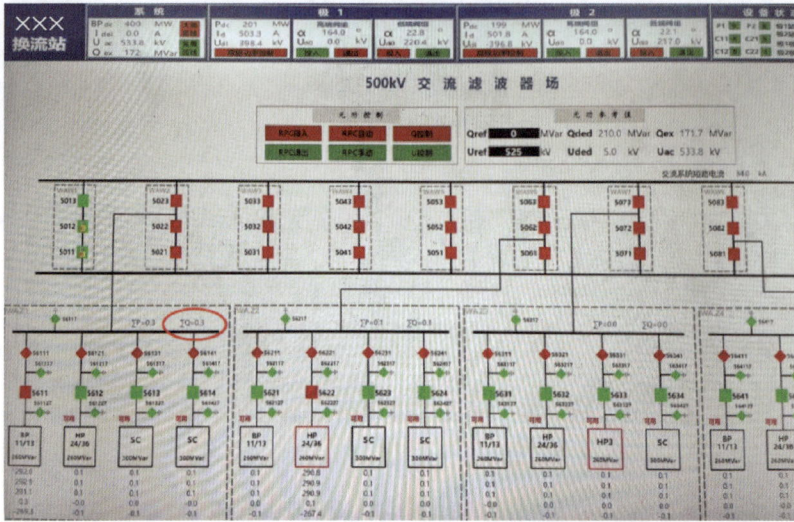

图 4-12　后台监控系统 500kV 交流滤波器界面

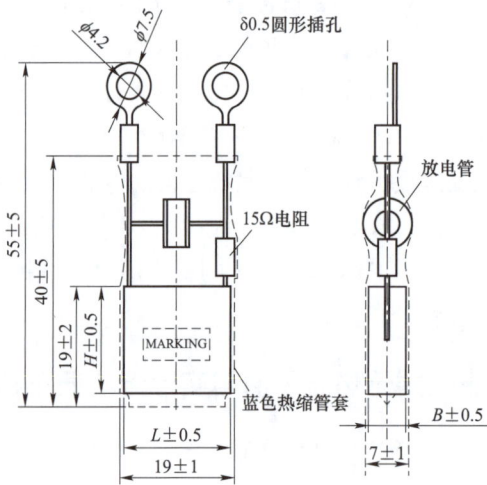

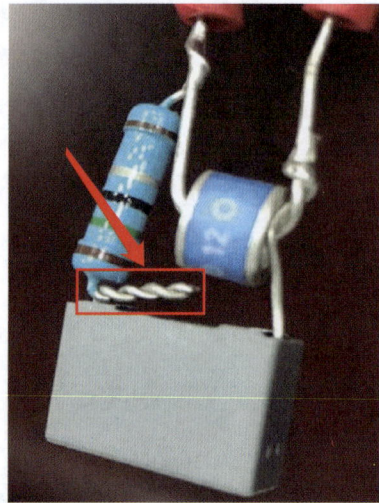

图 4-13　CMB 箱内调制回路并联补偿电容

解决措施：现场退出极Ⅱ极保护 C 套 PPR2C，更换光电流互感器调制回路补偿电容器，并对调制回路相关端子进行紧固。处理后 ICN 各状态参数均在健康值，未再发生报警，采样值恢复正常

后续工程提升建议：对调制回路连接可靠性进行检查。

4.3.6　光 TA 测量接口柜测量板卡参数错误导致测量极性反转

问题描述：2021 年 5 月 30 日，某直流极Ⅰ送低受高解锁后，PPRB 系统报中性母线差动保护、换流器差动保护单套保护动作。分析发现直流场光 TA DMU11B 极Ⅰ光 TA 测量接口柜内 2H 层电子单元 IDC2N 测量板卡 Mphase 参数错误（为 -7985），正常值为 $-600 \sim 600$，导致测量极性反转。

解决措施：现场将 Mphase 参数设回正常值并设置为禁止更改。

后续工程提升建议：要求厂家在后续工程中对直流场所有光 TA 的电子单元内部参数进行逐一检查后才能投入使用。

4.3.7 直流场零磁通 TA 二次电缆户外部分缺少槽盒

问题描述：某换流站直流场零磁通 TA 接地电缆无槽盒（见图 4－14），且离地面较高、晃动较大，不满足全站主接地网施工图（60－B6981S－D0152－03）说明 5 "由开关场断路器、隔离开关、电流互感器、电压互感器等设备至就地端子箱间的二次电缆应经金属管从一次设备接线盒引至电缆沟，并将金属管上端与设备底座和外壳良好焊接，下端就近与主接地网焊接" 要求。

解决措施：按照图纸要求增加金属槽盒并做好接地。

图 4－14 直流场零磁通 TA

后续工程提升建议：施工阶段，要求施工单位及厂家按照图纸要求，对零磁通 TA 二次电缆增设槽盒。

4.3.8 直流场部分光 TA 二次线穿管端部封堵掉落

问题描述：某换流站验收期间，发现直流场部分光 TA 二次线穿管端部封堵掉落（见图 4－15）。

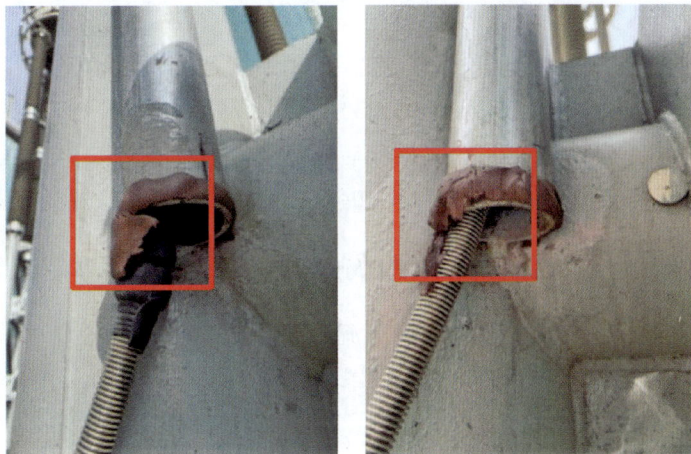

图 4－15 光 TA 二次线穿管

解决措施：对封堵不良的光 TA 二次线穿管端部使用防火板、防火胶重新封堵。

后续工程提升建议：施工阶段，加强电缆穿管施工工艺管控，穿管端部采用防火板、防火胶封堵。

4.3.9　IDNC 二次电缆松动导致旁通开关保护动作

　　问题描述：某换流站调试期间，极Ⅱ低端换流器解锁时，CCP22C2 报"BPSP trip，BPSP reclose BPS"，由于是单系统故障，所以保护未出口，直流系统正常运行。BPS 接线如图 4−16 所示。

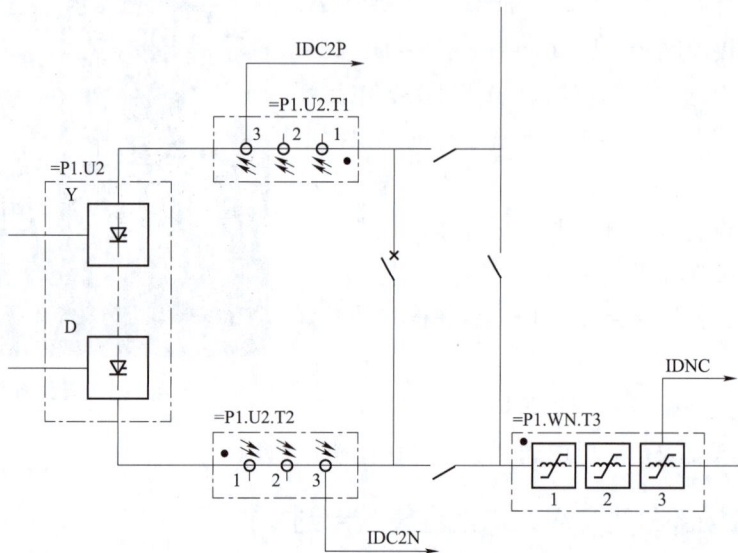

图 4−16　BPS 接线

　　解决措施：BPSP 原理是检测阀厅低压侧光 TA IDC2N 和中性线区域零磁通 TA IDNC 的差值，当差值大于 315A 时，认为 BPS 未合闸到位，导致 BPS 上产生分流，为了保护旁通开关，延时 100ms 重合旁通开关，换流器 Z 闭锁。经检查，PMIC 柜内用于采集 IDNC 的电缆松动，导致 CCP22C2 采集不到 IDNC 的数据，从而 IDC2N 与 IDNC 的电流存在较大差值（450A），保护正确动作。紧固接线后恢复正常。

　　后续工程提升建议：分系统调试期间，加强调试跟踪，特别注意各类接线紧固情况检查。

4.3.10　光 TA、直流分压器光纤底部预埋管存在冬季结冰隐患

　　问题描述：某换流站验收期间，发现交流滤波器光 TA、接地极光 TA、直流分压器光纤、直流场光 TA 底部预埋管处需装着防雨罩或槽盒（见图 4−17），避免雨水进入钢管后冬季结冰影响光纤信号传输。

　　解决措施：参考北方地区换流站冬季设备运行规律及运维经验对交流滤波器光 TA、接地极光 TA、直流分压器光纤、直流场光 TA 预埋管处装设防雨罩或槽盒。

　　后续工程提升建议：加强设计、施工、验收阶段管控，设计阶段，光纤、电缆预埋管处装设防雨罩或槽盒，避免出现预埋管内进水导致光纤受损、电缆绝缘下降等问题。

图 4-17 光纤底部预埋管

4.3.11 直流分压器精度偏差较大

问题描述：某换流站极母线直流分压器输出至控制保护系统的直流电压值存在较大偏差（0.8%），不满足招标技术规范书中直流分压器的精度为 0.2%的要求，直流电压的测量精度直接影响整流侧直流电流的计算值。

解决措施： 早期工程中由于试验设备的限制，换流站现场未开展直流分压器的全压精度校验，目前国内也具备现场全压校验的条件，考虑到直流电压在直流控制系统中的重要性，建设期间开展一次直流分压器的全压精度校验，并进行精度调整，确保电压精度满足设计要求。

后续工程提升建议：建设期间开展一次直流分压器的全压精度校验，并进行精度调整，确保电压精度满足设计要求。

4.3.12 控制保护软件多处隐患治理措施和系统功能未实施

问题描述： 某换流站验收期间，发现现有控制保护软件采用某直流 2020 年初的软件版本，2020 年以来技术路线控制保护软件实施了直流防闭锁排查工作、在运直流工程运行过程中暴露出的软件问题等整改治理措施。但通过监督发现，多处软件隐患治理措施未在本工程实施，例如直流低电压保护动作后需启动本站和对站极隔离，10kV、400V 站用电低后备保护应闭锁母联开关备自投，降压运行时极控主机重启后主从系统控制状态不一致问题优化等。个别系统功能缺失，会导致部分系统调试工作无法完成，例如直流线路故障再启动不成功后重启高端阀组的功能。

解决措施：厂家对近几年特高压直流工程已实施的缺陷隐患治理等控制保护软件修改措施进行梳理，直流调试前完成软件修改。

后续工程提升建议：验收阶段，对直流控制保护软件版本号开展专项排查，检查以往整改治理措施是否均已实施。

5 消防设施及土建

5.1 产品设计问题

5.1.1 直埋式消防管网发生渗漏不便于漏点查找

问题描述：直埋敷设的消防管道由于管道材质、施工工艺质量等原因，经常出现埋地管道漏水的情况，且渗漏点查找和处理均很困难，给换流站消防系统的安全稳定运行带来较大隐患。

解决措施：将消防管道由直埋方式改进为消防管沟。

后续工程提升建议：新建工程充分考虑当时气候、土壤环境等因素，选择合适的管道材质及管网敷设方式。

5.1.2 直埋式镀锌钢管消防管网腐蚀严重

问题描述：在土质盐碱化严重地区采用镀锌钢管、直埋式地下消防管网电化学腐蚀严重，如图 5-1 所示。某换流站主变压器及高压电抗器固定泡沫灭火系统地下消防管网腐蚀严重。

图 5-1 直埋式镀锌钢管消防管网腐蚀严重

解决措施：将镀锌钢管更换为钢骨架聚乙烯塑料复合管。

后续工程提升建议：① 考虑到地面沉降、电腐蚀及管路常年持压等因素的影响，结合水文、地质以及土壤酸碱性以及保证消防管道可靠性与维护方面分析，选取钢骨架聚乙烯塑料复合管、采用管沟敷设方式能够明显降低管道腐蚀和挤压的情况，对于消防管道使用的可靠性有显著提升，可提高整站的消防安全性。② 此项施工隐蔽性工作较多，为保证工程验收质量，在"测量、垫层处理、管道装配、气密性试验、接口防腐处理、管沟回填"等关键环节随工验收，严控每项工艺质量，并跟踪留影加强监管。

5.1.3　电缆夹层、电缆主沟交叉处未设置自动灭火装置

问题描述：某换流站电缆夹层、电缆主沟交叉处未设置自动灭火装置。不满足《国家电网有限公司防止直流换流站事故措施及释义（修订版）》中第 14.1.7 条"电缆夹层、电缆竖井内（若有）应设置火灾预警监测装置；电缆夹层、竖井、电缆主沟交叉处设置自动灭火装置"的要求。

解决措施：建议设计院增加自动灭火装置。

后续工程提升建议：设计阶段增加电缆沟自动灭火装置并合理布置安装点位；设备采购阶段加强三方检测，材料准入等技术监督；施工阶段应做好工序安排，自动灭火装置应在电缆沟施工的最后阶段安装，安装完成后应做好成品保护。

5.1.4　换流变压器广场电缆沟内未配置感温电缆

问题描述：某换流站换流变压器广场电缆沟内未配置感温电缆。不满足《国家电网有限公司防止直流换流站事故措施及释义（修订版）》第 14.1.5 条"主电缆沟道间隔 60m 应设置防火墙。主电缆沟道与分支电缆沟道交界处、室外进入建筑物入口应设置防火墙，防火涂料涂刷至防火墙两端各 1.5m，换流变广场区域电缆沟宜间隔 30m 设置一处防火隔断，并设置感温电缆"的要求。

解决措施：设计增加感温电缆，在换流变压器广场电缆沟内敷设感温电缆，每个电缆沟配有 2 根感温电缆。

后续工程提升建议：做好消防系统设计阶段技术监督，将换流变压器近区电缆沟感温电缆的布置纳入重点审查范围。

5.1.5　主变压器未配置火灾自动报警系统

问题描述：某换流站 500kV 变压器配置水消防系统但未同步配置火灾自动报警系统。不满足 GB 50229—2019《火力发电厂与变电所设计防火规范》第 11.5.25 条"下列场所和设备应采用设置火灾自动报警系统：采用固定灭火系统的油浸变压器、油浸电抗器；地下变电站的油浸变压器、油浸电抗器"的要求。

解决措施：设计增加感温电缆，按标准方式完成变压器感温电缆的安装。

后续工程提升建议：做好消防系统设计阶段技术监督，将变压器感温电缆的布置纳入重点审查范围。

5.1.6　CAFS系统补水流量不足问题

问题描述：某换流站开展CAFS喷淋和CAFS消防炮长时间试验，试喷5min后，CAFS产生装置自动停机。CAFS喷淋和CAFS消防炮长时间试验过程中，CAFS产生装置运行4min后自动停机，远远达不到90min消防炮不间断灭火的强条规定。① 消防泵实际供水流量与设计流量不符，极 Ⅰ 和极 Ⅱ 消防炮补水流量达不到出口流量的设计要求（4000L/min），单台消防泵设计理论值为8400L/min，可满足两套CAFS系统同时运行，实际情况不满足。② 当两台消防泵启动时，由于CAFS系统调节水箱前方电动调节阀仅可通过机械挡位调节，无法实现极 Ⅰ、极 Ⅱ CAFS系统调节水箱动态平衡供水。

解决措施：① 在CAFS发生装置进水管道中增加自动流量调节阀；② 在消防泵出水管道增加流量传感器。问题解决了流量不足问题，稳定后每个设备间的流量稳定在5000L/min，打开两个消火栓，两台消防泵启动，消防管网压力稳定在1.0MPa。整改后重新开展试验，验收通过。

后续工程提升建议：① 设计阶段，电动消防泵流量应与主变压器水喷淋、CAFS系统用水相匹配；CAFS产生装置采用全冗余整体备用型；缓冲水箱有效容积应满足CAFS额定流量下连续工作10min的要求（即大于40m³）；泡沫出口管道上应设置试验接口，试验管道末端应延伸至CAFS设备间外部。② 安装阶段，CAFS管道连接处工艺质量应符合要求（特别是抱箍连接方式）；管道内部不得有石子、矿泉水瓶等杂物；缓冲水箱补水管道电动阀门应具备与流量计的联锁功能。③ 验收调试阶段，模拟实际火灾对极 Ⅰ、极 Ⅱ CAFS系统同时试喷验证，对每台挑檐炮喷水或喷泡沫验证，确保系统满足设计要求。

5.1.7　CAFS系统共用单路信号电源，信号电源丢失后CAFS无法自动启动

问题描述：某换流站验收期间，发现换流变压器CAFS系统联控柜内两套系统的光耦模块共用一路信号电源，使用单一继电器进行切换，若该继电器发生故障，CAFS联控柜两套系统无法接收消防炮就位和换流变压器进线开关分位信号，会导致CAFS系统自启动功能失效。

解决措施：设计院与厂家对光耦电源回路进行优化和完善。

后续工程提升建议：在设计阶段确认两套CAFS系统使用独立的继电器和独立的信号回路，提升可靠性。

5.1.8　CAFS 系统设备间喷油螺杆压缩机顶部过滤网网口过大

问题描述：某换流站 CAFS 设备间喷油螺杆压缩机顶部过滤网网口过大（见图 5-2），且出现形变，易导致小室顶部金属部件及外部漂浮物从网孔落入。

解决措施：将滤网进行改装，缩小滤网网口面积。

后续工程提升建议：设备设计制造阶段，核实 CAFS 系统喷油螺杆压缩机顶部滤网网口按照不大于 25mm² 的要求。

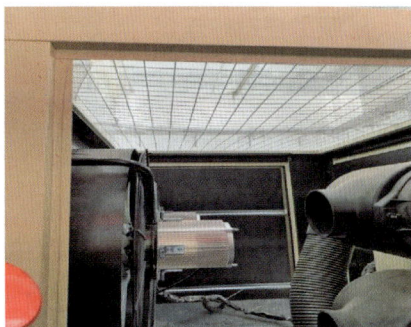

图 5-2　螺杆压缩机顶部过滤网网口过大

5.1.9　CAFS 系统消防炮喷口被避雷塔水泥底座遮挡

问题描述：某换流站验收期间，发现极 I 高端 4 号、极 II 高端 25 号消防炮喷口被避雷塔水泥底座遮挡，导致消防炮无法对极 I 高端 Y/D-A 相、极 II 高端 Y/D-C 相换流变压器进行全覆盖喷射。

解决措施：调整消防炮喷口位置，实现每台消防炮对应两台换流变压器的消防功能全覆盖。

后续工程提升建议：设计阶段核实确认消防炮位置不受挑檐避雷线塔影响。

5.1.10　阀厅极早期报警未实现交叉布置

问题描述：某换流站阀厅极早期烟雾探测器未交叉布置，导致部分阀塔未在 2 个极早期保护范围内。不满足《国家电网有限公司防止直流换流站事故措施及释义（修订版）》中"烟雾探测系统管路布置应保证探测范围覆盖阀厅全部区域，且同一处的烟雾应至少能被 2 个探测器同时监测"的要求。某换流站低端阀厅极早期布置图如图 5-3 所示。

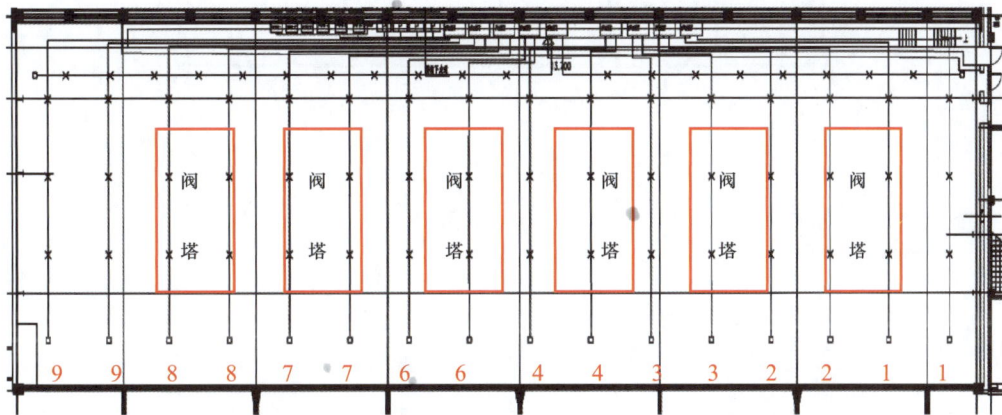

图 5-3　某换流站低端阀厅极早期布置图

解决措施: 参照典型阀厅进行交叉布置,将极早期采样管重新布置,确保每个阀塔都在 2 个极早期保护范围内。

后续工程提升建议: 做好消防系统设计阶段技术监督,将阀厅烟雾探测系统管路布置纳入重点审查范围。

5.1.11 阀厅紫外探测器覆盖阀塔无冗余

问题描述: 某换流站极Ⅱ高端阀厅紫外火焰探测器进行功能验证发现 Y/DB 阀塔的东南角底部、东北角底部、西南角中部、西北角中部用火焰模拟火灾时分别仅有一个紫外火焰探测器报火警,Y/DC 阀塔的西北角底部、Y/YB 阀塔的西南角底部、西南角中部用火焰模拟火灾时分别仅有一个紫外火焰探测器报火警,后续在极Ⅰ高端阀厅紫外火焰探测器进行功能验证时发现在 Y/DA、Y/DB、Y/YC 阀塔周围用火焰模拟火灾时同样仅一个紫外火焰探测器报火警。分析原因为高端阀厅内阀塔间距较大,阀厅内紫外火焰探测器设计数量不足导致部分阀塔无法满足至少两台紫外探测器同时探测到。不满足《国家电网有限公司直流换流站验收管理规定》"探测范围应实现阀厅设备全覆盖,每个阀塔的弧光应至少有 2 个紫外探测器能监测到"的要求,存在换流阀塔发生火灾时消防系统联动跳闸逻辑拒动问题。

解决措施: 在极Ⅰ高端阀厅原 4、6、13、14 号紫外火焰探测器旁边各增加安装 1 台紫外火焰探测器,新加装紫外火焰探测器火警及故障信号分别并入 4、6、13、14 号紫外火焰探测器。双极高端带电前对极Ⅰ高端阀厅和极Ⅱ高端阀厅内紫外火焰探测器重新调试验收,满足每个阀塔的弧光应至少有 2 个紫外探测器能监测到。整改前、整改后阀厅紫外探测器布置分别如图 5-4 和图 5-5 所示。

后续工程提升建议: ① 在工程设计阶段应充分结合设备安装情况进行合理的计算,确定所需火焰探测器数量和安装地点、方式。② 在紫外火焰探测器安装过程中,加强现场监督,提前发现问题并尽早采取解决方案。

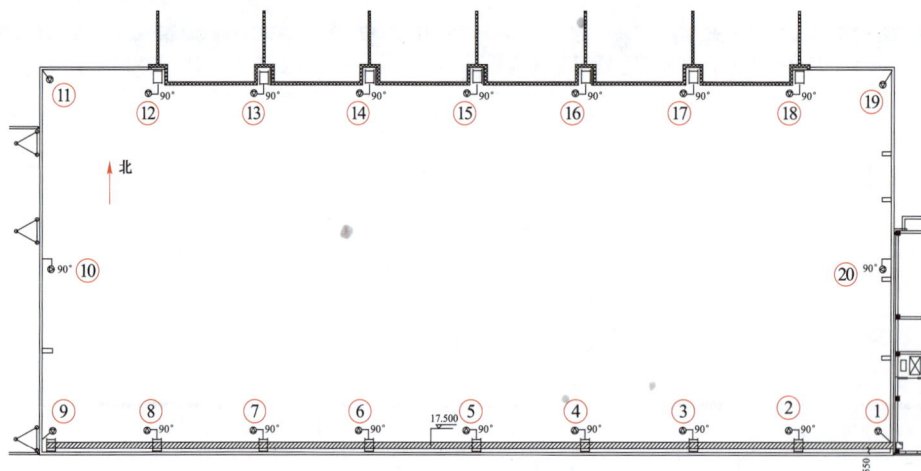

图 5-4 整改前阀厅紫外探测器布置

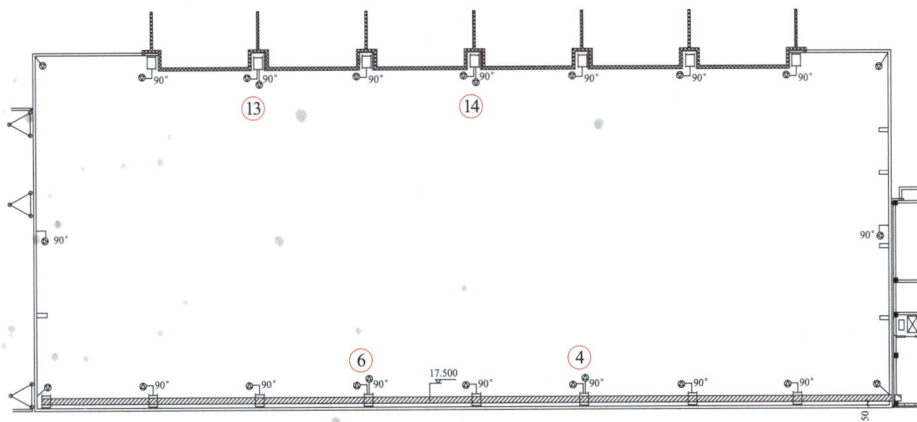

图 5-5　整改后阀厅紫外探测器布置

5.1.12　阀厅极早期探测系统空气采样管路固定不牢靠

问题描述：某换流站阀厅内部的 VESDA 主机的空气采样管路较长，使用多跟管路拼接后直接放置在阀厅顶部的钢梁上，钢梁之间的管路弧垂较大，管路的接头位置易断开。

解决措施：在阀厅顶部增加横梁，对空气采样管路进行固定，防止空气采样管道脱落。空气采样管路固定前后对比如图 5-6 所示。

（a）阀厅空气采样管悬垂弧度过大　　　（b）增加悬吊横梁固定

图 5-6　空气采样管路固定前后对比

后续工程提升建议：后续工程设计院应对空气采样的安装方式进行优化设计。

5.1.13　阀厅空气采样和紫外设计图纸与相关布置原则不符

问题描述：某换流站验收期间，发现 3 项设计不满足 Q/GDW 11403—2015《±800kV 及以上特高压直流工程换流站消防设计导则》（简称《设计导则》）。①《设计导则》要求阀厅巡视走道布置一根采样管，设独立的空气采样进行监控，并参与阀厅跳闸逻辑，某换流站无此设计；② 针对阀厅内空气采样管间距，《设计导则》要求是 5m，设计院图纸是

139

5.5m，不满足《设计导则》要求；③ 紫外的布置方式与《设计导则》不一致，《设计导则》要求进门和阀侧套管处各一个，阀厅两侧墙体各 6 个，设计图纸中在两侧墙各布置了7 个，未在换流阀两侧布置紫外探头。

解决措施：增加巡视走道空气采样探测器及采样管的设计，施工单位按设计图纸施工；设计院核实确认布置的合理性；对阀厅进行模拟试验，紫外火焰探测器满足阀厅全覆盖要求。

后续工程提升建议：施工图纸审查阶段，检查是否满足 Q/GDW 11403—2015《±800kV及以上特高压直流工程换流站消防设计导则》的要求。

5.1.14 阀厅火灾报警系统二次回路端子排换型

问题描述：某换流站阀厅火灾 PLC 控制屏柜内部端子排型号不规范、端子数量不足，存在两个信号电缆并接至同一个端子的情况；且端子排无连片，不便于后期维护。

解决措施：将柜内端子排更换为带有拨片开关的端子排。

后续工程提升建议：重要回路的端子排应选用带连片和测试孔的端子排，便于维护。

5.1.15 外冷水控制屏穿入外冷水房的电缆封堵不到位造成水淹泵房

问题描述：某换流站外冷水控制屏柜间电缆层通过电缆管道与户外电缆沟相连，2012年 6 月 26 日，某换流站内电缆沟积水后导致外冷水房控制屏柜间电缆层进水，水将通过电缆层钢质门进入喷淋泵坑，造成水淹泵房（见图 5-7）。

解决措施：将外冷水控制电缆进入处打胶封堵，并在电缆沟侧砖砌防火墙，保证雨水不进入电缆层。

图 5-7 水淹喷淋泵坑设备间

后续工程提升建议：后续工程电缆采用从 0m 以上进入泵房的设计，防止内涝水淹泵房。

5.1.16 主/辅控楼、综合楼屋面不满足设计规范

问题描述：某换流站主控制楼、辅控楼、综合楼屋顶屋面查验过程中，经现场测量主控楼屋顶屋面坡度约 3%，极Ⅰ辅控楼屋顶屋面坡度约 3.7%，极Ⅱ辅控楼屋顶屋面坡度约 3.6%，综合楼屋顶屋面坡度约 3.1%。设计院均按照结构找坡 3%坡度进行设计，不满足《关于印发 2020 年电网设备电气性能、金属及土建专项技术监督工作方案的通知》（设备技术〔2019〕91 号）、《关于印发 2020 年电网设备电气性能、金属及土建专项技术监督工作方案的通知》（鄂电司技监〔2020〕2 号）、《国家电网公司输变电工程质量通病防治工作要求及技术措施》（基建质量〔2010〕19 号）中的"平屋面采用结构找坡不得小于 5%，材料找坡不得小于 3%；天沟、檐沟纵向找坡不得小于 1%。"有关要求。

解决措施：根据《在建直流工程换流站技术监督 2021 年第 3 次例会纪要》的要求，维持现状不整改。

后续工程提升建议：设计冻结前，按照土建相关规范进行资料审查，并加强土建阶段技术监督。

5.2　原材料及组部件问题

5.2.1 换流变压器 Box-in 消防模块破损、断裂、塌陷

问题描述：某换流站换流变压器顶部 Box-in 消防模块多处存在破损、塌陷，支撑缺失等情况；某换流变压器顶部 Box-in 消防模块短期内多次开裂；某换流站低端换流变压器 Box-in 可熔断隔声微粒板防水性能失效，主要原因为消防模块表面防水性能欠佳，基层表面不平整，涂膜厚度不均匀，涂膜厚度无法满足防水要求，模块板含水率升高、强度下降。雨雪天气下普遍存在浸水、漏水现象，且雨后水迹无明显消退，板材多处存在破损、断裂等异常现象（见图 5-8）。

解决措施：① 更换为喷涂聚脲材料的消防模块，防水、耐磨性能更优，提供可熔断隔声微粒板防水检测报告；② 加密消防模块的骨架密度；③ 现场增加 Box-in 顶部承重区和行走区的标识。

后续工程提升建议：设备出厂前，要求提供材质报告及防水性试验报告，并加强微粒板安装过程中的技术监督。

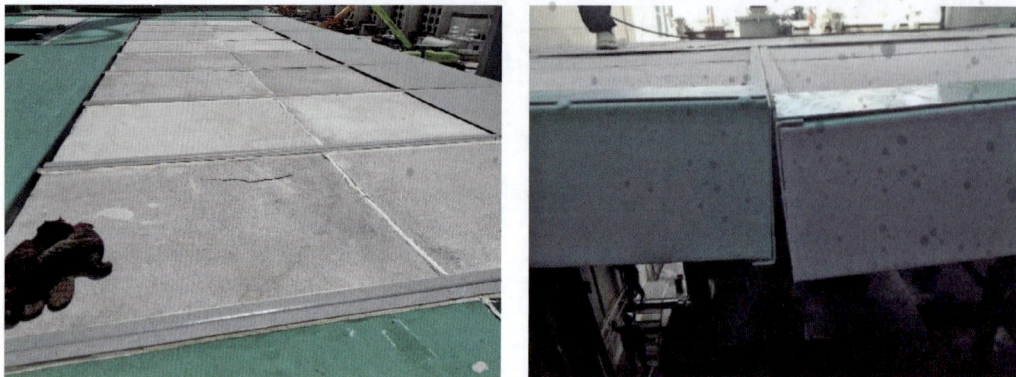

图 5-8　Box-in 消防模块破损塌陷情况

5.2.2　换流变压器 Box-in 消防模块多项参数不满足技术规范要求

问题描述：某换流站换流变压器 Box-in 热熔支撑板厚度、固定隔声板孔径、前端可脱落隔声板厚度、防坠网安装方式不满足技术规范要求。① 热熔支撑板现场测量厚度为 9mm 左右，《换流变隔声技术罩要求》中要求"单块热熔支撑板厚度不应小于 15mm"；② 固定隔声板现场测量孔径为 4mm，《换流变 Box-in 及声屏障采购技术规范书》中要求"固定吸隔声板孔径不大于 2.5mm"；③ 前端可脱落隔声板现场测量厚度为 140mm，《换流变 Box-in 及声屏障采购技术规范书》中要求"前端可脱落隔声板厚度应为 150mm"；④ 微粒板下方防坠网用塑料扎带连接，不满足《换流变 Box-in 及声屏障采购技术规范》中"防坠网通过尼龙螺栓固定在钢梁的下翼缘板上"的要求，存在防坠落功能不可靠的安全隐患。

解决措施：将热熔支撑板、固定隔声板、前端可脱落隔声板全部更换为满足产品技术规范书要求的产品。防坠网安装方式更换为尼龙网配不锈钢挂钩的结构形式。

后续工程提升建议：首套设备生产完毕后，开展实物冻结验收，并在厂内加强技术监督。

5.2.3　换流变压器喷淋系统雨淋阀质量不过关

问题描述：某换流站雨淋阀出现泄漏、误喷等现象，对换流变压器的安全稳定运行带来隐患。雨淋阀本体锈蚀情况如图 5-9 所示。

解决措施：采用质量较好的产品替换。

后续工程提升建议：后续工程采用有质量保证的品牌雨淋阀。

图 5-9　雨淋阀本体锈蚀情况

5.2.4　地下消防管道安装工艺不良导致漏水

问题描述:某换流站基建阶段地下消防管道出现多处渗漏水现象,地下消防给水管道采用电热熔工艺,渗漏原因主要为管道直接头、弯头、三通等管件安装工艺不良(见图 5-10)。

图 5-10　消防管网电热熔工艺不良

解决措施:将漏水管件和管材整体更换后通水试验无漏水后回填。

后续工程提升建议:消防管网管材宜选用行业内业绩相对较好,质量相对可靠的企业进行供货,考虑到安装工艺质量的有效落实,建议由厂家人员到场全程参与安装或指导安装。熔接参数的确定,因季节、地区,环境气候条件等做相应调整,安装前需要管件厂家到场进行参数修正，现场参数已经确定后，不允许擅自更改，并做好每个管件的电熔熔接记录，明确熔接人和参数设置情况，确保数据可追溯。

5.3 制造及安装工艺问题

5.3.1 土建地基沉降引起运行设备异常

问题描述： 某换流站自建设以来，土建工程质量问题较多，双极低端投运后，土建问题逐步显现，严重的已经影响设备安全稳定运行。在地基沉降方面存在问题如下：511B联络变压器出线管型母线因地基沉降造成管型母线下沉、双极低端换流变压器分支母线基础沉降、综合水泵房地基沉降造成阀外冷补水管道破裂漏水。土建地基沉降引起运行设备异常如图5-11所示。

图5-11 土建地基沉降引起运行设备异常

解决措施： 511B联络变压器出线管型母线因地基沉降造成管母下沉问题整改已完成；双极低端换流变压器分支母线基础沉降问题正在加强监视；综合水泵房地基沉降已修补。

后续工程提升建议： 土建设计及施工阶段，设计院及施工单位应将防止设备基础沉降作为安全质量提升项目。

5.3.2 阀厅内钢结构防火涂料存在不满足设计的情况

问题描述： 在某换流站土建验收中发现阀厅内钢结构防火涂料的喷涂情况与设计要求不符。

（1）低端阀厅① 轴、⑨ 轴钢柱防火涂料部分地方厚度不满足设计要求（40mm）（见图5-12），特别是靠彩钢板侧厚度最薄，仅5～10mm。

（2）低端换流阀①～⑨轴顶部钢梁防火涂料存在破损、未喷涂及喷涂不均匀的现象（见图5-13）。

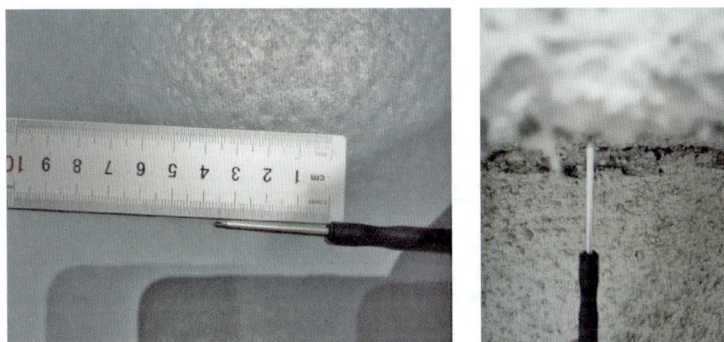

图 5-12　阀厅钢柱防火涂料部分厚度

图 5-13　换流阀顶部钢梁防火涂料存在破损

（3）个别阀厅钢梁的连接螺栓不满足漏丝不小于 2～3 丝的要求（见图 5-14）。

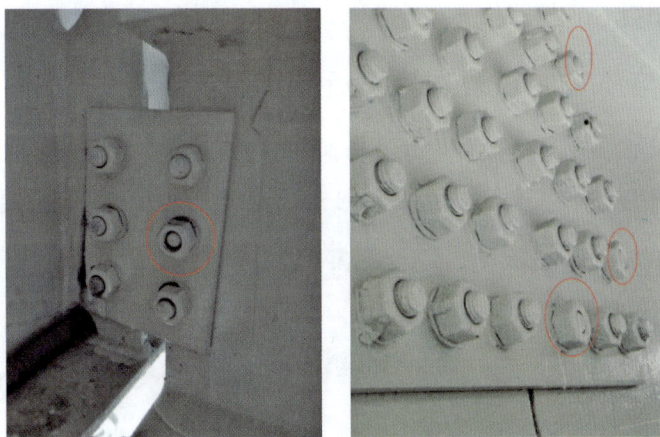

图 5-14　个别阀厅钢梁的连接螺栓漏丝过多

原因分析： 施工单位喷涂工艺不良，不满足设计要求。

解决措施： ① 由于目前双极高低端阀厅内的换流阀、管母、空调等设备都已安装，建议对上述情况进行评估，针对每类问题制定专项的整改措施和计划。对于确实应施工难度大等原因无法完成整改的项目，建议签订工程备忘并在总部相关部门备案。② 在设备带电后如进行补充涂刷防火涂料的工作需要在直流低端集中消缺期间开展。

后续工程提升建议：加强防火涂料喷涂过程技术监督，对施工过程中发现的问题及时整改。

5.3.3　交流滤波器围栏内部分区域地面不平整存在积水

问题描述：某换流站高低端交流滤波器小组围栏内的地坪在一次设备安装完成后浇筑，由于施工工艺不佳，部分滤波器围栏内地坪找坡存在问题，导致雨后在围栏内中间部位（滤波器内电抗器基础周围）存在大范围积水无法排出。

原因分析：施工单位施工工艺不良，地坪找坡存在问题导致积水。

解决措施：① 对积水部位进行处理，及时排出场地内积水。② 开展该工作需要对应交流滤波器小组检修，在带电运行后申请集中消缺时间进行缺陷处理。

后续工程提升建议：加强地坪施工工艺技术监督，对于地面积水的区域及时整改。

5.3.4　GIS 室东北方向大门和墙上窗口封堵不严

问题描述：某换流站 GIS 室东北方向大门和墙上窗口封堵不严。不满足《国家电网有限公司防止直流换流站事故措施及释义（修订版）》第 8.3.1 条规定："GIS 室内安装应在场地洒水清洁并揩净，待空气静止 48h 后方可开始施工，安装时户内门窗应关闭或封堵"。

原因分析：施工单位施工工艺问题，未按要求进行封堵。

解决措施：施工单位对大门和墙上窗口进行封堵，确保室内场地满足安装环境要求。

后续工程提升建议：按照相关文件要求，加强封堵施工验收技术监督。

5.3.5　断路器与预埋件连接方式不满足设计要求

问题描述：某换流站运维人员专项排查时，在解开底座周围胶皮后，发现 5615 断路器基础连接部位出现了明显变形（见图 5–15），与预埋件相连的连接板翘起。查阅设计

图 5–15　断路器基础连接部位变形情况

图纸发现：5615 断路器与预埋件连接方式不符合设计要求，预埋件低于水泥基础，预埋件与支撑垫块之间多了一个 6mm 或 8mm 厚的过渡板。查看 5645 断路器时，也存在增加过渡板、不符合设计的问题，区别在于其采用的过渡板是 10mm 和 12mm，5615 断路器是 6mm 和 8mm，在开关分合时，未出现开关分合造成其过渡板变形的问题。断路器基础现场实物图如图 5–16 所示。

图 5–16 断路器基础现场实物图

原因分析： 施工单位未严格按照设计要求施工。

解决措施： 施工单位对 5615、5645 断路器采取基础补强措施，对 5615 断路器基础底部连接钢板进行焊接加固处理，切除垫块两侧多余的过渡板，并将其与下方的预埋件进行满焊。

后续工程提升建议： 加强构支架安装阶段技术监督，发现异常督促施工单位及时进行整改。

5.3.6 储油坑鹅卵石铺设不符合要求

问题描述： 某换流站竣工验收时发现站用变压器 32B 事故储油坑内鹅卵石未按要求铺设，底层存在杂物、沙土等小颗粒，鹅卵石大小不均匀，不能满足 GB 50229—2019《火力发电厂与变电站设计防火标准》中"储油坑内应设有净距不大于 40mm 的栅格，栅格上部铺设卵石，其厚度不小于 250mm，鹅卵石粒径应为 50～80mm"的要求。排查发现其他变压器也存在此类问题。鹅卵石铺设不符合要求如图 5–17 所示。

某换流站 500kV 2 号站用变压器油坑内鹅卵石直径不达标，有的小于 50mm、有的大于 80mm，不满足 GB 50229—2019《火力发电厂与变电站设计防火》中第 6.6.8 条以及《关于印发变电站（换流站）消防设备设施等完善化改造原则（试行）的通知》（设备变电〔2018〕15 号）中 4.2.1.2 "贮油设施内应铺设鹅卵石层，其厚度不应小于 250mm，鹅卵石直径宜为 50～80mm"的要求。

(a) 鹅卵石大小不符合要求　　　　　　　　(b) 鹅卵石层存在沙土异物

图 5-17　鹅卵石铺设不符合要求

原因分析：施工单位采购的鹅卵石质量把控不严，开展油坑鹅卵石敷设工作前未对鹅卵石尺寸进行筛选。

解决措施：已将该情况通知监理和施工单位，施工单位对鹅卵石进行清理，对不合格鹅卵石挑拣，对下层格栅下杂物清理后重新铺设鹅卵石。

后续工程提升建议：加强对鹅卵石采购的质量把控，提前开展鹅卵石尺寸的抽检，在开展鹅卵石敷设前完成排查与整改。

5.3.7　换流变压器感温电缆布置方式不满足规范要求

问题描述：① 换流变压器感温电缆布置在尖锐处无保护套，换流变压器正常运行期间易导致感温电缆因振荡磨损后故障，误触发换流变压器灭火喷淋系统；② 换流变压器感温电缆固定不牢固，正常运行期间因换流变压器振荡易导致感温电缆脱落，造成无法正常监测功能；③ 换流变压器感温电缆敷设时未按设计要求"S"型布置。

原因分析：施工单位未严格按照施工图纸施工。

解决措施：① 换流变压器感温电缆在尖锐处增加保护套；② 对感温电缆重新紧固，紧贴换流变压器身；③ 重新敷设感温电缆，按照"S"型布置。

后续工程提升建议：加强施工单位施工工艺管控，开展首台套设备验收，发现问题及时提出整改意见。

5.3.8　CAFS 选择分区阀室顶部电缆穿墙处无封堵措施

问题描述：某换流站极 Ⅰ、极 Ⅱ CAFS 选择分区阀室顶部电缆穿墙处无封堵措施（见图 5-18），该电缆从集装箱顶部开口处直接接入控制屏柜顶部，该方式会导致雨水直接倒灌至控制屏柜内部，导致装置故障，严重时导致相关阀门误动作。

图 5-18　CAFS 选择分区阀室顶部电缆穿墙处无封堵措施

解决措施：对该开口采取密封措施，防止雨水倒灌至控制屏柜内部，导致装置故障。

后续工程提升建议：加强施工单位施工工艺管控，对屏柜上方开口处采取密封措施。

5.3.9　CAFS 设备室动力电缆与控制电缆未分层敷设

问题描述：某换流站 CAFS 设备室内动力电缆与控制电缆未分层敷设（见图 5-19），违反《国家电网有限公司防止直流换流站事故措施及释义（修订版）》第 14.1.1 条、第 14.1.3 条要求："重要负荷供电的双电源回路电缆应分沟敷设，不具备条件时应敷设于电缆沟的不同侧并采取防火隔离措施""新建工程低压动力电缆、控制电缆和通信电缆同沟敷设时，动力电缆与控制电缆之间采用防火隔板隔离，通信电缆宜放置在耐火槽盒内"。

图 5-19　CAFS 设备室动力电缆与控制电缆未分层敷设

解决措施：将两路动力电缆分别敷设在电缆沟两侧，并与控制电缆分层敷设，加装防火隔板。

后续工程提升建议：施工前对施工单位交底，要求按照施工工艺标准敷设电缆，施工过程中加强过程管控，发现电缆敷设问题及时印发技术监督意见。

5.3.10　CAFS 选择分区阀室炮阀控制箱与炮阀就地控制柜编号内容不明确

问题描述：某换流站验收期间，发现 CAFS 选择分区阀室炮阀控制箱与炮阀就地控制柜控制把手编号内容不明确（见图 5－20），运行人员无法快速、准确识别对应炮阀位置。

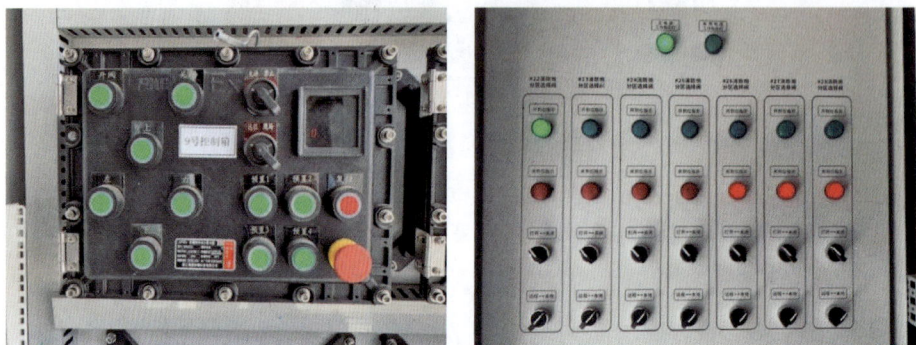

图 5-20　控制箱与炮阀就地控制柜编号内容不明确

解决措施：CAFS 消防炮控制箱与就地控制柜以换流变压器位置为基准编号，并逐台进行控制调试。

后续工程提升建议：验收阶段，运行人员对每台消防炮控制箱进行编号并逐台操作，确保运行人员可以快速、准确识别对应消防炮位置。

5.3.11　CAFS 消防炮设备间管道穿墙处未封堵

问题描述：某换流站验收期间，极Ⅰ、极Ⅱ CAFS 选择分区阀室炮阀水管穿墙处未封堵（见图 5-21）。

解决措施：使用防火泥封堵。

后续工程提升建议：施工阶段，完成 CAFS 消防管安装后，对消防管与墙体、箱体间缝隙采用防火泥封堵。

图 5-21　消防炮设备间
管道穿墙处未封堵

5.3.12　CAFS 消防炮未开展耐火能力提升

问题描述：某换流站验收期间，发现 16 台挑檐消防炮电缆均未包裹耐火材料。换流变压器挑檐消防炮未完成耐火能力提升如图 5－22所示。

解决措施：按照《CAFS 消防炮耐火提升方案》，参考在运直流工程完成挑檐消防炮耐火能力提升。

后续工程提升建议：施工验收阶段，需对 CAFS 消防炮电缆开展耐火能力提升。

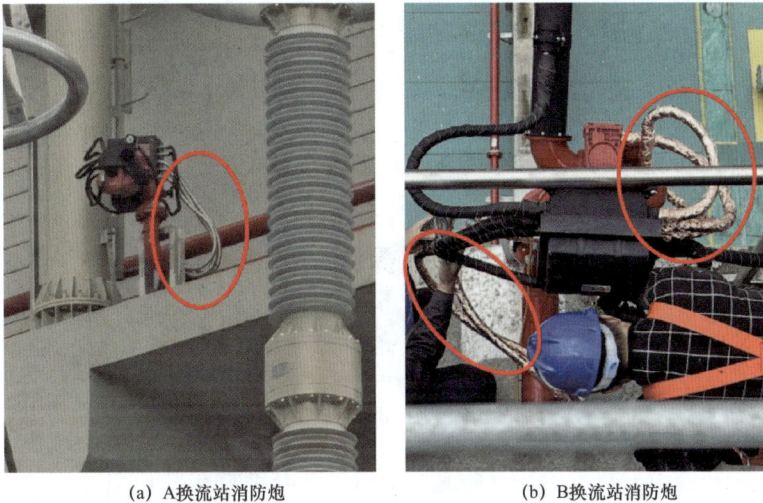

(a) A换流站消防炮 　　　　　(b) B换流站消防炮

图 5-22　换流变压器挑檐消防炮未完成耐火能力提升

5.3.13　换流变压器排油管道出口（集油坑位置）布置方式不合理

问题描述： 某换流站验收期间，发现低端换流变压器本体和油枕排油管道汇集后引出至 Box-in 外部油池，排油管道正对油坑边缘，与集油池平行，水平距离约 0.8m，且集油池上方无格栅。一旦事故排油，排出的油将随热镀锌钢管进入隧道，未设置格栅将会把大量的杂物冲进总排油管道（至事故油池）。不满足《关于印发 11 座换流站本体排油设计方案讨论会纪要的通知》中"变压器油直接排至储油坑总排油管道，随管道排至事故油池"要求。排油管道出口（集油坑位置）布置方式不合理如图 5-23所示。

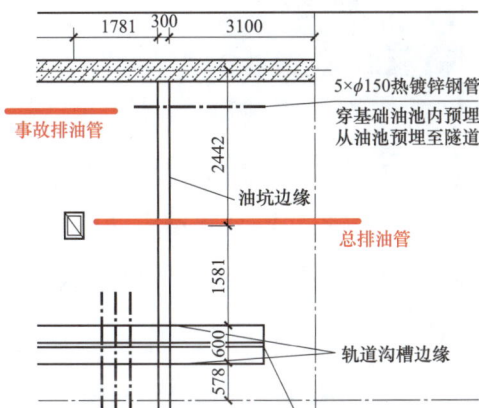

图 5-23　排油管道出口（集油坑位置）布置方式不合理

解决措施： 增加集油坑格栅，将事故排油管延长至集油坑格栅正上方（见图 5-24）。

图 5-24　改进后措施

后续工程提升建议：施工阶段，换流变压器本体及油枕排油口引至应急排油口处，增设格栅网。

5.3.14　站用 10kV 配电室电缆沟道内电缆未做防火隔离措施

问题描述：某换流站验收期间，发现站用 10kV 配电室内电缆沟道中站用变压器低压侧电缆与控制电缆等同沟敷设，电缆之间未做防火隔离措施（见图 5-25）。

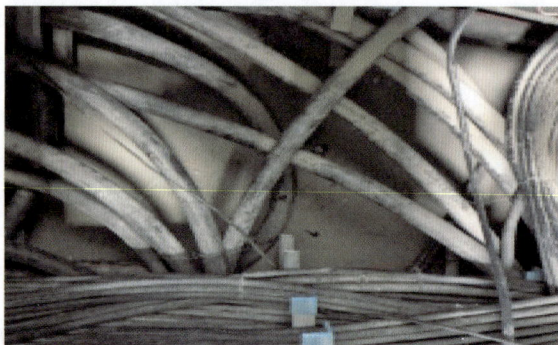

图 5-25　10kV 配电室电缆沟道内电缆未做防火隔离措施

解决措施：电缆沟道内喷涂防火材料，加装防火隔板将动力电缆与控制电缆隔离。

后续工程提升建议：电缆施工阶段，按照《火力发电厂与变电站设计防火标准》（GB 50229—2019）要求的分层敷设电缆，动力电缆与控制电缆、信号电缆做好防火隔离措施。

5.3.15　主变压器雨淋阀室雨淋阀控制盘下方电缆沟槽内电缆存在接头

问题描述：某换流站验收期间，发现 1 号主变压器雨淋阀室雨淋阀控制盘下方电缆沟槽内电缆存在接头（见图 5-26），使用绝缘胶带包裹。

图 5-26 电缆沟槽内电缆存在接头

解决措施：整体更换该段电缆。

后续工程提升建议：施工阶段，加强辅助及消防系统电缆敷设工艺管控，电缆不得存在接头。

5.3.16 CAFS 联控柜配套的 UPS 电源馈线端子接线不规范

问题描述：某换流站验收期间，发现主控楼 CAFS 联控柜配套的 UPS 柜部分端子松动；使用多股软铜线的导线未压接线鼻子；UPS 馈线使用的硬铜线未按接线标准压接；左右两侧馈线端子排顶部未加装挡板，金属部分裸露在外，存在触电风险。CAFS 联控柜配套的 UPS 电源馈线端子接线不规范如图 5-27 所示。

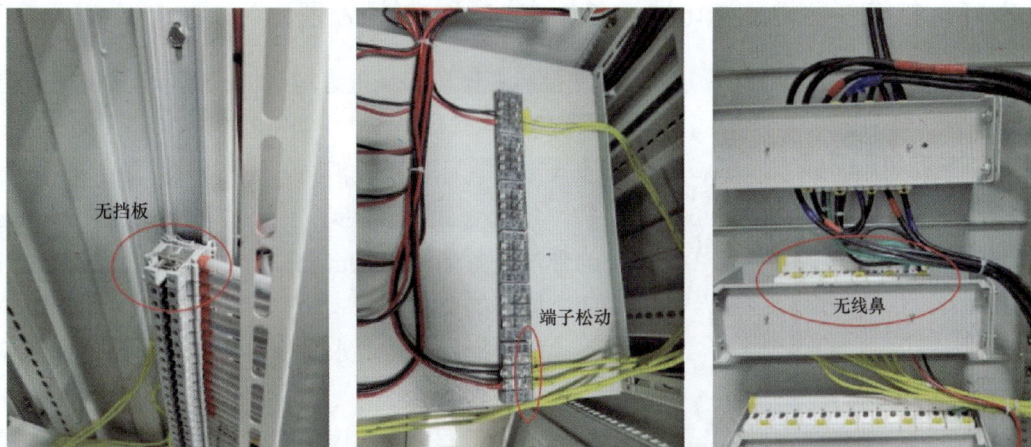

图 5-27 CAFS 联控柜配套的 UPS 电源馈线端子接线不规范

解决措施：对所有端子进行紧固；多股软铜线的导线压接线鼻子；硬铜线应绕圈后进行压接；端子排两端应加装挡板。

后续工程提升建议：施工阶段，加强辅助及消防系统电缆敷设工艺管控，屏柜内接线端子应压接线鼻子，端子排两端加装挡板。

5.3.17 CAFS系统选择阀室至每台消防炮的电缆及光缆敷设不规范

问题描述：某换流站验收期间，发现阀组选择阀室至每台消防炮的现场槽盒设计有防火分隔，但电缆及光缆未分开敷设；穿管内电缆未分开敷设；电缆与穿管之间未采取防护措施，部分电缆外皮已损伤（见图5-28）。

图5-28　电缆及光缆敷设不规范

解决措施：槽盒内的电缆根据防火分隔，动缆、控缆和光缆分开敷设；穿管内电缆全部涂刷防火涂料，涂层厚度满足要求；穿管和电缆之间应加装防护外套。

后续工程提升建议：施工阶段，加强辅助及消防系统电缆敷设工艺管控，按照规程规范涂刷防火涂料。

5.3.18 换流变压器周边电缆沟盖板未按要求封闭处理

问题描述：某换流站验收期间，发现换流变压器广场电缆沟盖板、换流变压器间隔电缆沟盖板未封闭处理（见图5-29），不满足《特高压换流站设计升级版消防设计指导意见》第10.3.5条："换流变、降压（联络）变压器等油重大于2500kg的带油设备外轮廓10m范围内的电缆沟均应采取封闭措施"的要求。

图5-29　电缆沟盖板未按要求封闭处理

解决措施：按要求对换流变压器周边电缆沟盖板封闭处理。

后续工程提升建议：施工阶段，加强电缆沟盖板施工工艺管控，换流变压器带电前按要求密封电缆沟盖板之间缝隙。

5.3.19 换流变压器喷淋降温管布置于摄像头上方，长期喷淋存在摄像头进水受潮隐患

问题描述：某换流站验收期间，发现换流变压器Box-in内喷淋降温管布置于摄像头

上方（见图 5-30），迎峰度夏期间长期开启喷淋降温系统，长期朝向摄像头喷水，容易造成摄像头故障，降低摄像头使用寿命。

图 5-30 换流变压器喷淋降温管布置于摄像头上方

解决措施：对摄像头增设防雨罩，避免长期喷水造成摄像头故障。

后续工程提升建议：施工阶段，加强辅助及消防系统安装工艺管控，避免不同系统间相互干扰。

5.3.20 电缆沟内的电缆穿管防腐存在问题

问题描述：某换流站电缆沟过路穿管普遍采用普通钢管，钢管内外防腐存在问题。① 环氧煤沥青防腐层涂刷面积不够，只涂刷了管口 10cm 左右宽度；② 环氧煤沥青防腐层涂刷工艺不满足要求，大部分涂层已经出现剥离。电缆穿管缺陷如图 5-31 所示。

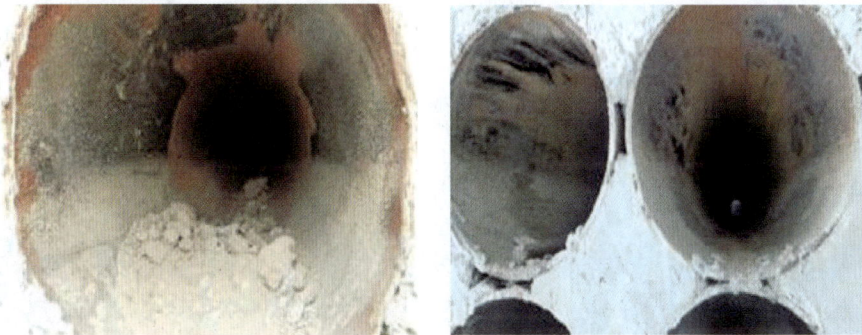

图 5-31 电缆穿管缺陷

解决措施：钢管的内外防腐处理应采用环氧煤沥青防腐层。

后续工程提升建议：对于换流站预埋管等隐性问题，在阶段验收时要高度重视，要求施工单位以图为证，对相应区域进行全面检查。

6 常规一次设备

6.1 产品设计问题

6.1.1 10kV干式变压器低压出线未做母排绝缘化问题

问题描述：某换流站设备安装跟踪阶段，跟踪人员发现10kV干式站用变压器低压出线未做母排绝缘化处理，设计制造阶段未充分考虑设备运行时低压出线近区短路的风险，不符合《国家电网有限公司关于印发十八项电网重大反事故措施（修订版）的通知》第9.1.5条"为防止出口及近区短路，变压器35kV及以下低压母线应考虑绝缘化"的要求。低压母线未考虑绝缘化要求如图6-1所示。

解决措施：针对该问题要求厂家按照《国家电网有限公司关于印发十八项电网重大反事故措施（修订版）的通知》中"对低压母线进行绝缘化处理，增加绝缘措施"的要求。低压母线绝缘化处理后如图6-2所示。

图6-1 低压母线未考虑绝缘化要求　　图6-2 低压母线绝缘化处理后

后续工程提升建议：加强变压器设备近区短路隐患验收，35kV及以下低压母线应考虑绝缘化，做好防鸟害、防小动物措施，降低变压器近区短路风险。

6.1.2 10kV开关柜存在人员触电严重隐患问题

问题描述：某换流站10kV开关柜进线柜TV手车及TV柜避雷器手车与柜体通过航

插连接，航插位置设计不合理。开关柜检修拔插航空插头时，因航插处于视线盲区，需操作人员将手通过狭小缝隙伸入柜内触摸寻找航插，操作困难且存在触电风险。

解决措施： 开关柜厂家将 6 台开关柜中隔板的下边上移 25mm，并更换中隔板，增加了操作空间。

后续工程提升建议： 在图纸审核阶段，现场生产人员会同设计人员就设备安全性进行审查。

6.1.3 滤波器围栏内干式 TA 接线盒狭小、部分线芯出现破损问题

问题描述： 某换流站交流滤波器场尾端 TA 接线盒实际使用 8 芯电缆，现场设计 2 根 8×4 电缆接入。产品设计阶段未充分考虑电缆备用芯问题，接线盒布置紧凑（见图 6-3），导致电缆互相挤压，造成部分电缆线芯破损（见图 6-4）。

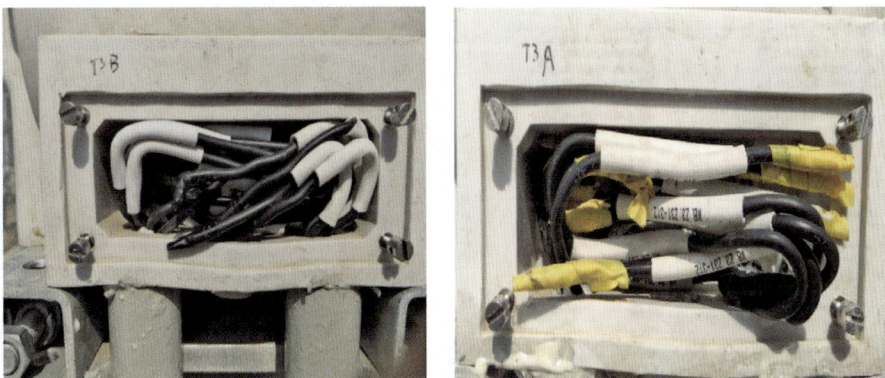

图 6-3 接线盒拥堵

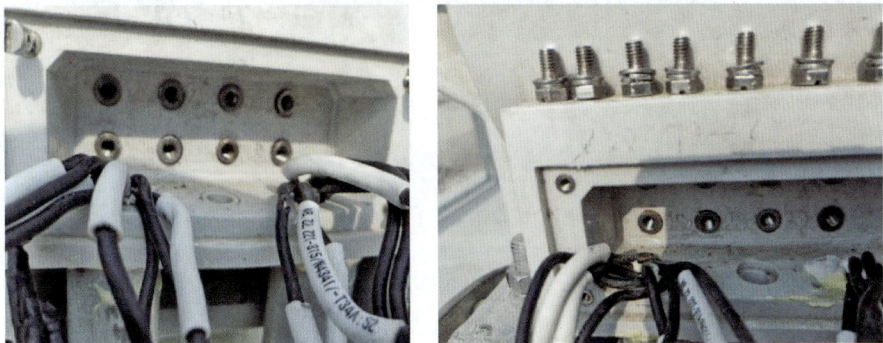

图 6-4 线芯破损

解决措施： 针对 TA 接线盒接线拥挤问题，经华东设计院同意，现场将每根电缆取消 3 根备用芯减轻接线盒接线压力。

后续工程提升建议： 综合考虑电缆接线及备用芯存放，优化接线盒设计，避免电缆接线承受应力及电缆相互挤压，做好电缆穿孔防护措施，防止割伤电缆。严格执行电缆备用原则，预留适量备用芯。

6.1.4　交流滤波器场电容器组层间距不足问题

问题描述：某换流站受设计高度和抗震要求所限，交流滤波器内电容器单元的布置方式密集，绝缘裕度相对较小，且电容器塔结构易于吸引鸟类活动进而构成放电通道，导致交流滤波器不平衡保护动作跳闸频繁发生。对部分特高压换流站交流滤波器组跳闸事件进行收集统计，2013～2016 年，多个特高压换流站共发生 20 次不平衡保护动作情况，其中 BP11/13 动作 10 次、占比 50%，SC 动作 5 次、占比 25%，HP3 动作 4 次、占比 20%，HP24/36 动作 1 次、占比 5%。20 次不平衡保护动作的原因中，鸟害原因 17 次，占比 85%。由此可知，鸟害是导致交流滤波器组跳闸的主要原因，其根本问题在于电容器塔层间绝缘裕度不足。鸟类活动引起的电容器塔层间放电如图 6-5 所示，鸟类排泄物构成的电容器塔放电通道如图 6-6 所示。

图 6-5　鸟类活动引起的电容器塔层间放电　　图 6-6　鸟类排泄物构成的电容器塔放电通道

解决措施：使用绝缘涂料对电容器单元进行喷涂，提升绝缘能力，对电容器塔钢梁增设绝缘遮蔽罩，提前实施交流滤波器防鸟害措施，避免鸟害引起交流滤波器频繁跳闸。

后续工程提升建议：充分考虑设备实际运行中的各种工况，严格验收设备安装尺寸，避免设备绝缘距离不足引发设备故障。① 在规划设计阶段建议增加适当电容器塔层间绝缘裕度；② 在设备安装阶段建议使用绝缘涂料对电容器单元进行喷涂，提升绝缘能力；③ 在设备安装阶段建议对电容器塔钢梁增设绝缘遮蔽罩，提前实施交流滤波器防鸟害措施，避免鸟害引起交流滤波器频繁跳闸。

6.1.5 干式电抗器防鸟格栅安装不完善问题

问题描述：某换流站交流滤波器干式电抗器、35kV 干式电抗器及平波电抗器仅在底部加装防鸟格栅，电抗器器身与隔声罩之间仍存在缝隙，有飞鸟进入筑巢的可能，阻塞气隙散热，严重时将会造成过热、自燃现象。未完善防鸟格栅电抗器如图 6-7 所示。

解决措施：完善防鸟格栅设计，对直流场电抗器及站用电 35kV 低抗加装防鸟格栅（见图 6-8）。

后续工程提升建议：现场应加强对防鸟格栅设计的审核，需要满足防鸟要求，并且安装固定方式正确。

图 6-7 未完善防鸟格栅电抗器　　　图 6-8 已完善防鸟格栅电抗器

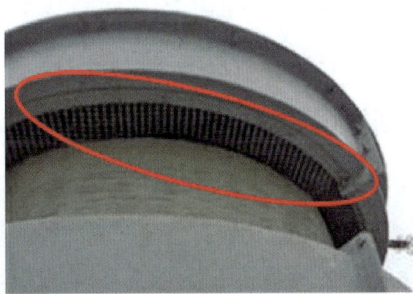

6.1.6 低温导致断路器频繁打压问题

问题描述：某换流站投运之初，发生多起断路器频繁打压故障，通过对打压齿轮材质分析、试验，发现断路器机构油泵打压齿轮采用合成材料，电机打压齿轮采用金属材质，受低温环境影响，两者相互磨合。机构在储能时齿轮要高速旋转，合成材料齿轮力学性能和使用性能降低，磨损严重，导致出现断裂情况，造成断路器频繁打压。更换前齿轮如图 6-9 所示。

解决措施：某换流站已完成全部断路器油泵打压齿轮更换（见图 6-10），目前未再发现齿轮断裂现象。

图 6-9 更换前齿轮　　　图 6-10 更换后齿轮

后续工程提升建议：对于地处极寒地区换流站，设计之初，应考虑低温对材质的影响，进行耐低温测试之后，方可进行设备安装及调试；做好备品备件储备工作。

6.1.7 断路器液压弹簧机构伞齿轮断裂造成机构无法正常建压问题

问题描述：液压弹簧机构通过伞齿轮带动油泵，实现机构建压。电机伞齿轮是金属材质，油泵伞齿轮是白色尼龙材质，因油泵伞齿轮断裂造成电机空转、机构无法正常建压情况。主要断裂面均存在气泡，应为加工过程中，工艺控制不严出现的产品缺陷，齿轮因工艺控制不严导致内部存在瑕疵，运行后长期受力断裂。

解决措施：将尼龙齿轮更换为金属材料齿轮。

后续工程提升建议：加强工艺控制、避免齿轮因工艺控制不严导致内部存在瑕疵，运行后长期受力导致断裂，将尼龙齿轮更换为铁质材料齿轮。

6.1.8 断路器电容器侧 TA 下法兰面漏气问题

问题描述：某换流站 5634 断路器 C 相靠近电容器侧 TA 下法兰面（手孔旁）存在漏气。对断路器套管和 TA 拆除后检查盆式绝缘子上部发现对接面存在氧化物未清理干净，接触面存在突起，法兰密封圈上存在异物。漏气具体部位如图 6-11 所示。

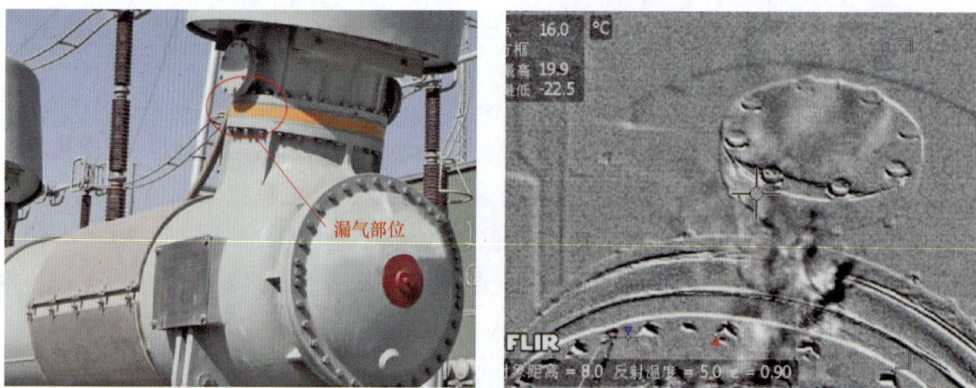

图 6-11 法兰面漏气具体部位

除了此部位外还有此盆式绝缘子上法兰面靠近注胶孔旁螺栓存在轻微漏气，如图 6-12 所示。

解决措施：现场更换新的盆式绝缘子，清理法兰接触面。

后续工程提升建议：加强安装工艺、外观检查、零部件清理工作。

6.1.9 750kV 避雷器异常发热问题

问题描述：某换流站 750kV 交流避雷器，自

图 6-12 注胶孔旁螺栓漏气

带电调试以来先后出现 750kV 某Ⅱ线 C 相避雷器异常动作、62 号交流滤波器母线 F0 避雷器 B 相异常发热、61 号交流滤波器母线 F0 避雷器 A 相和 C 相异常发热问题。通过对 61 号交流滤波器母线 F0 避雷器 A 相和 C 相避雷器解体分析，电容管固定螺栓没有压紧，运行过程中电容管固定螺栓、垫片产生局部放电，在 N_2 气体作用下产生白色粉末，该粉末附着在电容管表面改变电容管整体电位分布，降低绝缘性能导致发热（见图 6-13）。

(a) 电容管   (b) 放电杂质

图 6-13 粉末附着在电容管上导致发热

解决措施：对在运 750kV 同类避雷器全部换型，更改避雷器电容管固定螺栓方式。

后续工程提升建议：后续工程应加强生产过程中避雷器电容管的运搬、装配管理，优化电容管装配加固方式，避免电容管跌落摔伤和磕碰造成绝缘能力下降。在招标阶段明确过载标准并加装冲撞记录仪，监测运输工况，对不满足过载要求的避雷器坚决予以拒收。

6.1.10 直流场复合绝缘子伞裙多处破损

问题描述：某换流站直流场采用户外设计，自投运以来发现复合绝缘子伞裙破损 4 处，均存在于位置较高的极线设备处。原因为站区强紫外线和剧烈风沙共同作用，复合绝缘子加速老化，导致伞裙处破裂，影响直流系统安全稳定运行。复合绝缘子破损和老化，如图 6-14 所示。

解决措施：停电期间开展复合绝缘子检测，逐台逐相检查复合绝缘子状态，对破损或老化严重的复合绝缘子及时更换。

后续工程提升建议：针对强紫外线、强风沙、自然环境较为恶劣的地区，在换流站设计时，优先设计户内直流场或者减少复合绝缘子使用。

图 6-14　复合绝缘子破损和老化

6.1.11　站用电全停导致双极闭锁

问题描述：某换流站有四回 10kV 站用电进线，但该四回 10kV 对应的 110kV 变电站全部取至同一 220kV 变电站，这一路 220kV 电源丢失后导致该站 10kV 站用电全停，双极直流系统因内水冷主水流量保护跳闸。

解决措施：对该站用电系统进行彻底改造，将 500kV 交流场第四串扩建为完整串，增加一台 500kV/10kV 降压变压器，从而保证 10kV 一次系统的稳定性。

后续工程提升建议：换流站站用电电源应采取冗余配置且每一路站用电应取自不同变电站。

6.2　原材料及组部件问题

6.2.1　滤波器围栏内干式 TA 内部不同程度开裂问题

问题描述：某换流站现场对滤波器尾端 60 只干式 TA 进行检查时发现 4 只 TA 因材料强度不足，安装过程中在电缆拉力的作用下开裂，如图 6-15 所示。

图 6-15　TA 开裂（一）

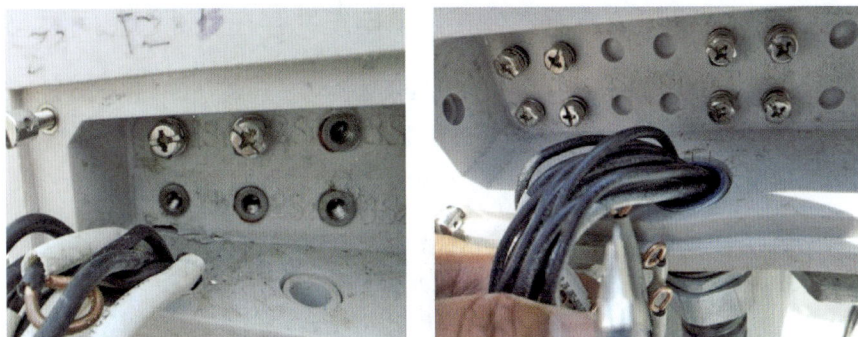

图 6-15 TA 开裂（二）

解决措施：更换开裂 TA，更换后 TA 试验正常。

后续工程提升建议：设备材料应进行抽检，验收过程中设备接线盒应逐个检查。

6.2.2 干式电抗器表面发生击穿、闪络问题

问题描述：某换流站巡检中发现极Ⅱ户内直流场平波电抗器发出短暂放电声音，观察发现电抗器本体外表面中间位置存在"树枝状"放电现象（见图 6-16）。原因为该电抗器绝缘漆、环氧玻璃纤维包封层存在裂纹，灰尘等进入缝隙造成电场局部集中，长时间低能量放电使得包封层绝缘进一步下降，在高次谐波作用下，最终导致外包封层绝缘击穿、对空气放电。

图 6-16 平波电抗器表面闪络

解决措施：在平波电抗器表面喷涂 PRTV 绝缘漆，修复平波电抗器绝缘漆、环氧玻璃纤维包封层存在的裂纹缺陷。

后续工程提升建议：干式电抗器表面应在出厂前完成 PRTV 绝缘漆喷涂，并通过相关验证试验，增强绝缘性能及耐污性能，预防电抗器表面开裂。

6.2.3 直流滤波器电流互感器绝缘油介损超标问题

问题描述：某换流站按照交接试验要求，对 8 台电流互感器进行绝缘油取样分析，试验结果有 4 台绝缘油介损超标，经复试，依然超标。分析发现胶垫脱模剂与变压器油发生相容性反应，使油介损偏高。

解决措施：设备现场更换绝缘油及热油循环，介损超标电流互感器绝缘油更换完毕后，绝缘油试验及高压交接试验合格。

后续工程提升建议：加强设备出厂质量管控，试验项目不得缺项漏项。

6.2.4 主变压器、高压电抗器本体接线盒电缆孔存在受潮隐患问题

问题描述： 某换流站 500kV 主变压器、110kV 备用变压器、66kV 变压器、500kV 高压电抗器等大型充油设备 TA、TV、气体继电器、断流阀、油流继电器、压力释放阀等接线盒的接头均使用金属软管接头，未采用电缆防水接头，存在受潮隐患（见图 6-17）。

图 6-17 接线盒电缆孔存在受潮隐患

解决措施： 采购标准格兰头，更换所有接线盒接头。

后续工程提升建议： 对主变压器、高压电抗器，所有涉及跳闸、告警和设备状态监视的接线盒接头，更换为标准防水格兰头。

6.3 制造及安装工艺问题

6.3.1 直流场电容器存在鼓包现象问题

问题描述： 某换流站直流场电容器在验收及专项排查时发现个别电容器存在鼓包现象（见图 6-18）。

解决措施： 更换存在鼓包现象的电容器。

后续工程提升建议： 制造厂商应加强设备质量监督管控，出厂验收环节严格把关。

6.3.2 直流场单元电容器套管根部密封圈处存在爆皮或裂纹现象

图 6-18 直流场电容器存在异常鼓包现象

问题描述： 某换流站直流场 P1.Z 区域及 P2.Z 区域电容塔上的多数电容器单元在运输及安装过程中套管受力，套管根部密封圈处存在爆

皮或裂纹现象（见图6-19）。

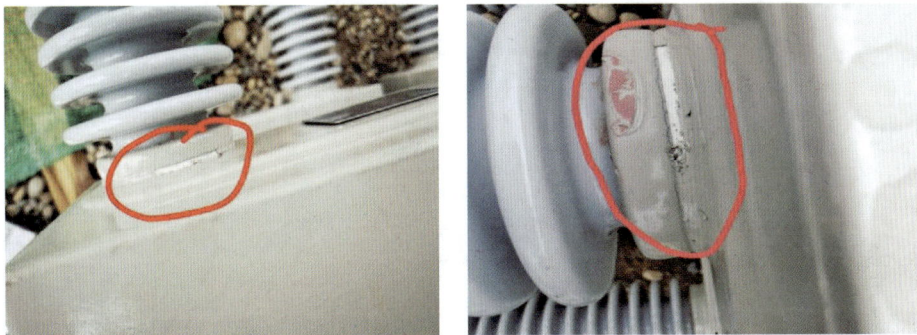

图6-19 电容器套管根部存在爆皮现象

解决措施：排查所有电容单元，更换开裂的电容单元。

后续工程提升建议：加强施工监督，提高设备安装质量，减少因安装带来的设备损坏。

6.3.3 阀厅内避雷器光纤未做固定和保护措施

问题描述：某换流站阀厅内的中性点避雷器光纤未做固定且无保护措施（见图6-20）。

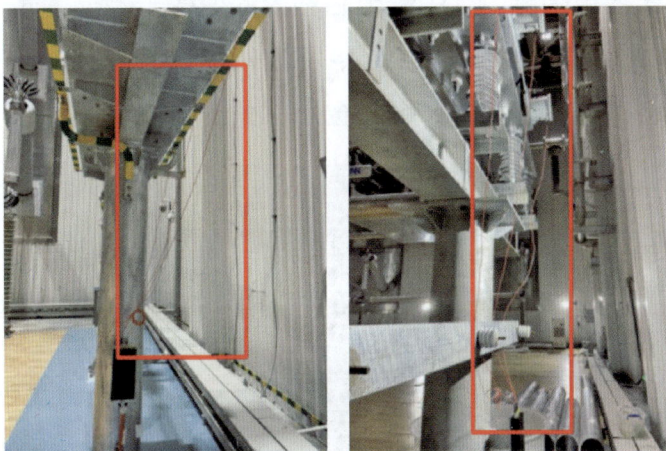

图6-20 阀厅内避雷器光纤未做固定和保护措施

解决措施：将光纤进行固定，并采取保护措施。

后续工程提升建议：加强施工监督，提高避雷器光纤安装质量，减少因安装带来的直流临时停运。

6.3.4 交流滤波器场围栏内干式电流互感器二次接线盒密封不合格，部分封堵塞未安装

问题描述：某换流站竣工验收期间，在对交流滤波器场围栏内干式电流互感器二次接线盒及内部引线进行检查时，发现接线盒密封不合格，多处封堵板歪斜变形导致固定不牢

固（见图6-21），接线盒下部部分封堵塞未安装（见图6-22）。

图6-21 密封板歪斜变形

图6-22 封堵塞未安装

解决措施：进行所有电流互感器二次接线盒排查，对封堵板进行调整，对缺失的封堵塞进行复装，整改后进行了喷淋试验，防水性能合格。

后续工程提升建议：施工过程中对施工质量严格把控，要求施工单位在施工完成后开展工程质量自检。

6.3.5 交流滤波器电阻器R1中部电阻箱内部绝缘子破损问题

问题描述：某换流站竣工验收时发现换流站交流滤波器Z53 A相电阻器R1中部电阻箱内部绝缘子破损（见图6-23），影响电阻器内部绝缘性能。

图6-23 内部绝缘子破损

解决措施：更换破损的绝缘子。

后续工程提升建议：加强施工工艺管控，施工现场注意成品保护。

6.3.6 交流滤波器场电容器塔部分接头铜铝过渡片装反、安装顺序错误问题

问题描述：某换流站对回路电阻进行普测时发现交流滤波器场电容器塔部分接头铜铝

过渡片安装顺序错误（见图 6-24），未按照正确方法安装。拆开接头后，发现部分接头铜铝过渡片反面有"铜"字提示，确认装反（见图 6-25）。

图6-24　铜铝过渡片安装顺序错误　　　　图6-25　铜铝过渡片装反

解决措施：对铜铝过渡片装反和安装顺序错误的接头要求施工单位进行拆解并按照"十步法"工艺进行处理，确保接头回路电阻低于 $20\mu\Omega$。

后续工程提升建议：加强安装工艺管控，做好施工队伍教育培训，严格按照设备结构安装施工。

6.3.7　滤波器场干式电流互感器接线板位置环氧浇筑开裂问题

问题描述：某换流站在对高端滤波器场进行竣工（预）验收过程中，发现 10 处滤波器围栏内干式电流互感器接线板位置环氧浇筑开裂受损情况（见图 6-26）。其中 7 处靠本体侧接线板位置浇注开裂，2 处为绝缘子外部损伤和 1 处划痕。分析原因为铜铝过渡单导线设备线夹与干式 TA 一次接线板采用完全一样的尺寸，线夹与干式 TA 凸台之间未设计裕度，由于金具上方开孔处会存在一定的误差，因此在安装过程中就出现了干式 TA 凸台受力的情况，导致环氧浇筑开裂受损。

解决措施：对发现的存在裂缝的干式 TA 全部进行更换；对于绝缘表面存在划痕、损伤等情况的进行修复；增加铜铝过渡线夹下部与凸台之间的裕度。

后续工程提升建议：设备接线板应考虑裕度，不可使设备接线端子承受外力。

6.3.8　交流滤波场绝缘子不合格问题

问题描述：电科院对某换流站交流滤波场绝缘子超声波检测，发现高端交流滤波器场 Z21 围栏内，C 相交流滤波器 SC 高压塔有一个支柱绝缘子存在超标缺陷；高端交流滤波器场 Z34 围栏外 C 相隔离开关有一个转动支柱绝缘子存在超标缺陷；Z42 围栏内 B 相电抗器底部靠近阀厅侧的一个支柱绝缘子伞裙破损面积超标，如图 6-27 所示。

解决措施：更换不合格绝缘子。

后续工程提升建议：制造厂应加强绝缘子生产工艺的管控和出厂质量检测，安装现场加强工艺管控，避免造成设备损坏。

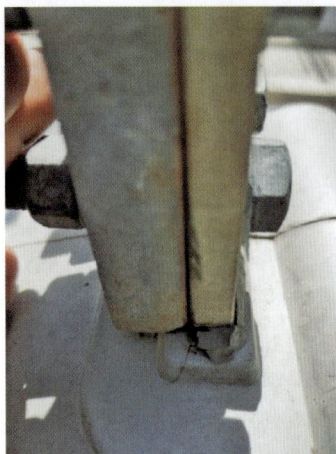

图 6-26　电流互感器接线板位置开裂　　　　图 6-27　支柱绝缘子伞裙破损面积超标

6.3.9　110kV 区域电容器安装不规范问题

　　问题描述： 某换流站跟踪验收时发现 110kV 区域电容器安装不规范，电容器连线端子力矩多处不合格，哈弗线夹安装不规范（见图 6-28），塔间多处遗留试验短接线（见图 6-29），接线端子表层有明显锈蚀痕迹。

图 6-28　哈弗线夹安装不规范

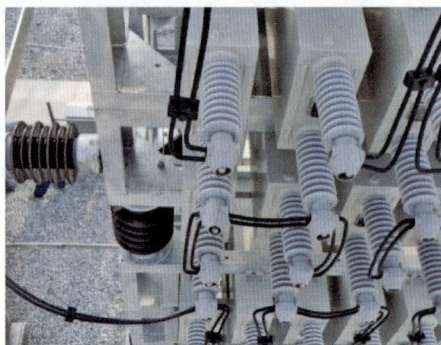

图 6-29　试验遗留短接线

解决措施：检查每一个接线端子，验证力矩后重新划定标记线，逐层检查试验遗留短接线，清除端子锈蚀痕迹。

后续工程提升建议：加强安装工艺管控，安装完成后开展自检。

6.3.10 断路器、隔离开关等主通流回路金属接头安装时，使用的导电膏质量不可控问题

问题描述：某换流站施工单位使用的导电膏质量无统一标准，使用的导电膏质量是否满足"优质"标准无法判断，存在投运后通流回路接头发热风险，且滤波器场部分接头涂抹厚度超标。

解决措施：① 施工单位提供导电膏质量证明；② 在验收过程中对接头力矩、直阻进行全面复测，并清理多余的导电膏。

后续工程提升建议：施工单位应提供导电膏的质量证明并对多余的导电膏进行清理。

6.3.11 INBS 测量装置误差告警问题

问题描述：2018 年 11 月 13 日，某换流站直流系统运行工况为极Ⅰ低端阀组 3000MW 金属回线运行，极Ⅱ直流系统处于检修状态，双极高端阀组处于基建状态。03:07:06.846，OWS 后台频发"S1P1PPR1B 中性母线开关保护电流测量偏差 异常" "S1P1PPR1B 中性母线开关保护电流测量偏差 正常"。NBS 开关型号为 HPL245B1，2017 年 9 月 19 日制造、2019 年 9 月 26 日投运。

该报警判断依据为：NSB 开关处于合位，$|IDNE-INBS|>0.02Id\_nom$，延时 1s 报警。软件报警逻辑如图 6-30 所示。

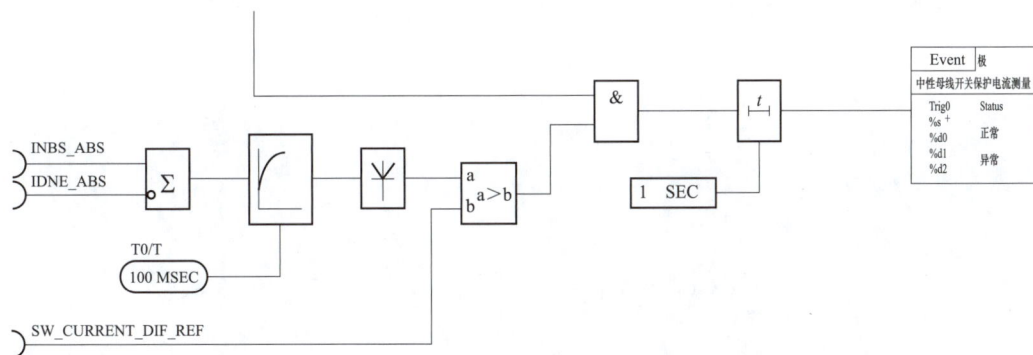

图 6-30 软件报警逻辑

查看报警时的波形，期间电流差值为 135（>109.1），保护报警正确。通过结合此时极Ⅰ直流系统运行工况，查看 P1 回路电流中此时其他测点的值都在 5450 附近，因此报警是由于 INBS B 系统测量误差引起。查看 3 套 PPR 中 INBS 波形，发现 P1NBS 3 套系统测量值都有不同程度的偏差，未重合。

光 TA 造成测量误差的主要原因是：光 TA 需要在现场进行保偏光纤熔接，熔接后 TA

精度需要重新标定，一般标定电流要求在额定电流的 10%以上。

根据现场了解，某换流站光 TA 现场标定时施加的一次电流为 200A，而 INBS 测点光 TA 额定电流是 5455A，现场标定的电流不到额定电流 4%。在该标定电流下，标准电流源误差、互感器噪声、互感器输出数据截取误差等均会有不可忽略的影响，造成标定结果不精确，导致 INBS 光 TA 误差偏大的情况。

解决措施：根据现场通流时的监测数据，厂家现场注流，经过与 IDC2P、IDC2N、IDL 等各测点电子式 TA 数据的比较，计算出各测点光 TA 的偏差值，并通过系数调整（采集单元参数）的方式修正互感器误差。

后续工程提升建议：高精度设备进行系数校正应按照设备规范要求范围内进行测量标定校正；各类测量原件应按照相应标准规范，进行相应交接试验后方可正常投入运行。

6.3.12　交流滤波器场开关远方允许就地联锁节点接线错误导致联锁失效问题

问题描述：750kV 交流滤波器场验收时，发现交流滤波器开关远方允许就地合闸联锁节点异常，就地合闸时不经过远方软件联锁。交流滤波器场开关合闸回路串入了由测控开入的"远方允许就地合闸"节点，测控开出板卡为 NR1530E，此类型板卡出口处反并联了一个稳压二极管。

当端子的正负极接反时，将导致节点一直处于导通状态。经检查发现，设计将交流滤波器场开关远方允许就地合闸节点的正电源端接反，导致远方允许就地合闸节点一直处于导通状态，联锁失去作用，如图 6-31 所示。X-C-QF：37、38 为测控开出的远方允许

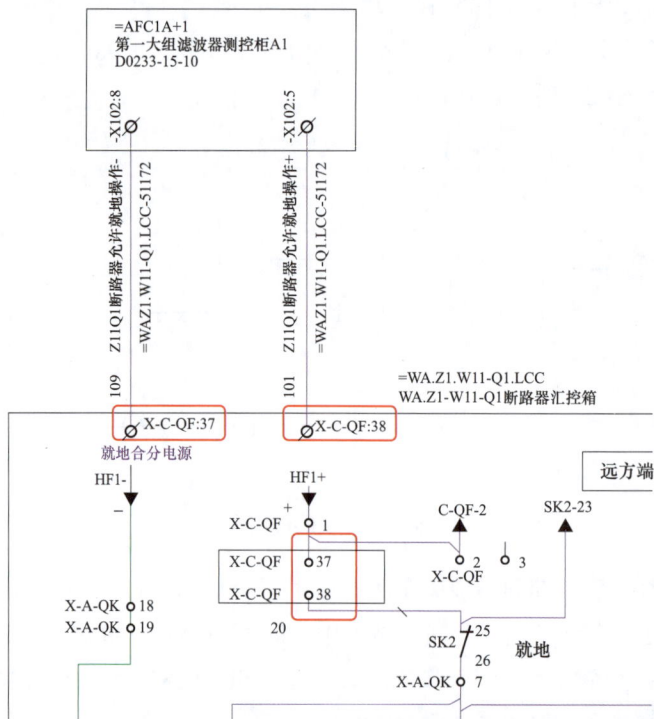

图 6-31　就地分合闸回路

就地合闸节点，端子 38 应接正电端，设计图纸错误地将端子 37 接到了正电端，导致节点一直处于导通状态。

解决措施：调整节点正负极接线，确保测控在软件联锁满足的情况下才开出"远方允许就地合闸"节点。

后续工程提升建议：深入钻研设备机理，加大对现场设计图纸的审核力度，重点关注联锁、失灵、模拟量采样等重要回路。设备操作验证应在联锁完整的情况下进行。

7 常规二次设备

7.1 产品设计问题

7.1.1 通信电源屏交流电源输入不满足反措

问题描述： 某换流站通信电源屏交流电源配置不合理，不满足《国家电网有限公司关于印发十八项电网重大反事故措施（修订版）的通知》第 16.3.1.10 条 "在双电源配置的站点，具备双电源接入功能的通信设备应由两套电源独立供电，禁止两套电源负载侧形成并联" 的要求。

极 I 小室的 A 段和 B 段分别敷设至 1 号高频开关电源屏和 2 号高频开关电源屏；极 II 小室的 A 段和 B 段分别敷设至 1 号高频开关电源屏和 2 号高频开关电源屏。站用变压器切换时，存在高频开关电源屏同时失去两路输入电源的可能。

解决措施： 极 I 小室的 A 段和 B 段分别敷设至 1 号高频开关电源屏的主备用，极 II 小室的 A 段和 B 段分别敷设至 2 号高频开关电源屏的主备用。

后续工程提升建议： 屏柜电源应严格按照反措要求配置。

7.1.2 66kV 电抗器保护单套配置不满足反措

问题描述： 某换流站 66kV 电抗器保护仅配置 1 套 CSD−231A−G 型保护装置，不满足《国家电网有限公司防止直流换流站事故措施及释义（修订版）》中第 6.1.28 条 "换流站低容低抗设备保护应按照双重化配置" 的要求。

解决措施： 按照 2021 年 6 月 28 日下发的《在建直流工程换流站全过程技术监督 2021 年第三次例会纪要》，66kV 电抗器保护单套配置不影响运行，建议维持现状。

后续工程提升建议： 继电保护系统各类保护设备多重化配置，均应符合反措要求。

7.1.3 交流区域设备控制回路电源设置不合理

问题描述： 某换流站交流滤波器区域 500kV 隔离开关、接地开关及联络变压器低压侧低容低抗区域 66kV 隔离开关、接地开关控制回路电源均为 AC 220V，涉及 500kV 交流滤波器区域 18 组隔离开关、40 组接地开关，66kV 低容低抗区域 26 组隔离开关、48

组接地开关。

交流电源稳定性较差，且常规设计中，开关、刀闸类设备控制电源均采用直流电源。电源配置不符合设计规范及运维习惯，在设备检修和应急处置易混淆，导致判断错误。

解决措施：建议将 500kV 交流滤波器区域及 66kV 低容低抗区域隔离开关及接地开关控制电源更改为 DC 220V。

后续工程提升建议：控制回路宜采用直流电源，且应充分考虑运维检修习惯。

7.1.4 高频开关电源硬接点信号不满足反措

问题描述：某换流站主控楼通信机房 1、2 号高频开关电源无硬接点信号接入后台。不满足《国家电网有限公司直流换流站验收管理规定》关于保护及告警功能试验"充电装置告警或故障时，监控单元应能发出声光报警，并应与测控装置通讯或以硬接点形式输出，应保留至少 7 个硬接点输出"的要求；不满足《国家电网有限公司关于印发十八项电网重大反事故措施（修订版）的通知》中第 5.3.2.6 条"直流电源系统重要故障信号应硬接点输出至监控系统"的要求。

解决措施：将高频开关电源的 8 个硬接点信号输出全部接入后台。

后续工程提升建议：站用直流电源系统的电源配置及信号输出等，应满足"五通"和反措要求。

7.1.5 交流滤波器选相合闸装置电流取点不合理

问题描述：某换流站交流滤波器选相合闸装置（PWC600）采集的电流来自滤波器尾端 TA，不符合设计要求。

解决措施：将交流滤波器选相合闸装置采集的电流改至滤波器首端 TA。

后续工程提升建议：图纸审查过程中，应审核二次设备所采用的电流、电压测点的位置、数量及准确度等级是否满足规范要求。

7.1.6 交流滤波器不平衡保护无法进行不平衡补偿

问题描述：某换流站在第二大组交流滤波器 SC－2 小组滤波器充电试验时发现，SC－2 小组滤波器不平衡保护无法进行不平衡补偿。该组交流滤波器保护装置型号为 PCS－976A，2017 年 9 月 14 日制造、2018 年 9 月 7 日投运。

站内各大组交流滤波器保护使用相同的保护程序，第一大组与第二、三、四大组滤波器配置不同，为保证保护程序的兼容，滤波器保护采用最大化的配置原则，其保护配置见表 7－1。

表 7－1 交流滤波器保护配置

滤波器编号	滤波器类型（最大化配置）
ACF1	BP11/13－1

滤波器编号	滤波器类型（最大化配置）
ACF2	SC-1
ACF3	HP24/36
ACF4	HP3
ACF5	BP11/13-2

注　1. 应用在第一大组时，须将 HP3 用作 SC-2。

　　　2. 应用在第二、三、四大组时，须将 BP11/13-2 用作 SC-2。

第二、三、四大组滤波器中，保护程序中 ACF1 的 BP11/13-2 型滤波器保护配置用于 SC-2 小组滤波器，图 7-1 所示为现场 SC-2 小组滤波器保护应用在 ACF1 上的保护配置，ACF1 共 2 个分支，每个分支的不平衡保护和失谐监视均使用各自分支的穿越电流。所以，除尾端 TA 外，1 分支单独配置单独的尾端 TA，1 分支的不平衡保护和失谐监视使用的穿越电流为 1 分支尾端电流，2 分支的不平衡保护和失谐监视使用的穿越电流为尾端电流与 1 分支尾端电流的差电流。

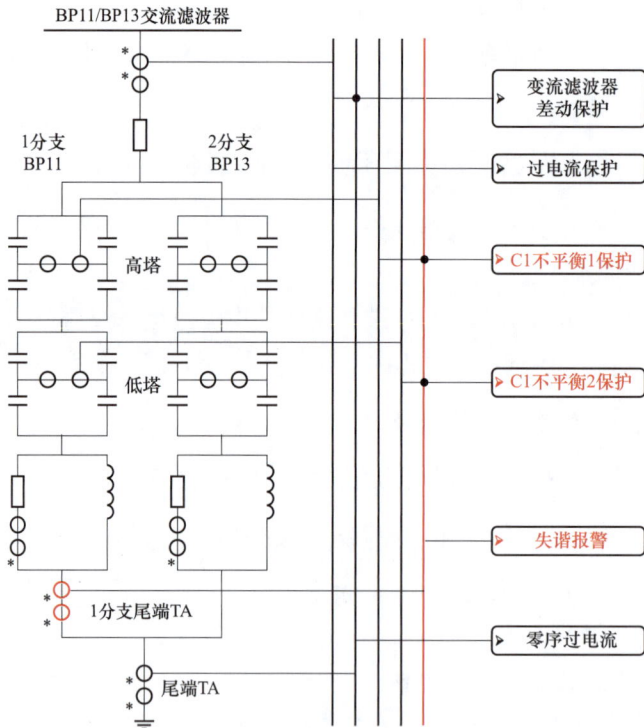

图 7-1　SC-2 小组滤波器保护应用在 ACF1 上的保护配置

查看现场第二大组保护定值及一次接线，第二大组 SC-2 使用 ACF1 的 1 分支保护配置，按照 1 分支的保护配置要求，应该接入尾端电流以及 1 分支尾端电流（图中标注为红色），且两个电流的大小和相位应完全相同，然而，SC-2 的尾端 TA 只有 1 个并已经接入尾端电流。所以，1 分支尾端电流未接入，导致 SC-2 的不平衡保护无法进行不平衡补偿。

另外，以前工程中也存在 BP11/13 兼容 SC 的用法，但与该工程不同的是：以前工程中 BP11/13 分支 TA 一般是接在 2 分支，所以 SC 使用 1 分支保护配置时，1 分支尾端电流和尾端电流相同（2 分支尾端电流未接入），因此不存在本问题。

解决措施： 修改 SC-2 合并单元接线，ACF1 小组滤波器尾端电流和 1 分支尾端电流均采用常规互感器合并单元，在合并单元处将尾端电流和 1 分支尾端电流串联，可以满足保护需求。同时，将装置参数中的 1 分支尾端数据接收使能投入。更改后的保护柜内端子图如图 7-2 所示。

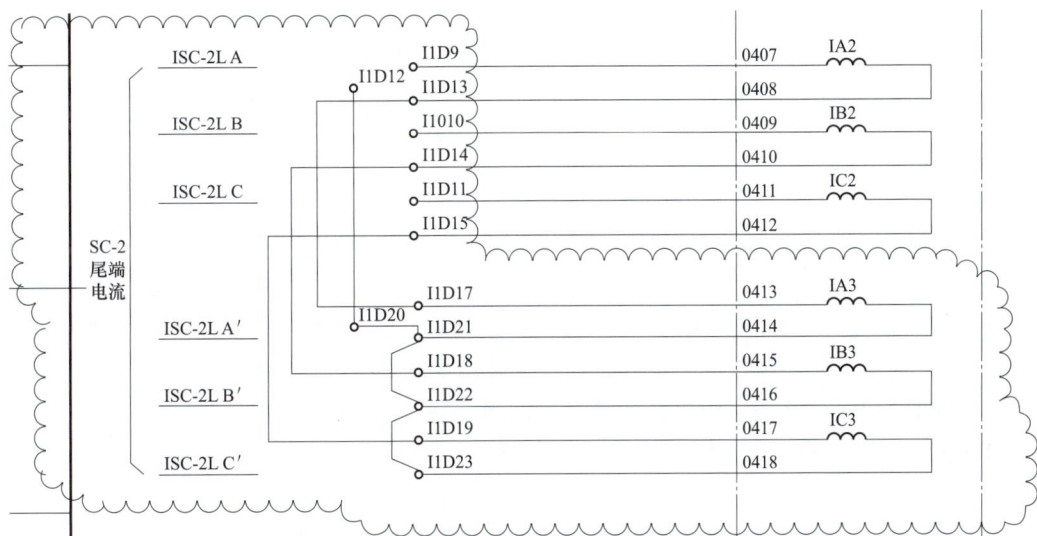

图 7-2　更改后的保护柜内端子图

后续工程提升建议： 由于各站配置的各类型交流滤波器组数不一致，导致与保护厂家的装置兼容不一致，后续工程应重点关注该问题，对于新工程，不能一味沿用以往工程经验，应根据现场实际排查验证可能存在的问题。

7.1.7　10kV 配电室时间同步扩展装置配置不合理

问题描述： 某换流站 10kV 配电室未配置时间同步扩展装置，对时网络由 71 小室时钟扩展装置通过电缆将 B 码信号接至 10kV 配电室内各保测一体装置。71 小室至 10kV 配电室间距 100m 左右，B 码信号经长距离传输、电磁干扰等会出现衰减，影响保测一体装置对时准确性。10kV 配电室对时接线如图 7-3 所示。

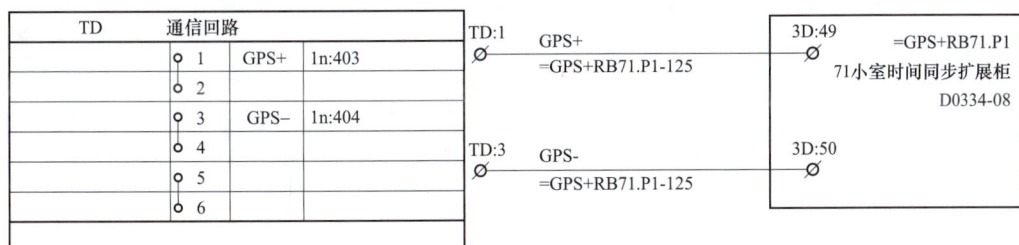

图 7-3　10kV 配电室对时接线

解决措施：设计院提供 10kV 保测一体装置 B 码信号质量检测报告；若 B 码信号质量衰减较大，考虑在 10kV 配电室内增加时钟同步扩展装置或通过光电转换模块提高 B 码对时信号质量。

后续工程提升建议：建议在设计阶段考虑在 10kV 配电室内增加时钟同步扩展装置或通过光电转换模块提高 B 码对时信号质量。

7.1.8　HSS 快速断路器防跳回路设计不合理

问题描述：① 直流开关的主要功能是通过合闸动作保护相关设备，因此其设备中设置的防跳回路应按固定于合闸状态的原则设计。某换流站 HSS 快速开关防跳回路设计于合闸回路中，不满足该原则。阀组充电、解锁完成的情况下，HSS 快速开关合闸后，需考虑是否要防止再次分闸。② 某换流站 HSS 快速开关二次回路中，防跳回路辅助节点 BG1 厂家图纸与设计院图纸不一致。现场二次回路按照厂家图纸进行连接。HSS 快速开关在分闸状态时，辅助节点 BG1 在合闸回路与防跳回路中为动断触点。合闸信号产生时，合闸回路与防跳回路同时动作。防跳继电器 K3 会在合闸回路带电时拉开 11、12 触点，产生拉弧，现场 K3 继电器该副触点已有明显烧弧痕迹。

解决措施：优化开关防跳回路，更换防跳继电器，并把动断触点改为动合触点。

后续工程提升建议：完善户外开关防跳回路设计，对设计、生产及安装等环节进行管控。

7.1.9　站用电系统 10kV 联跳回路设计不合理

问题描述：某换流站 10kV 系统直流电源信号回路验收中发现，断开 10kV 馈线开关柜信号电源时，相应低压侧 400V 进线开关联跳，400V 备自投正确动作，400V 一段母线会短时失电。经排查其余馈线开关存在同样隐患，10kV 系统型号为 KYN28 - 12，生产日期为 2017 年 9 月，投运日期为 2018 年 8 月。

某换流站站用电 10kV 出线开关柜断路器分闸备用辅助触点为继电器拓展辅助触点，这样会造成在高压侧断路器控制回路失电的情况下连跳低压侧回路，造成低压侧 400V 进线开关所带母线失压。10kV 联跳回路如图 7-4 所示。

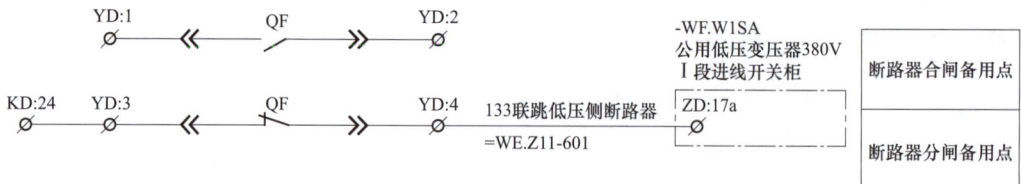

图 7-4　10kV 联跳回路

解决措施：

（1）将 10kV 出线开关柜断路器机械性分闸备用辅助触点引至端子排 Y/D:3，Y/D:4 端子，拆除原厂家在 Y/D:3，Y/D:4 端子上的配线，外部接线保持不变。

（2）为兼顾低压断路器的检修及保护传动等工作之便，在此回路增加压板，设计变更后回路图如图7-5所示。

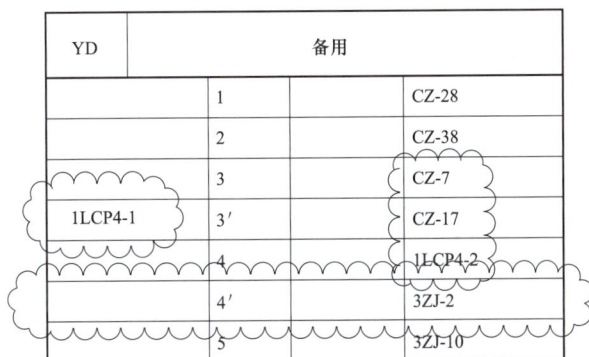

YD	备用		
	1		CZ-28
	2		CZ-38
1LCP4-1	3		CZ-7
	3′		CZ-17
	4		1LCP4-2
	4′		3ZJ-2
	5		3ZJ-10

图 7-5　设计变更后回路图

后续工程提升建议：

（1）新工程生产准备期间应组织开展交、直流负荷清册梳理及核对工作，提前发现设计缺陷或者隐患。

（2）高压开关成套厂家诸多，各厂家间技术路线及设计理念均存在差异，验收期间应借鉴以往工程问题，对联锁回路、跳闸回路、控制回路进行功能验证。

7.1.10　10kV 开关柜电气联锁逻辑不合理

问题描述：某换流站 10kV 开关柜电气联锁逻辑无法完全满足站用电 10kV 备自投功能，即无法实现 10kV ⅠM 通过 10kV ⅢM 向 10kV ⅡM 供电或 10kV ⅡM 通过 10kV ⅢM 向 10kV Ⅱ、ⅠM 供电。

某换流站 35kV/10kV 站用变压器主接线如图 7-6 所示，正常运行时Ⅰ、ⅡM 运行，ⅢM 备用。

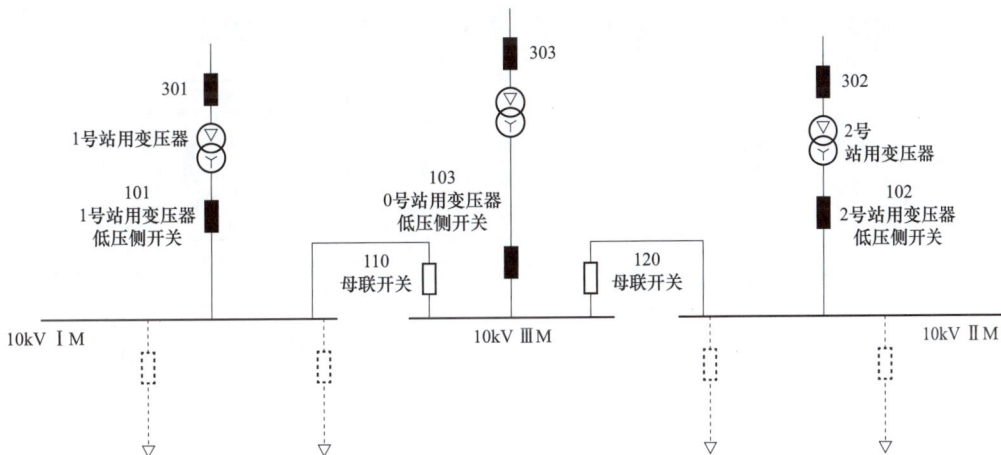

图 7-6　35kV/10kV 站用变压器主接线

通过对 SPC 主机内 10kV 备自投逻辑排查,可知 10kV ⅠM 和 10kV ⅡM 之间可以通过 10kV ⅢM 相互供电,即 SPC 主机程序逻辑无问题。10kV 开关柜内联锁回路设计如图 7-7 所示。

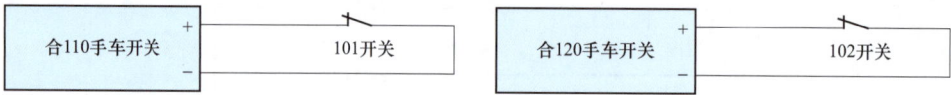

图 7-7 10kV 开关柜内联锁回路设计

从图 7-7 可以看出,101 开关在分位时才能合 110 分段开关,102 开关在分位时才能合 120 分段开关。该电气联锁条件表明只要本段 10kV 母线进线开关在合位时无法合该段 10kV 母联开关,进而无法向备用段供电。

解决措施: 联系设计单位、厂家增加 101、102、103 开关辅助触点,满足图 7-8 联锁回路与备自投逻辑,达到完善 10kV 站用电备自投功能的目标。优化后的 10kV 开关柜内联锁回路设计如图 7-8 所示。

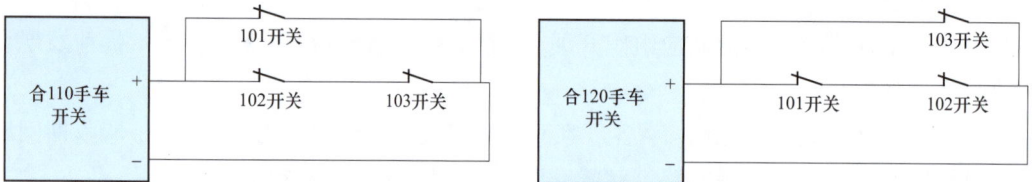

图 7-8 优化后的 10kV 开关柜内联锁回路设计

后续工程提升建议: 站用电 10kV 备自投功能的实现,需整体考虑 SPC 主机程序、10kV 开关柜电气联锁等全链路的逻辑配合。

7.1.11 10kV 开关柜直流电源配置不合理

问题描述: 某换流站 10kV 开关位置、隔离开关位置信号通过扩展继电器上送,其扩展继电器工作电源与 10kV 开关柜保测一体装置共用同一路直流电源(见图 7-9),存在失电后开关位置、隔离开关位置信号无法上送站用电控制保护系统的隐患。

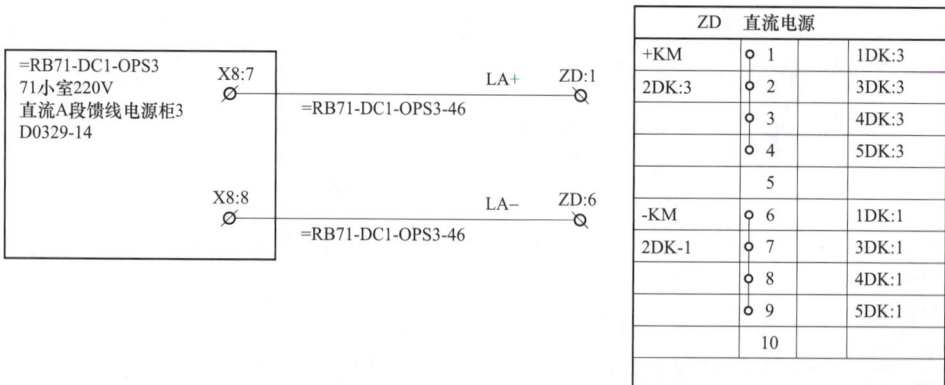

图 7-9 直流电源回路接线

解决措施：开关柜厂家应提供至少两个独立的开关、隔离开关辅助触点；设计院变更信号回路，采集开关、隔离开关实际位置供两套站用电控制保护系统使用。

后续工程提升建议：在 10kV 开关柜生产阶段，开关位置、隔离开关位置信号至少各配置两个独立的辅助触点。

7.1.12　10kV 母联断路器合闸回路设计不合理

问题描述：某换流站在进行 10kV 母联 1010 断路器检修试验时发现，其合闸回路因串入"10kV Ⅰ 段与备用段隔离刀闸 10311"位置而被闭锁，导致 1010 母联断路器无法进行正常的检修试验；10kV 母联 1020 断路器合闸回路同 1010。合闸控制回路如图 7-10 所示。

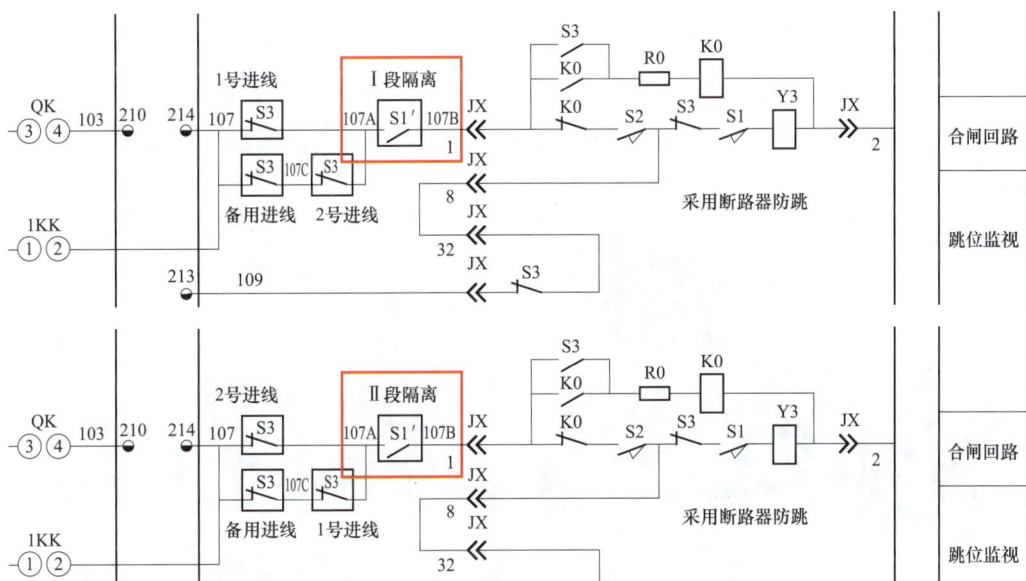

图 7-10　合闸控制回路

解决措施：设计院核实现场二次回路，根据运维检修工作需求取消该回路，变更相应二次图纸；结合 10kV 母联开关柜停电，施工单位按照图纸更改二次回路；针对 10kV 母联断路器及隔离开关闭锁逻辑重新进行验证。

后续工程提升建议：设计阶段，考虑母联断路器检修工况，图纸包含该工况下回路设计。

7.1.13　端子箱（柜）防雨防潮措施不完善

问题描述：某换流站户外端子箱（柜）由于设计及密封等问题，在雨后或温差较大的情况下，易出现进水或凝露现象，造成二次回路受潮绝缘降低，端子箱（柜）的结构型式存在设计缺陷。

解决措施：经过专题会商，进一步完善了户外端子箱（柜）的结构型式，对设计、生产及安装等环节进行管控，力争彻底解决在运工程中曾出现的户外端子箱（柜）二次回路受潮问题。

后续工程提升建议：完善户外端子箱（柜）的结构型式，对设计、生产及安装等环节进行管控。

7.1.14 户外 TV 二次端子防护措施不完善

问题描述：某换流站 35kV 进线 TV（JDX6 – 35W3 电磁式电压互感器，其二次接线及其接线端子暴露在空气中（见图 7 – 11），没有任何防护措施，不满足 DL/T 726—2000《电力用电压互感器订货技术条件》中第 7.1 条、GB 50171—2012《电气装置安装工程　盘、柜及二次回路接线施工及验收规范》第 4.0.6 条规定。

35kV 站用变压器作为某换流站的备用电源，如果站用电进线 TV 二次接线端子直接暴露在空气中，易发生绝缘老化、TV 内部渗水等异常情况，引起保护误动或拒动、测量异常、站用电备自投不能正常工作、设备损坏等严重后果，使站用电系统失去备用功能，直接影响到某换流站的安全稳定运行。

图 7–11　TV 二次出线端子现场图

解决措施：对出线端子加装防雨罩，对二次接线采用电缆穿管的保护措施。

后续工程提升建议：二次接线均需要安装防雨防水措施，防止线路受潮影响绝缘性能。

7.2　原材料及组部件问题

7.2.1 信号回路二次电缆绝缘普遍偏低

问题描述：某换流站现场对换流变压器区域二次电缆开展绝缘电阻测量（断开保护装置），发现换流变压器信号回路二次电缆绝缘低于 1MΩ 的共计 62 个，其中信号回路 26

个、电流回路 9 个、电压回路 15 个、非电量公共端回路 12 个。陆续发现交流场二次电缆绝缘整体偏低，部分测量、控制回路绝缘低于 10MΩ，部分信号回路低于 1MΩ，不满足《继电保护和电网安全自动装置检验规程》《直流换流站二次电气设备交接试验规程》规定的绝缘电阻不小于 10MΩ（1000V 绝缘电阻表测量）要求。

解决措施：建管单位组织对约 450km 不合格电缆进行更换并重新开展试验验证。

后续工程提升建议：物资采购阶段，严格把控二次电缆进场验收，针对不合格电缆或绝缘偏低的电缆拒绝进场。

7.2.2 交流滤波器保护板卡异常告警

问题描述：某换流站第二大组交流滤波器保护 AFP2A3 多次出现"装置报警"报文，并于几毫秒后复归。交流滤波器保护装置型号为 PCS－976A，2017 年 9 月 14 日制造、2018 年 9 月 7 日投运。

PCS－976A 交流滤波器保护装置通过光纤获取合并单元发送的模拟量，并对每一路模拟量数据的数值和品质信息进行监视。

检查 PCS－976A 保护装置的录波波形，B05 板卡接收的保护电流出现品质异常的情况，品质异常的电流包括 SC－1 小组滤波器首端、尾端电流和 HP12/24 小组滤波器首端、尾端、电阻、电抗电流，"装置报警"为电流通道品质异常所致。

经过检查，上述电流数据均来自同一个合并单元的同一根光纤，其采样回路为：合并单元采集常规模拟量信号后，分别通过 B02 板卡和 B03 板卡发送保护电流和启动电流，保护电流通过合并单元 B02 板卡的 TX2 端口发送至保护装置 B05 保护板卡的 RX6 端口，启动电流通过合并单元 B03 板卡的 TX2 端口发送至保护装置 B06 启动板卡的 RX6 端口。

进一步检查装置内部通信数据统计信息：B05 保护板卡的 RX6 端口接收相关错误统计持续增加，对比 B05 保护板卡和 B06 启动板卡的 RX6 端口数据通信统计，B05 保护板卡 RX6 端口的错误统计明显较多，如图 7－12 所示，可见，B05 保护板卡 RX6 端口数据接收存在异常。

39	B05.RX5写指针出错统计	0
40	B06.RX5写指针出错统计	0
41	B05.RX6有效数据帧统计	1280915206
42	B06.RX6有效数据帧统计	1360590867
43	**B05.RX6FPGA_CRC出错统计**	**2525**
44	B06.RX6FPGA_CRC出错统计	0
45	B05.RX6数据帧CRC校验和出错统计	0
46	B06.RX6数据帧CRC校验和出错统计	0
47	B05.RX6帧序号不连续统计	3
48	B06.RX6帧序号不连续统计	3

图 7－12 通信数据统计信息

解决措施： 更换 B05 保护板卡。

后续工程提升建议： 对于 PCS−976A 交流滤波器保护装置日常运维中进行严密监控，并有针对性对异常进行统计；定期检查相关保护装置录波波形。

7.2.3　400V MCCJ 馈线柜工艺质量缺陷

问题描述： 某换流站 51 继电器小室 400V MCCJ 馈线柜主要为 51、52 继电器室直流充电机屏提供电源，GIS 室 400V MCCJ 馈线柜为 500kV 交流 GIS 设备开关、隔离开关提供电机电源。站用电验收期间发现 400V MCCJ 馈线柜存在如下问题：① 柜内接触器布置十分密集，二次电缆接线凌乱，存在着火的隐患；② 柜内母排及小母线密集且无绝缘防护罩，存在安全隐患；③ 柜内端子排无双侧编号，端子排接线金属裸露部分过长，存在短路安全隐患；④ 开关量输入模块上下晃动，固定不牢固，屏内制作工艺差。MCCJ 馈线柜如图 7−13 所示。

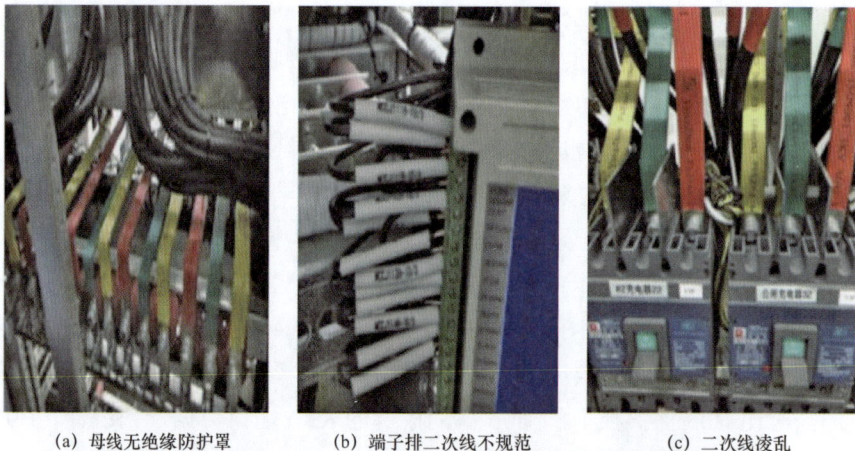

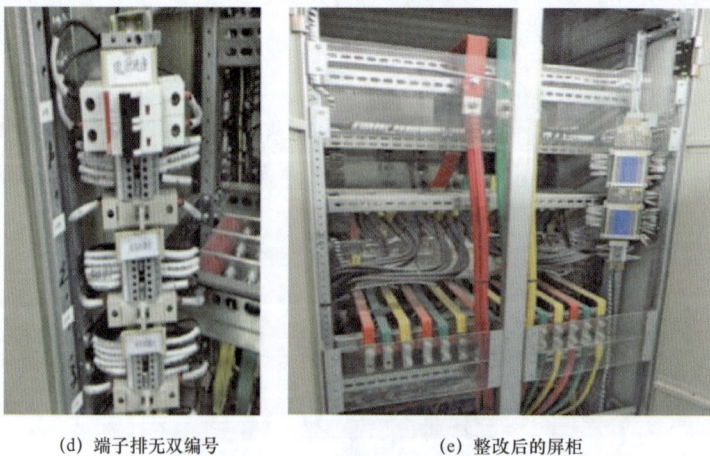

(a) 母线无绝缘防护罩　　　(b) 端子排二次线不规范　　　(c) 二次线凌乱

(d) 端子排无双编号　　　(e) 整改后的屏柜

图 7−13　MCCJ 馈线柜

解决措施：对母排加装防护罩，二次电缆重新接线，加固开关量报警模块。

后续工程提升建议：管控生产工艺加强，在组装屏柜时加强屏柜内接线端子排、动力小母线生产工艺，增加绝缘防护罩。

7.2.4　GIS 机构箱二次航插电缆长度无冗余

问题描述：某换流站 750kVGIS 断路器机构箱二次航插电缆敷设长度无余量，导致二次航插受力，插接不可靠。户外端子箱（柜）的结构型式存在设计缺陷。

解决措施：建设单位组织厂家制订整改方案。调整二次航插电缆敷设余量。

后续工程提升建议：加强过程验收。

7.2.5　GIS 控制电缆绝缘材料不满足设计要求

问题描述：某换流站 GIS 设备控制电缆，按照物资招标供货要求为 PVC 绝缘材料。根据某换流站低温运行环境，设计要求 GIS 设备控制电缆为 PE 绝缘材料。体现了物资招标技术规范书审核不到位，技术参数不符合设计标准。

解决措施：按照设计要求，采用 PE 绝缘材料的控制电缆。

后续工程提升建议：物资招标采购阶段，加强技术规范书审核，避免技术参数填写不完整、不规范，影响后期使用。

7.2.6　交流滤波器合并单位异常复位

问题描述：某换流站后台报"第二大组交流滤波器保护 A 柜装置闭锁""保护装置 B05.RX5 插值时标出错""B06.RX5 插值时标出错""B05.RX6 插值时标出错""B06.RX6 插值时标出错"等异常报警。

现场定位对应合并单元装置变位报文，判断本次故障的原因为交流滤波器保护装置 3 号槽 DSP 板卡 NR1121 运行异常，导致装置自动复位，进而造成交流滤波器保护装置闭锁和报警。检查该板卡的日志分析发现，该板卡的内存空间（运行程序空间）被改写，从而触发了异常。装置管理板采用轮询下发对时报文的方式检测各 DSP 板卡运行是否正常，管理程序监视到 3 号槽 DSP 板卡异常后，进入异常复位程序，试图通过复位装置使得该板卡恢复正常运行，装置自动复位后运行正常。

解决措施：合并单元装置自动复位后恢复正常运行，交流滤波器保护装置闭锁及异常告警信息恢复，保护采样数据正常，后期更换故障板卡。

后续工程提升建议：调试验收期间严密监控合并单元运行情况，并有针对性统计异常合并单元。

7.2.7　GIS 断路器 LCP 屏整流电源故障

问题描述：某换流站后台报"500kV 5082 断路器整流电源断线故障"。经现场检查，5082 开关间隔就地汇控柜整流电源（电机和控制用）中主用电源故障，自动切换至备用电源。该电源模块将 AC220 变换 DC24V 为间隔内线路出线快速接地开关提供动力和控制电源，模块内部有两路变换器，一主一备，主变换器故障时会自动切至备用变换器。现场试分合总电源后模块仍自动切至备用电源，判定整流电源模块内部主用变换器故障。

解决措施：更换整流电源模块。

后续工程提升建议：现场安装及验收过程中，应注意储备 LCP 柜等柜体内配件、耗材，便于日常运维消缺管理。

7.3　制造及安装工艺问题

7.3.1　母差保护失灵启动不满足双开入要求

问题描述：某换流站 500kV 第二套母差保护设计图纸与厂家实际配线存在差异，2 副断路器启动失灵触点在母差保护屏被短接，不符合母差保护失灵启动双开入的要求。

500kV 母线保护 B 套的 5101 开关的失灵开入 1/2 分别经两个重动继电器 ZJ21/ZJ22 接入母线保护装置，满足双开入的要求。但在屏柜接线上，开关的失灵开入 1/2 在端子排上被短接，并接为 1 路失灵开入接入母差保护装置。

解决措施：增加重动继电器并修改屏内配线，保证母差失灵双开入的要求。

后续工程提升建议：保护装置开入、开出信号设置应满足反措要求，现场验收时应重点关注屏内配线是否规范，且应与设计保持一致。

7.3.2　控制回路电缆线芯中间存在接头

问题描述：某换流站现场跟踪 500kV GIS 设备安装时，发现 LCP 屏控制回路多处电缆内部导线存在转接现象。若因导线转接点松脱、虚接时，将会造成控制回路异常导致开关不正确动作的隐患。同时转接点线头可能穿透绝缘层，造成绝缘降低。GIS 控制电缆纤芯对接如图 7-14 所示。

图 7-14　GIS 控制电缆纤芯对接

解决措施：现场要求更换该批次所有电缆，经功能试验验证，确无断线、绝缘偏低现象存在。

后续工程提升建议：在设备跟踪期间，应注意核查设备厂家或施工单位组织采购的电缆是否复合换流站运行要求，对于使用非阻燃或电缆本身存在质量问题等情况，应立刻提出要求进行处理。

7.3.3 交直流电源端子排存在串电隐患

问题描述：某换流站 35kV 隔离开关机构箱内端子排布局比较紧凑，采用双层端子，现场跟踪发现，隔离开关直流 110V 控制电源与电机 220V 交流电源在端子排紧相邻，且无绝缘防护挡板，会存在电磁干扰、交直流串电隐患。按规程规范要求，交直流电源在端子排上应有明显隔空或绝缘隔断。

解决措施：在直流电源端子（1D：7）和交流电源端子（1D：6）之间增加空端子（见图 7-15），防止交直流串电和电磁干扰。

图 7-15 增加空端子

后续工程提升建议：设备厂家设计端子排时应避免交直流电源串电，尽量将交直流电源端子排分开设置。

7.3.4 不同截面电缆芯线在端子排上压接

问题描述：某换流站断路器保护屏内 4Y1D_1 及 4Y2D_1 端子排存在不同线径的电缆压接情况；所有小组交流滤波器保护屏 A 内 4YD_29、4YD_39 端子排存在不同线径的电缆压接情况。

不满足 GB 50171—2012《电气装置安装工程　盘、柜及二次回路接线施工及验收规范》"6.0.1 对于插接式端子，不同截面的两根导线不得接在同一端子中，螺栓连接端子接两根导线时，中间应加平垫片"的要求。

解决措施：按规范整改电缆线芯压接问题。

后续工程提升建议：继电保护及二次回路安装及工艺应严格符合规范要求。

7.3.5　电缆沟动力、控制电缆敷设不规范

　　问题描述：某换流站高端换流变压器区域电缆沟存在大量动力电缆和控制电缆混放，电缆未上支架，电缆存在泡水问题，不满足《国家电网有限公司关于印发十八项电网重大反事故措施（修订版）的通知》中第 5.3.2.3 条"控制电缆不应与动力电缆并排铺设"的要求；不满足《国家电网有限公司防止直流换流站事故措施及释义（修订版）》中第14.3.3 条"电缆敷设应严格按照设计制定的分沟、分层排列方案分步执行，避免电缆凌乱"、第 14.3.5 条"施工期间应做好电缆和电缆附件的防潮、防尘、防外力损伤措施"的要求。

　　解决措施：按照《国家电网有限公司防止直流换流站事故措施及释义（修订版）》《国家电网有限公司关于印发十八项电网重大反事故措施（修订版）的通知》整改。清理泡水问题，加层角钢，分类绑扎整理。

　　后续工程提升建议：加强电缆施工质量管控，细化电缆布置、敷设和验收要求。建议 10kV 动力电缆专沟敷设。

7.3.6　集装箱汇控柜底部电缆敷设不规范

　　问题描述：某换流站 750kV GIS 区域集装箱汇控柜底下电缆未放置在电缆支架上，不满足《国家电网有限公司关于印发十八项电网重大反事故措施（修订版）的通知》中第 5.3.2.3 条"控制电缆不应与动力电缆并排铺设"的要求；不满足《国家电网有限公司防止直流换流站事故措施及释义（修订版）》中第 14.3.3 条"电缆敷设应严格按照设计制定的分沟、分层排列方案分步执行，避免电缆凌乱"的要求。

　　解决措施：按规范整改。建设单位组织设计院、厂家制订整改方案，增加汇控柜底部支撑。750kV GIS 设备已带电，建设单位组织整改时，务必做好现场安全管控。

　　后续工程提升建议：加强电缆施工质量管控，细化电缆布置、敷设和验收要求。建议 10kV 动力电缆专沟敷设。

7.3.7　10kV 动力电缆混沟敷设不规范

　　问题描述：某换流站 10kV 动力电缆与其他电缆混沟敷设，不满足《国家电网有限公司关于印发十八项电网重大反事故措施（修订版）的通知》中第 5.3.2.3 条"控制电缆不应与动力电缆并排铺设"的要求；不满足《国家电网有限公司防止直流换流站事故措施及释义（修订版）》中第 14.3.3 条"电缆敷设应严格按照设计制定的分沟、分层排列方案分步执行，避免电缆凌乱"的要求。

　　解决措施：经协调，将 10kV 动力电缆改为专沟敷设。

　　后续工程提升建议：加强电缆施工质量管控，细化电缆布置、敷设和验收要求。建议 10kV 动力电缆专沟敷设。

7.3.8 电缆施工不规范导致线芯破损

问题描述：某换流站设备安装调试阶段，OWS 后台报 601B 站用变压器高压本体端子箱开关压力释放阀报警出现（见图 7－16），该变压器型号为 SZ11－20000/66，2017 年 7 月生产、2018 年 9 月 9 日投运。

10060	2018-08-28	19:49:11.793	S1P2VCI1	B	正常	系统监视	REC_TRIG信号 出现
10061	2018-08-28	19:49:11.793	S1P2PPR1	A	正常	暂态故障录波	故障录波触发 出现
10062	2018-08-28	19:49:11.794	S1P1CPR1	B	正常	暂态故障录波	故障录波触发 出现
10063	2018-08-28	19:49:11.795	S1P1CPR1	A	正常	暂态故障录波	故障录波触发 出现
10064	2018-08-28	19:49:11.795	S1P2CPR1	B	正常	暂态故障录波	故障录波触发 出现
10065	2018-08-28	19:49:11.795	S1P2CPR1	A	正常	暂态故障录波	故障录波触发 出现
10066	2018-08-28	19:49:11.795	S1P1CPR1	C	正常	暂态故障录波	故障录波触发 出现
10067	2018-08-28	19:49:11.795	S1P2CPR1	C	正常	暂态故障录波	故障录波触发 出现
10068	2018-08-28	19:49:11.796	S1P2CPR2	B	正常	暂态故障录波	故障录波触发 出现
10069	2018-08-28	19:49:11.796	S1P2CPR2	C	正常	暂态故障录波	故障录波触发 出现
10070	2018-08-28	19:49:11.796	S1P2CPR2	A	正常	暂态故障录波	故障录波触发 出现
10071	2018-08-28	19:49:11.971	S1AFC2	A	正常	交流滤波器地刀	WA.Z2.W21.Q23(7627) 合位
10072	2018-08-28	19:49:11.973	S1AFC2	B	正常	交流滤波器地刀	WA.Z2.W21.Q23(7627) 合位
10073	2018-08-28	19:49:12.102	S1SPC	A	报警	66kV站用电	601B站用变高压本体端子箱开关压力释放阀报警 出现
10074	2018-08-28	19:49:13.727	S1P1VCI2	A	正常	系统监视	REC_TRIG信号 消失
10075	2018-08-28	19:49:13.784	S1P1VCI2	B	正常	系统监视	REC_TRIG信号 消失
10076	2018-08-28	19:49:13.793	S1P2VCI1	A	正常	系统监视	REC_TRIG信号 消失
10077	2018-08-28	19:49:13.795	S1P2VCI1	B	正常	系统监视	REC_TRIG信号 消失
10078	2018-08-28	19:49:13.936	S1P1CCP2	A	正常	暂态故障录波	故障录波触发 出现
10079	2018-08-28	19:49:13.938	S1P1VCI2	A	正常	系统监视	REC_TRIG信号 出现
10080	2018-08-28	19:49:14.110	S1P1CCP2	B	正常	暂态故障录波	故障录波触发 出现
10081	2018-08-28	19:49:14.111	S1P1VCI2	B	正常	系统监视	REC_TRIG信号 出现
10082	2018-08-28	19:49:14.113	S1P1CPR2	B	正常	暂态故障录波	故障录波触发 出现
10083	2018-08-28	19:49:14.113	S1P1PCP1	A	正常	暂态故障录波	故障录波触发 出现
10084	2018-08-28	19:49:14.114	S1P1CPR2	A	正常	暂态故障录波	故障录波触发 出现
10085	2018-08-28	19:49:14.114	S1P1CPR2	C	正常	暂态故障录波	故障录波触发 出现
10086	2018-08-28	19:49:14.115	S1P1CCP1	A	正常	暂态故障录波	故障录波触发 出现
10087	2018-08-28	19:49:14.115	S1P2PCP1	A	正常	暂态故障录波	故障录波触发 出现
10088	2018-08-28	19:49:14.116	S1P1PCP1	B	正常	暂态故障录波	故障录波触发 出现
10089	2018-08-28	19:49:14.116	S1P2PCP1	B	正常	暂态故障录波	故障录波触发 出现
10090	2018-08-28	19:49:14.117	S1P2CCP2	A	正常	暂态故障录波	故障录波触发 出现
10091	2018-08-28	19:49:14.118	S1P1CCP1	B	正常	暂态故障录波	故障录波触发 出现
10092	2018-08-28	19:49:14.118	S1P1PPR1	C	正常	暂态故障录波	故障录波触发 出现
10093	2018-08-28	19:49:14.118	S1P1PPR1	B	正常	暂态故障录波	故障录波触发 出现
10094	2018-08-28	19:49:14.118	S1P2CCP1	A	正常	暂态故障录波	故障录波触发 出现

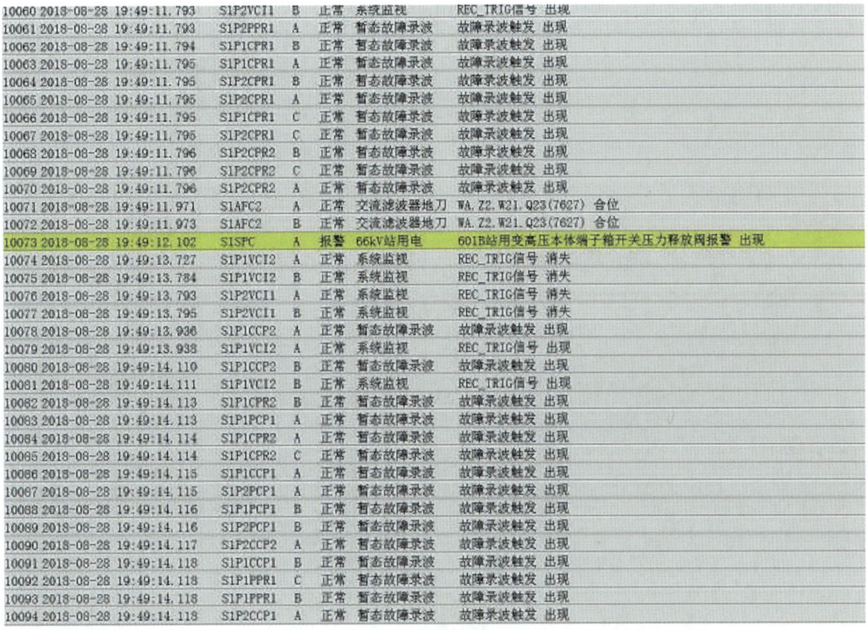

图 7－16　601B 本体端子箱开关压力释放阀报警信号

检查发现该压力释放阀指示未弹出，经检查初步分析为信号绝缘不足导致，现场照片如图 7－17 所示。

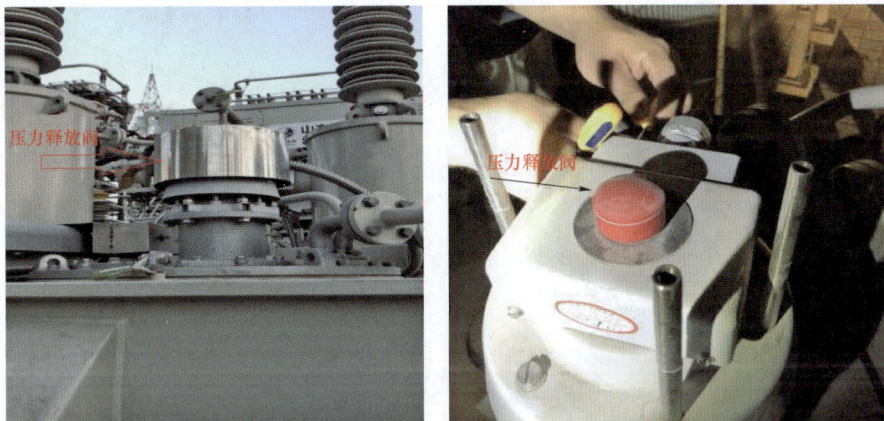

图 7－17　601B 本体端子箱开关压力释放阀现场照片

当日处于现场调试阶段，且 601B 未投入运行，现场人员打开开关压力释放阀防雨罩后，检查发现现场压力释放阀实际未弹出，在检查排除一次设备原因后，着重检查二次原因。

（1）查看 1 号站用电高压变压器本体回路原理接线图（见图 7-18），开关压力释放阀报警信号通过 P6、P8 端子连接到端子排，再通过 X2-42、X2-43 分别送到站用电控制柜 A、站用电控制柜 B。

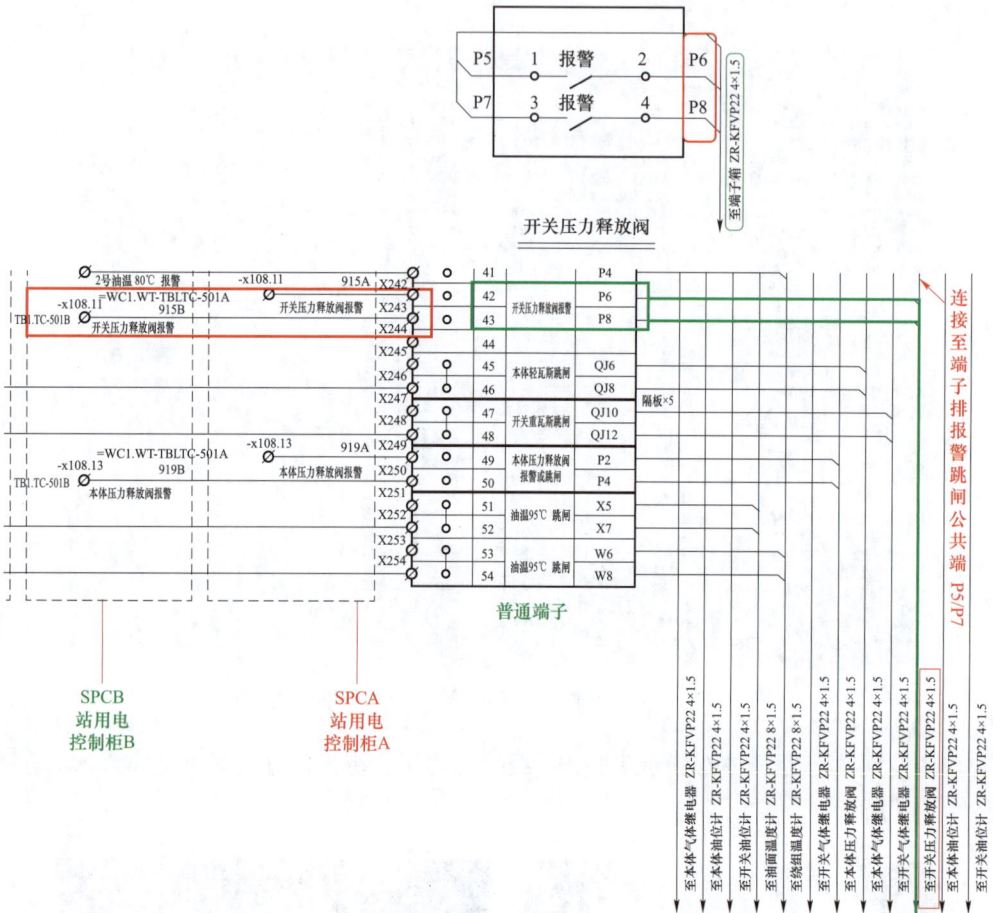

图 7-18 601B 本体回路原理接线图

（2）开关压力释放阀告警信号传至站用电控制柜 A/B 柜中，在 SPC 主机中作为开入，通过 H1-8 板卡传送到软件后台。站用电控制柜原理接线图如图 7-19 所示。

（3）压力释放阀报警信号传送到控保软件后，在 OWS 后台发出报警信号后对二次接线检查时，将相关节点甩开，对电缆进行了绝缘测试，发现为直流接地导致的误报警。

（4）打开压力释放阀接线盒后，发现接线盒内芯线磨损破皮，导致直流负 58V 接地，交流滤波器场 7627 接地开关机构箱内节点端子接线头与外壳有接触，导致直流正 58V 接地，通过大地串通，直接绕过报警 P5-P6 节点将报警回路导通，开关压力释放阀通过上述信号传输路径误报警。

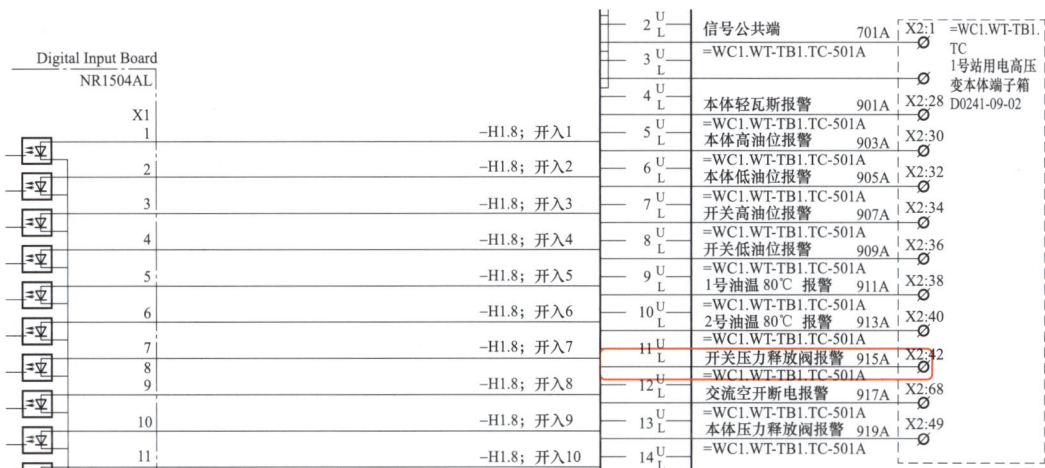

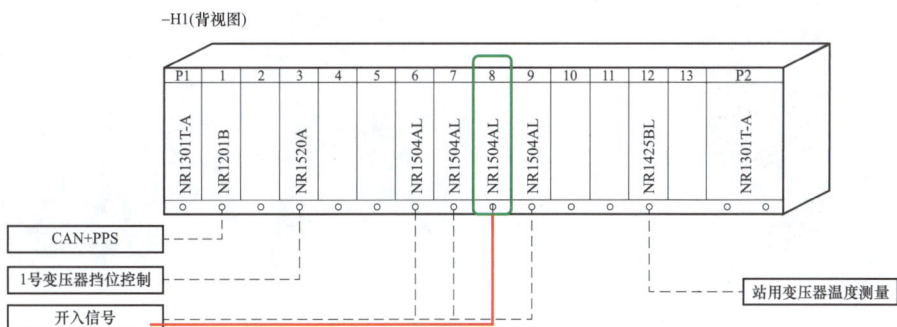

图 7-19　站用电控制柜原理接线图

解决措施: 检查二次回路时,发现由开关压力释放阀接至端子箱的 P5/P6/P7/P8 接线处存在异常,接线盒拆除后发现接线盒芯线 P6 磨损破皮严重(见图 7-20),随后对破损芯线拆除,重新接线更换处理。经现场检修人员对开关压力释放阀检查处理后,一次设备

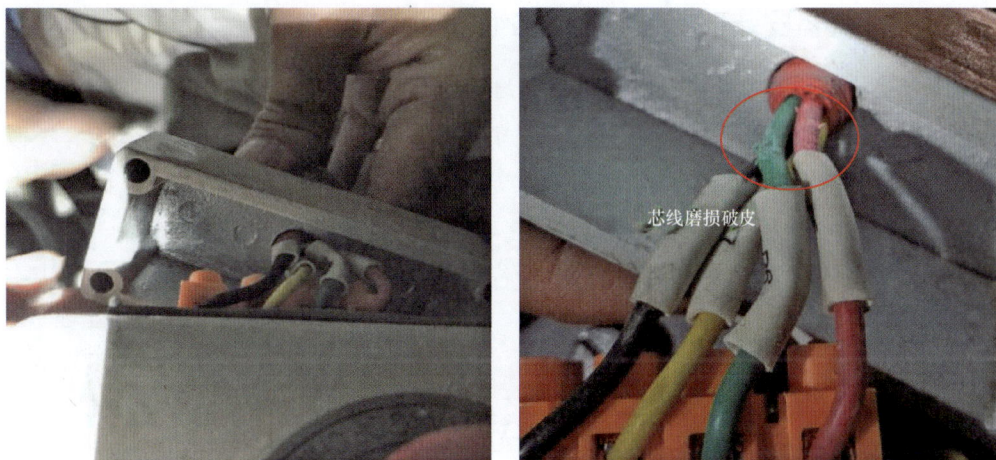

图 7-20　线芯破损处

状态恢复，二次接线恢复，OWS 后台 601B 站用变压器高压本体端子箱开关压力释放阀报警复归，设备能够安全可靠运行。

后续工程提升建议：涉及接线盒处的接线，接线与格兰头处应增加防护措施，防止芯线刮蹭或者老化破损后造成直流接地。

7.3.9　机构箱电缆磨损导致回路绝缘降低

问题描述：某换流站极Ⅰ低端 110V 直流屏报直流母线绝缘降低和多个支路接地告警，屏柜监测装置显示正母线对地电压已降到 0。现场检查 010007 接地开关的机构箱，发现机构箱柜门部位的电缆被磨损（见图 7-21）。电缆内部金属暴露在外，和端子排、机构箱铁皮壁接触，从而造成接地。

图 7-21　电缆绝缘皮破损

解决措施：厂家更换破损的电缆，并加强对电缆的保护措施，之后又对直流场属于该厂家供货的所有隔离开关、接地开关做了相同的保护处理。

后续工程提升建议：注意检查有类似上述隔离开关结构的操动机构箱，看是否有类似现象；注意对接线施工质量的验收。

7.3.10　TA 槽盒安装不规范导致回路绝缘降低

问题描述：某换流站 750kV 及 66kV 区域验收时，对多个 TA 回路绝缘不合格问题进行检查，发现电缆绝缘皮被 TA 接线盒下方固定槽盒用的钻孔螺丝压破（螺丝带有类似钻头型的尖端）（见图 7-22），导致电缆接地；由于 TA 槽盒为后期施工，故该情况比较普遍。

解决措施：检查所有 TA 接线盒，对线缆绝缘皮破损处，用绝缘胶带包扎；由于工期紧张，没能将钻孔螺丝统一更换为平头螺丝，仅对螺丝顶部进行加盖绝缘胶帽处理。经检查，PMIC 柜内用于采集 IDNC 的电缆松动，导致 CCP22C2 采集不到 IDNC 的数据，从而 IDC2N 与 IDNC 的电流存在较大差值（450A），保护正确动作。紧固接线后恢复正常。

后续工程提升建议：后续工程安装过程中，需提前要求，禁止再次采用此类槽盒固定方法。

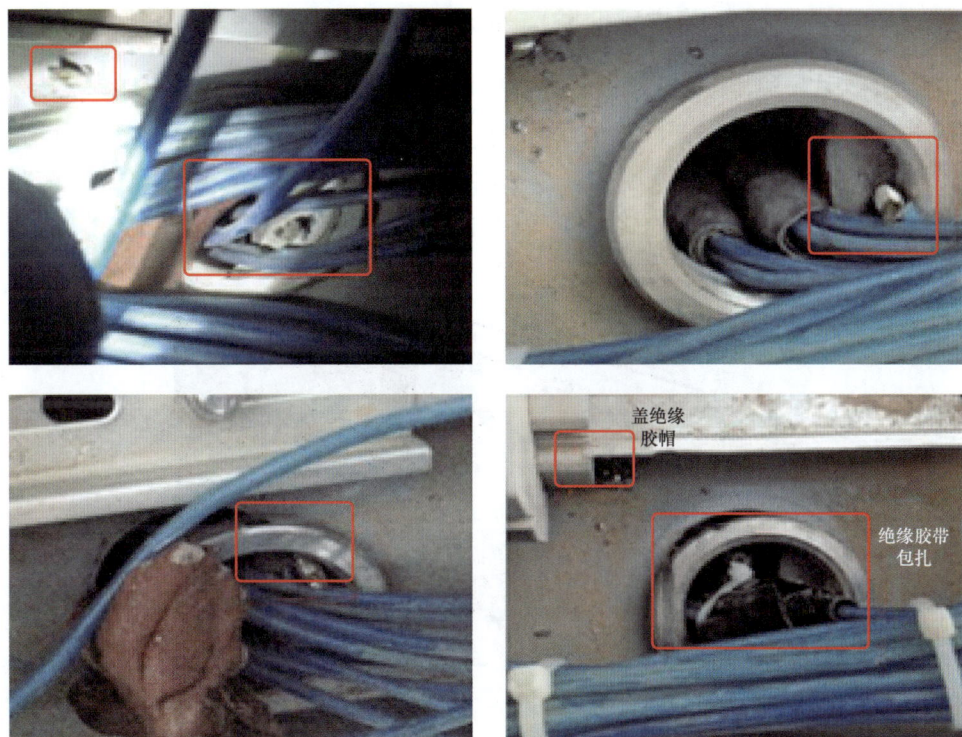

图 7-22 电缆绝缘皮破损

7.3.11 零磁通 TA 接地线安装不规范

问题描述： 某换流站直流场 P1.WN.T2 等多个零磁通 TA 屏蔽接地及接地线纤芯裸露（见图 7-23），存在与其他端子短接的风险，同时也易受潮腐蚀断裂。

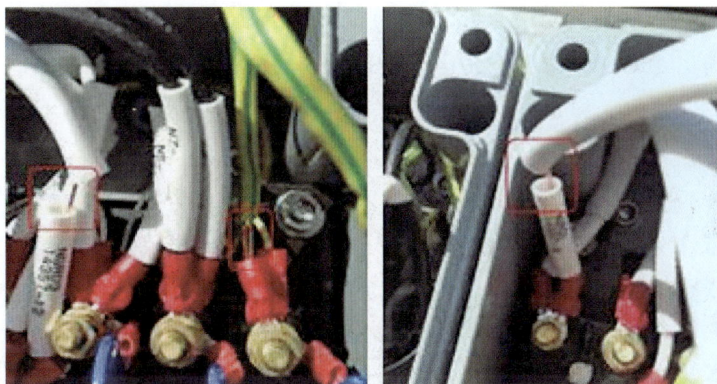

图 7-23 接地线线芯裸露

解决措施： 重新更换接地线并进行绝缘处理。

后续工程提升建议： 后续工程，加强对接地线管理，禁用单股铜丝作为接地线。

7.3.12 安装户外端子箱未采取防风沙措施

问题描述： 某换流站设备安装过程中户外端子箱、机构箱、汇控柜均长期不关闭箱门，风沙天气易导致箱内的电气设备如继电器、接触器、转换开关等卡涩。根据 GB 50171—2012《电气装置安装工程　盘、柜及二次回路结线施工及验收规范》中第 1.0.9 条设备安装前建筑工程应具备条件的要求，室内可能影响已安装设备的装饰工作必须全部结束后方能开展设备安装工作。户外端子箱如图 7－24 所示。

图 7－24　户外端子箱

解决措施： 现场要求监理单位组织对存在上述隐患的设备间及继电小室安装的设备进行防尘处理，使用塑料膜包裹已安装屏柜内的电气设备。根据工程联系单要求监理单位组织对已安装的室外端子箱、机构箱、汇控柜内的电气设备使用塑料膜包裹，做好防沙尘处理。

后续工程提升建议： 安装过程中应要求施工单位做好防风沙工作。

7.3.13 废弃电缆、网线等闲置在屏柜内未进行处理

问题描述： 某换流站现场检查时发现屏柜内存在拆解遗留的内部线和外部电缆（见图 7－25），不满足 Q/GDW 1224—2014《±800kV 换流站屏、柜及二次回路接线施工及验收规范》要求。

图 7－25　废弃电缆、网线等闲置在屏柜内

解决措施：现场对遗留的内部线和外部电缆进行整理。

后续工程提升建议：安装验收阶段，按照规范规定对废弃电缆、网线等进行整理。

7.3.14 二次拆接线时未做记录

问题描述：某换流站现场检查发现极控接口屏柜内 TA 二次回路接线有未接入端子排情况（见图 7-26）。

解决措施：拆接二次接线时应有记录表进行记录并按照记录恢复。

后续工程提升建议：安装验收阶段，按照验收记录表逐项对电缆检查紧固并记录。

7.3.15 UPS 屏串口输出通道未可靠屏蔽

问题描述：某换流站 OWS 后台频发 UPS 异常报警，实际装置没有报警。UPS 屏的遥测、遥信信号通过两根 RS485 串口线送给控保后台板卡，所有遥测、遥信信号为 16 位的 2 进制编码通过 RS485 串口线传给控保规约转换屏的板卡接收。

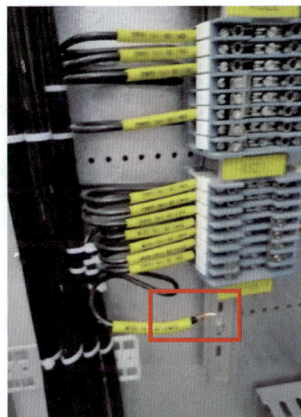

图 7-26 二次回路接线有未接入端子排

RS485 串口线共有 2 根线芯，输出 ±5V 点位来表示 0/1，输出 8 组为一个信号事件。两个 UPS 屏的串口线并联后一起送至规约转换屏。由于之前的 RS485 串口线屏蔽不好、存在扰动，导致后台接收错误的信号而频发报警。

解决措施：加强屏蔽，更换新的 RS485 串口线。

后续工程提升建议：遥控、遥信等信号输出通道一定要可靠屏蔽，选型正确。同时，在信号接收、传输等光缆、板卡及相应屏柜附近严禁使用通信工具。

7.3.16 TA 极性错误导致线路保护误动

问题描述：某换流站在进行站用电系统调试时，按照调试步骤进行操作。① 66kV 630 开关由冷备用转热备用；② 用 66kV 630 开关对 602B 站用变压器充电。在合上 630 开关时，SPCA、B 系统报 66kV 某线保护跳闸，630 开关分位信号出现（见图 7-27）。现场检查 630 开关跳开正常，现场未发现一次设备存在明显故障，某线相关电气图纸由某设计院设计，某线线路保护装置型号为 PCS-953。

66kV 某线是由 750kV 某换流站 66kV Ⅲ母通过地下直埋电缆引至本站 66kV 2 号站用变压器 66kV 某线及该电缆线路某侧相应开关、隔离开关均由某换流站自行调管，正常运行时某换流站 66kV 2 号站用变压器低压侧与站内其他站用电分列运行。

本次故障发生在 602B 首次充电时（2018-09-05 04：08：51），经现场保护跳闸信息收集，确认保护正确动作，现场检查保护装置动作情况为纵联差动保护，最大故障相电流为 1.0A，最大差流 1.3A，故障相别为 A、C 相。

1982 2018-09-05 04:05:25.329	S1SPC	B	正常 交流场刀闸	jq-s3o3/运行二值发出 WC2.WT.Q11(6301) 指令	合上
1983 2018-09-05 04:05:31.254	S1SPC	A	正常 站用电系统	WC2.WT.Q11(6301) 合位	
1984 2018-09-05 04:05:31.257	S1SPC	B	正常 站用电系统	WC2.WT.Q11(6301) 合位	
1985 2018-09-05 04:08:51.117	S1SPC	B	正常 交流场开关	jq-s3o3/运行二值发出 WC2.WT.Q1(630) 合上 指令	
1986 2018-09-05 04:08:51.186	S1SPC	B	正常 站用电系统	WC2.WT.Q1(630) 移动中	
1987 2018-09-05 04:08:51.186	S1SPC	A	正常 站用电系统	WC2.WT.Q1(630) 移动中	
1988 2018-09-05 04:08:51.223	S1SPC	B	正常 站用电系统	WC2.WT.Q1(630) 合位	
1989 2018-09-05 04:08:51.223	S1SPC	B	正常 站用电系统	WC2.WT.Q1(630) 合位	
1990 2018-09-05 04:08:51.239	S1SPC	B	报警 66kV站用电	602B站用变WC2.WT.Q1(630)机构箱机构已储能 消失	
1991 2018-09-05 04:08:51.240	S1SPC	A	报警 66kV站用电	602B站用变WC2.WT.Q1(630)机构箱机构已储能 消失	
1992 2018-09-05 04:08:51.242	S1SPC	A	报警 66kV站用电	602B站用变WC2.WT.Q1(630)机构箱机构未储能 出现	
1993 2018-09-05 04:08:51.243	S1SPC	B	报警 66kV站用电	602B站用变WC2.WT.Q1(630)机构箱机构未储能 出现	
1994 2018-09-05 04:08:51.263	S1SPC	A	紧急 站用电系统	66kV某线保护柜保护跳闸 出现	
1995 2018-09-05 04:08:51.266	S1SPC	B	紧急 站用电系统	66kV某线保护柜保护跳闸 出现	
1996 2018-09-05 04:08:51.285	S1SPC	A	正常 监视系统	备自投检测到10kV II段电压低 消失	
1997 2018-09-05 04:08:51.285	S1SPC	B	正常 监视系统	备自投检测到10kV II段电压低 消失	
1998 2018-09-05 04:08:51.287	S1SPC	A	报警 监视系统	备自投检测到10kV II段电压低 出现	
1999 2018-09-05 04:08:51.287	S1SPC	B	报警 监视系统	备自投检测到10kV II段电压低 出现	
2000 2018-09-05 04:08:51.293	S1SPC	A	正常 站用电系统	WC2.WT.Q1(630) 分位	
2001 2018-09-05 04:08:51.293	S1SPC	B	正常 站用电系统	WC2.WT.Q1(630) 分位	
2002 2018-09-05 04:08:51.311	S1SPC	A	正常 站用电系统	66kV昌五线保护柜保护跳闸 消失	
2003 2018-09-05 04:08:51.314	S1SPC	B	正常 站用电系统	66kV昌五线保护柜保护跳闸 消失	
2004 2018-09-05 04:08:51.359	S1SPC	A	轻微 站用电系统	站用电故障录波1录波信号 出现	
2005 2018-09-05 04:08:51.362	S1AFC1	B	轻微 交流滤波器场开关	第一大组交流滤波器故障录波柜1录波信号 出现	
2006 2018-09-05 04:08:51.362	S1SPC	B	轻微 站用电系统	站用电故障录波1录波信号 出现	
2007 2018-09-05 04:08:51.363	S1ATC1	B	轻微 711B降压变	故障录波柜录波信号 出现	

图 7-27 OWS 后台事件记录

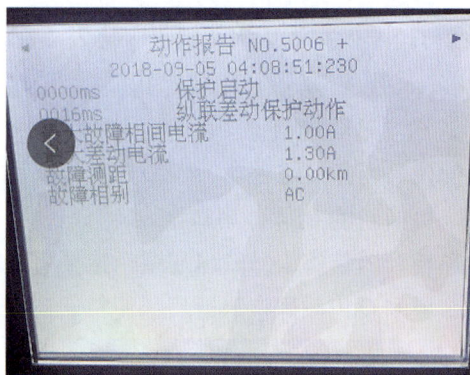

图 7-28 现场保护装置动作信息

　　某线线路保护定值由站内整定，站内保护定值单（见表 7-2）差动保护动作定值为 0.8A，根据保护装置录波显示（见图 7-28），故障时刻 A 相差流最大值为 3.5A，B 相差流最大值为 2.06A，C 相差流最大值为 1.96A。故某线线路保护动作正确。

表 7-2　　　　　　　　　66kV 某 线 保 护 定 值 单

01	变化量启动电流定值	0.20A	36	线路编号	001
02	负序启动电流定值	30A	37	纵联差动保护	1
03	TA 变比系数	1.0	38	TA 断线闭锁差动	0
04	差动动作电流定值	0.80A	39	通信内时钟	1
05	TA 断线差流定值	30A	40	远跳经本侧控制	0

现场人员通过分析两站保护动作信息、故障录波信息、设计图纸排查后发现，两站 TA 极性相同导致两侧线路保护装置采集到的合电流翻倍，达到纵联差动保护定值。故障录波分别如图 7-29、图 7-30 所示。

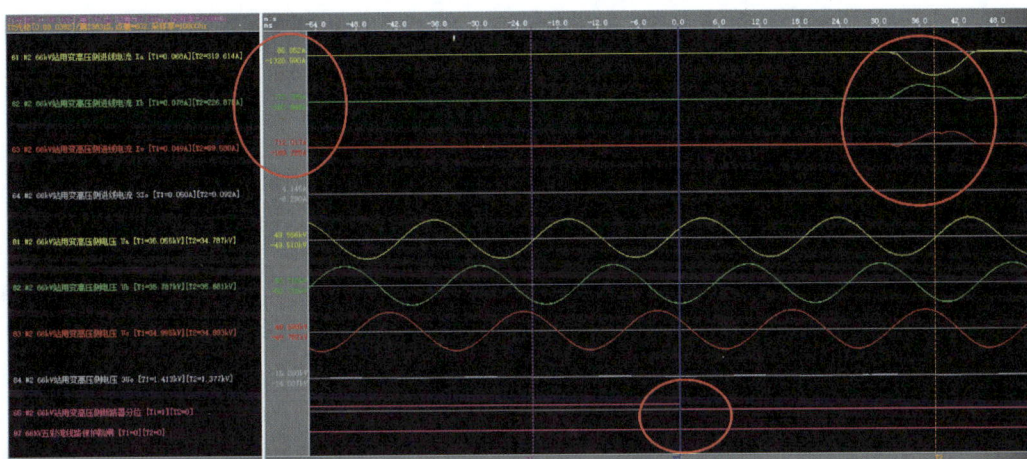

图 7-29 首次充电时站用电故障录波

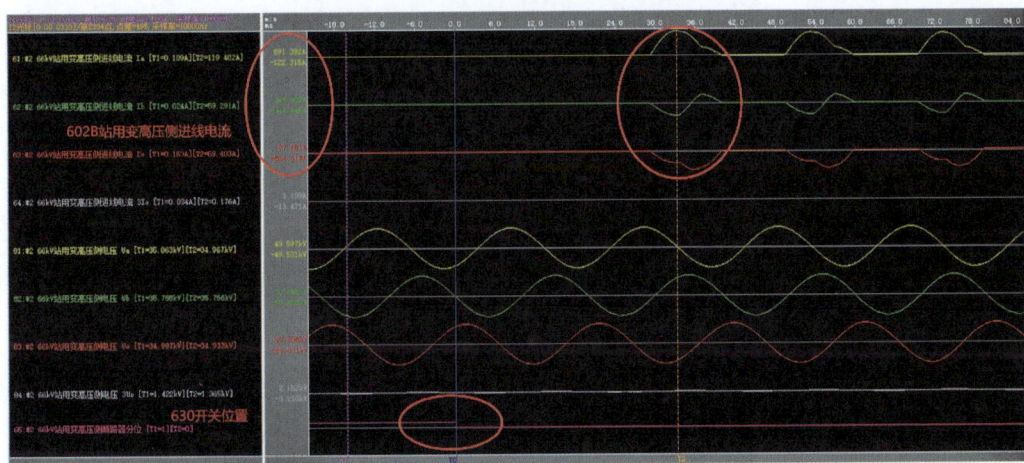

图 7-30 TA 极性变更后变压器充电故障录波

解决措施： 根据现场各单位讨论结果，建议在本站 630 开关断路器端子箱处更改 TA 极性接线，并由设计院出具设计变更（见图 7-31）。将 630 开关断路器端子箱内 CT3A-1S1、CT3B-1S1、CT3B-1S1 端子合并并接地，将 CT3A-1S2、CT3B-1S2、CT3B-1S2 端子打开并接入 66kV 某线线路保护 A、B、C 相电流。处理后再次对 602B 充电，数据未见异常。

后续工程提升建议： ① 在设计线路保护 TA 接线时，应考虑两端 TA 极性配合；② 加强设备验收时的把关，对于 TA、TV 接线回路要把关严格，确保现场实际与设计图纸保持一致。线路保护对调时，详细检查、记录各项数据，确保类似隐患提早发现。

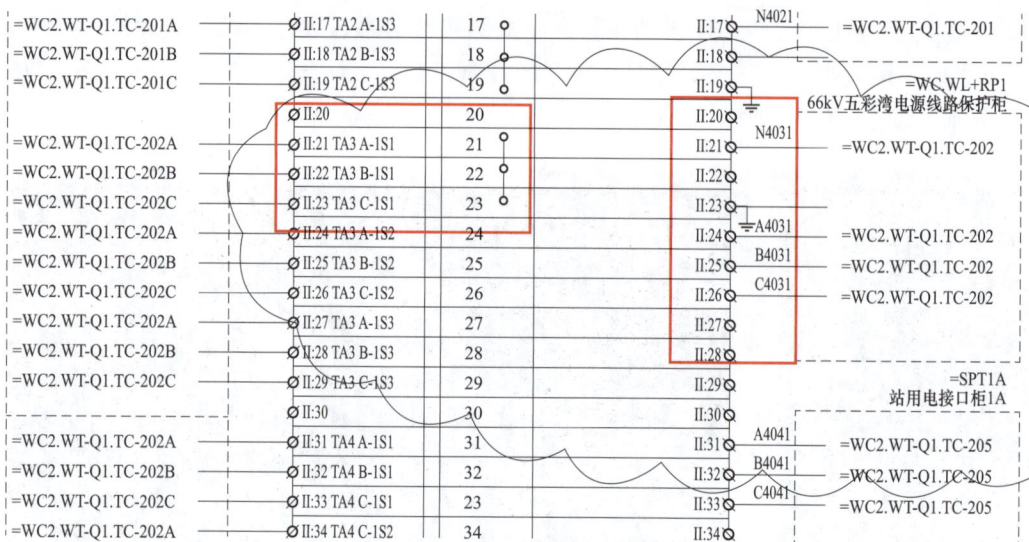

图 7-31　设计变更图纸

7.3.17　风机动力柜电源进线发热

问题描述： 某换流站巡检时发现极 I 低端阀组 VCCP 室内有异常灼烧气味，现场检查后发现气味源头为 AP8 风机动力柜柜内，拆开柜内前盖板发现 2 号电源进线 C 相端子保护盖处有发黑痕迹，使用红外测温仪对其进行专业测温，温度高达 219℃，待温度下降至室温后，检修人员与施工单位一同对问题端子进行更换后恢复正常。

发热端子为 400V 接至 AP8 风机动力柜的电源进线，拆开柜内四相进线端子保护盖进行检查，与其他三相端子对比，发现 C 相端子安装螺栓与螺母拧紧后，露出不足 2 个螺距，拆除端子排后发现，螺丝长度一致，如图 7-32 所示。

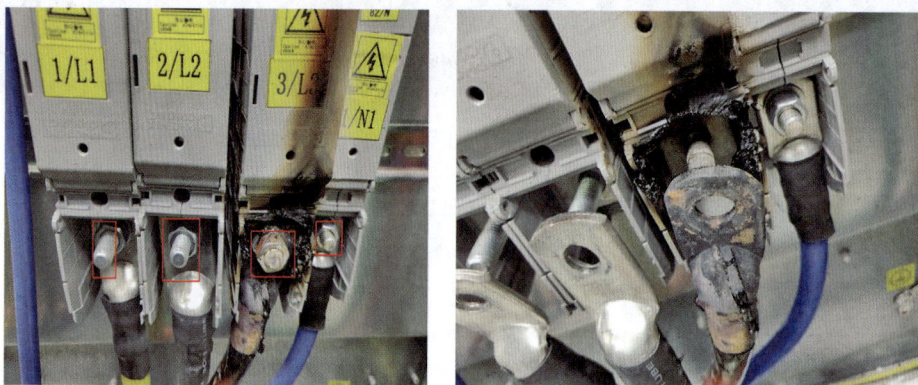

图 7-32　现场端子情况

GB 50231—2009《机械设备安装工程施工及验收通用规范》规定，螺栓与螺母拧紧后，一般应露出 2～4 个螺距。结合现场螺丝长度一致但露出螺距不达标的情况，判断此次端子发热的本质原因为运行过程中端子松动。导致端子松动的原因可能有以下 4 个方面：① 主泵振动等因素长时间作用，致使端子松动，VCCP 室与阀冷设备间相邻，在 VCCP 室屏柜处存在一定振动；② 电缆自身应力导致端子松动，处理问题时发现，电缆自身硬度大，导致存在一定的应力，由于长时间作用导致端子松动；③ 或由以上两点共同长时间作用导致；④ 电缆铺设安装时未完全紧固端子导致发热。

解决措施： 经检查，现场 400V 进线电缆裕度不足，导致端子排无法固定在 C 型轨道上，但由于该电缆自身具有一定硬度，且用扎带进行固定，该端子排受向下的力不大，经与阀冷厂家核对，满足使用要求。

后续工程提升建议： 设备投运前按照标准力矩进行紧固，拆除阀冷屏柜前挡板，便于定期测温及时发现问题，防止日常带电检测过程存在盲区；电缆敷设过程中，应保留充足的电缆长度裕度，避免为后期的改造、消缺带来不便。

7.3.18　换流变压器冷却风扇频繁跳闸

问题描述： 某换流站双极调试期间极Ⅰ高 Y/D－A 相换流变压器第六组冷却器 2 号风扇空气开关频繁跳开、极Ⅰ高 Y/Y－A 相换流变压器第四组冷却器 4 号风扇空气开关跳开。双极调试期间极Ⅰ高 Y/Y－A 相换流变压器第一组冷却器 4 号风扇空气开关频繁跳开。

现场试合极Ⅰ高 Y/D－A 相换流变压器第六组冷却器 2 号风扇空气开关、极Ⅰ高 Y/Y－A 相换流变压器第四组冷却器 4 号风扇空气开关，风扇短时运行后又跳开，测量电机绝缘正常，再次检查发现电机未启转，后停电检测发现电机内部受潮生锈导致堵转。现场检查极Ⅰ高 Y/Y－A 相换流变压器第一组冷却器 4 号风扇，发现电机缺相，对电源回路进行仔细检查发现有一相端子线松动，造成缺相，导致电机跳闸。

解决措施： 更换生锈的电机，紧固松动端子。

后续工程提升建议： 设备安装后应进行充分验收，注意安装条件，避免因防护措施不到位造成设备锈蚀或损坏；现场安装应严格按照二次回路接线标准进行施工，避免端子松动、寄生回路、串电等情况发生。

8 辅 助 设 备

8.1 产 品 设 计 问 题

8.1.1 GIS 设备气室 SF$_6$ 在线监测装置接头受力变形损坏、脱落

问题描述： 某换流变电站 500kV GIS 设备气室 SF$_6$ 在线监测装置接头连接薄弱，多处螺纹管长度设计不合理，导致接头受力损坏，导致传感器、接线存在进一步受损风险。验收过程中发现以下相关缺陷：

（1）变电站 500kV GIS SF$_6$ 在线监测螺纹管配接存在长短不均、接头连接薄弱情况，在线监测接头处受力损坏（见图 8-1）。

（2）变电站 500kV GIS EGA-11、EGB-11、EGC-11 气室在线监测接头受力变形。

（3）变电站 500kV GIS 在线监测接头受力、接头打开未恢复。

（4）变电站 500kV 5161 断路器 A 相 SF$_6$ 密度继电器在线监测接线脱落。

解决措施： 已告知施工单位、厂家、监理单位，排查在线监测装置接头连接情况，并对损坏接头进行更换，调整导致受力的不合理螺纹管。

图 8-1 SF$_6$ 在线监测装置接头
受力变形损坏、脱落

后续工程提升建议： 提前联系中标单位，对做出的样品检查并提出要求，施工人员要熟练掌握在线监测装置的安装方法和工艺要求，提高施工质量。

8.1.2 阀厅空调系统电源配置不满足反措要求

问题描述： 某换流站空调系统安装期间，阀厅空调系统电源采用双电源单开关自动切换，电源单开关自动切换装置在电源切换过程中发生故障时，将直接导致两套空调系统失电，进而影响直流运行。该情况不符合《国家电网有限公司防止直流换流站事故措施及释义（修订版）》的要求（见图 8-2）。

图 8-2 阀厅空调系统电源配置不满足反措要求

解决措施：厂家增加空调电源柜，阀厅空调系统电源采用双电源双母线，母线之间设置母联开关，保证空调系统在任一单一元件故障时阀厅空调的正常使用。

后续工程提升建议：后续工程严格按照《国家电网有限公司防止直流换流站事故措施及释义（修订版）》的要求进行设计。

8.1.3　SVG 外风冷（高澜）风机安全开关接线箱采用塑料材质

问题描述：某换流站验收期间，发现 SVG 外风冷风机安全开关接线箱采用塑料材质（见图 8-3），箱内无加热驱潮装置。塑料材质接线箱老化后容易发生形变，导致箱体密封受损，违反《国家电网有限公司防止直流换流站事故措施及释义（修订版）》第 13.1.1条："户外端子箱（接线盒）应至少达到 IP55 防尘防水等级"的要求。

图 8-3　SVG 设备外冷风机安全开关接线箱为塑料材质

解决措施：将该接线箱改为不锈钢材质，端子箱密封符合 IP55 等级，内部加装加热驱潮装置。

后续工程提升建议：设计阶段，户外端子箱严格按照《国家电网有限公司防止直流换流站事故措施及释义（修订版）》的要求进行设计。

8.1.4 综合楼房间内电加热器安装方式需优化

问题描述：某换流站综合楼房间辅助暖通设施设计中，电加热器采用"墙壁吸附式固定安装"方式，在使用过程中无法移动，出现故障时不方便拆卸检查；且此安装方式对于加热器散热、室内插座布置等带来问题。

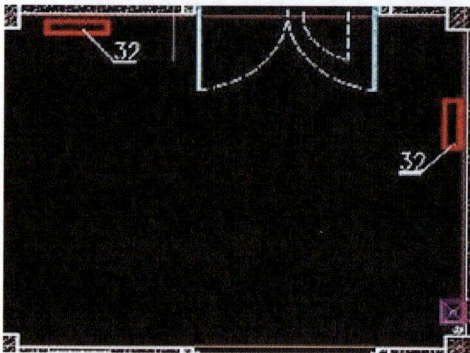

(a) 加热器安装示意图   (b) 移动式加热器

图 8-4 综合楼房间内电加热器安装方式需优化

解决措施：经与设备厂家和施工方沟通，在实际安装过程中选用带移动式支架电暖器，且室内采用暖通专用插座（见图 8-4）。

后续工程提升建议：① 建议在设计阶段充分考虑站址气温高低峰值，提高空调系统制冷、制热量预度，减少辅助电暖器等设备安装；② 建议生产准备期间提前介入综合楼室内插座、网线布置，充分考虑站内生产、综合人员办公需要，确保布置合理实用。

8.1.5 深井泵单一电源配置隐患

问题描述：某换流站两台深井泵共用一台控制柜，取自同一段 400V 母线，单母线检修时将造成生产消防水池无法补水。

解决措施：① 与设计院沟通协调，站内两台深井泵从 400V 站公用配电室Ⅰ、Ⅱ两端母线各取 2 路电源，每台主泵是双电源供电模式，站公用配电室Ⅰ段和Ⅱ段任一母线停电，不影响深水泵的正常运行；② 施工单位另购置一台屏柜，两台深井泵采取分屏控制，电源回路独立。经现场验证为不同母线段的冗余电源供电；当其中任意一回路电源停电时，深井泵能够正常运行。

后续工程提升建议：建议新工程前期介入时，对采取深井供水模式的相关图纸进行审查，确保为独立电源。

8.1.6 工业供水管道敷设不满足要求，设备运行存在安全隐患

问题描述：某换流站工业供水管道材质为钢塑复合管，按照相关标准，应采用细砂土进行掩埋，但现场检查发现施工单位未按照标准掩埋工业水管，而是直接采用砂石、建筑

垃圾甚至是大块重石进行掩埋。另外在现场还发现部分未被掩埋的工业水管外表已被划破。在现场还发现工业管道已经破裂，如图 8-5 所示。综上所述，说明工业水管在安装施工过程中存在较为严重的问题。但由于管道敷设工作已基本完成，部分路面已经硬化，现场无法重新敷设管道。

图 8-5　工业供水管道敷设不满足要求

解决措施：对损坏工业水管进行更换，并进行加压试验，压力达到 10bar/10min，试验合格。

后续工程提升建议：设计阶段，路面下方工业水管应采用套管保护；施工阶段，应对成品进行保护并加强现场施工监管。

8.2　制造及安装工艺问题

8.2.1　油色谱监测装置未开展交接试验

问题描述：某换流站全站 28 台换流变压器油色谱在线监测采用的是光声光谱型，型号为 TRANSFIX 1.6，2018 年 4 月 13 日生产，2019 年 9 月 26 日投运。此类型油色谱在线监测在某换流站共有 28 台，投运前未对油色谱在线监测装置进行验收试验。

解决措施：现场将该问题反馈基建单位与厂家，要求基建单位协调厂家进行油色谱装置验收试验，并满足相应电压等级对应的精度要求。

后续工程提升建议：运维单位在前期设计联络会提出油色谱监测装置需开展验收试验，且设备测量误差、最小检测浓度等各项指标应满足相应 Q/GDW 10536—2021《变压器油中溶解气体在线监测装置技术规范》中规定的相应电压等级要求。

8.2.2　油色谱在线监测装置交接试验合格率低

问题描述：某换流站换流变压器油色谱 24 套，安装前后反复 5 次校验，均有多台不满足 A 级标准情况。目前厂家已出具书面说明，承认存在该批次 30 台产品精度不合格问题并同意对现场设备升级更换为该公司更高性能产品。

　　某换流站在开展双极低端换流变压器 12 台油色谱在线监测装置排查时，发现 12 台在线油色谱装置经过 4 次交接试验（已整改 3 次），只有 4 台达到 A 级误差要求，8 台均为非 A 级，不满足《国网设备部关于切实加强变压器（换流变）油中溶解气体在线监测装置入网管理的通知》中"换流站换流变应选用 A 级油色谱在线监测装置"的要求。

　　某换流站高端、低端换流变压器油色谱在线监测装置检测后，发现多台装置相关技术参数不满足要求。不符合《换流站油色谱在线监测装置管理细则（试行）》中第 2.1 条"油色谱在线监测装置厂家投标前应进行入网检测，取得权威机构（如中国电科院）A 级检测报告；安装前，省电科院对装置进行抽检并按照技术规范参数要求开展评估并出具评估报告，评估未通过的装置不予接收"的要求。

　　某换流站对双极低端换流变压器 12 台在线油色谱装置开展低浓度测量误差试验，发现 4 台满足 A 级精度要求（8 台为 B 级），合格率较低。不满足《国网设备部关于切实加强变压器（换流变）油中溶解气体在线监测装置入网管理的通知》中"换流站换流变应选用 A 级油色谱在线监测装置"的要求。

　　解决措施： 为确保换流变压器状态的有效监测运行，建议按照总部文件要求，① 明确整改期限，确定最终达到 A 级误差要求的时限，降低现场运维风险。② 鉴于厂家反复整改反复不合格，说明厂家已无有效手段解决问题，建议对不合格产品采取退货重新招标采购处理。

　　后续工程提升建议： 加强油色谱在线监测装置制造过程工艺技术监督、出厂资料审查，或减少采购同厂的油色谱在线监测装置。

8.2.3　换流变压器油色谱在线监测装置总烃数据突变

　　问题描述： 某换流站验收期间，检查后台油色谱数据发现多台换流变压器油色谱总烃值数据存在突变情况（见表 8－1）。

表 8－1　　　　　　　　　换流变压器油色谱总烃值数据突变

序号	时间	相别	总烃突变情况
1	2023.03.05	极Ⅱ低端 Y/D－C 相	由 3.511μL/L 突变为 17.322μL/L
2	2023.03.09	极Ⅰ低端 Y/D－B 相	由 3.778μL/L 突变为 10.873μL/L
3	2023.03.09	极Ⅰ低端 Y/Y－A 相	由 1.422μL/L 突变为 21.83μL/L
4	2023.03.09	极Ⅰ低端 Y/Y－B 相	由 1.881μL/L 突变为 17.554μL/L
5	2023.03.09	极Ⅰ低端 Y/Y－C 相	由 2.802μL/L 突变为 15.103μL/L
6	2023.03.25	500kV 1 号联络变 C 相	由 8.04μL/L 突变为 76.36μL/L
7	2023.03.25	极Ⅱ低端 Y/Y－A 相	由 5.19μL/L 突变为 27.71μL/L

　　解决措施： ① 厂家提供总烃跳变原因及分析报告，提供控制逻辑框图及说明函等佐证材料，确认光声光谱变压器油中气体在线监测数据真实有效，在线监测设备不存在"滑

动算法"等算法逻辑；② 组织厂家开展现场环境干扰物试验，油色谱装置甲烷等烷烃类特征气体受油漆、酒精、SF$_6$气体干扰严重；③ 厂家提供屏蔽干扰整改方案。

后续工程提升建议：技术规范书审查阶段，要求重点核查油色谱装置具备油漆、酒精、SF$_6$气体等环境干扰要求。

8.2.4　换流变压器油色谱在线监测装置现场校验多台不合格

问题描述：《国网设备部关于切实加强变压器（换流变）油中溶解气体在线监测装置入网管理的通知》规定，新建换流站换流变压器油色谱在线监测装置现场投运前需经中国电科院或省电科院检测，取得 A 级检测报告，某换流站 12 台在运换流变压器油色谱在线监测装置已完成现场校验，其中 5 台达到 A 级要求，7 台未达到 A 级要求。

解决措施：按照《换流站油色谱在线监测装置管理细则（试行）》规定，每台油色谱在线监测装置应经过省电科院评估并满足 A 级检测要求，多次校验不合格进行退货，现场更换新型装置并通过 A 级检测。

后续工程提升建议：技术规范书审查阶段，要求换流变压器厂家提供 A 级色谱装置，现场验收阶段，做好校验把关。

8.2.5　阀厅空调组合式风机电加热器电缆发热

问题描述：某换流站调试期间对极 Ⅱ 高端阀厅空调 2 号组合式风机控制柜测温时发现，4 号电加热器 B 相电缆温度偏高（见图 8-6）。

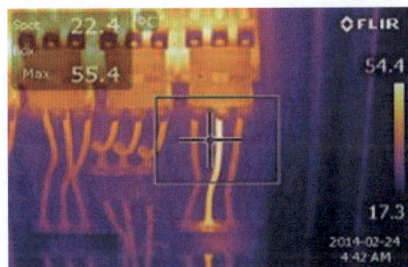

(a) B 相电缆发热　　　　　　　　(b) 4 号电加热器开关接线情况

(c) 小继电器清灰前　　　　　　　(d) 小继电器清灰后

图 8-6　阀厅空调组合式风机电加热器电缆发热

解决措施：紧固端子后经过观察发现发热现象消失，处理完毕后对全站 8 台组合式风机控制柜进行端子紧固、清灰、测温。

后续工程提升建议：加强施工过程中接线端子接线工艺，并定期开展辅助系统二次回路测温工作。

8.3 其 他 问 题

8.3.1 备用换流变压器未加装在线油色谱装置

问题描述：某换流站 4 台备用变压器均未配置油色谱在线监测系统，无法实时监测备用换流变压器绝缘油的运行情况，降低备用换流变压器的冗余可靠性。同时不满足《国网设备部关于印发特高压全过程技术监督实施细则的通知》中第 1.5.1 条"备用相应设置电源柜和 TEC 控制柜，并接入 SF_6、油色谱、油位在线监测系统"的规定。

解决措施：督促厂家在 4 台备用换流变压器加装油色谱在线监测装置，实时监测备用换流变压器绝缘油的运行情况。

后续工程提升建议：严格执行《国网设备部关于印发特高压全过程技术监督实施细则的通知》中第 1.5.1 条"每种类型换流变至少配置一台备用相，备用相应设置电源柜和 TEC 控制柜，并接入 SF_6、油色谱、油位在线监测系统"的规定。

8.3.2 综合水泵房内消防主管网软连接阀门渗水

问题描述：某换流站换流变压器区域消防管道打至 1.50MPa 时，综合水泵房内消防主管网软连接阀门出现渗水现象。可能是安装工艺问题或为软连接阀门自身质量问题。

解决措施：对渗水阀门紧固或者更换新阀门，并对消防主管网进行打压、保压至少30min，确保不渗水。

后续工程提升建议：按照《特高压换流站设计升级版专题研究指导意见》要求，消防管网设置合理的隔离阀门，便于在消防管网渗漏时逐段排查，消防主管路上的阀门采用带有伸缩节的连接，阀门采用不锈钢材质，并且加强现场施工技术监督。